"十三五"职业教育国家规划教材

ZHUANGPEISHI
HUNNINGTU
JIANZHU ZHIZAO GUANLI

装配式混凝土建筑制造管理 第2版

长沙远大教育科技有限公司
湖南城建职业技术学院 　编　著

主　编　肖　在　徐运明
参　编　段绍军　谭　觉　邹　东　曾中波
　　　　聂舒建　许坤卫　李融峰　曹建伟
　　　　邓　可　谢　卓　欧　鹏　王　欢
　　　　陈　凯　于　政　胡前云　刘　政
　　　　邓　柳　朱换良

中南大学出版社
www.csupress.com.cn
·长沙·

内容简介

本书为"十三五"职业教育国家规划教材，以培养行业紧缺的技能型人才为目标。全书共分为五章，主要包括装配式混凝土建筑的发展历程与技术特征、混凝土预制构件制作准备、混凝土预制构件生产工艺流程、质量控制与检验标准、仓储与物流等内容。本书坚持以传授装配式混凝土建筑制造体系知识为出发点，以技能培养与就业为导向，突出内容的实用性、科学性和先进性，循序渐进地引导读者系统地学习装配式混凝土建筑制造的整体内容。

本书可作为高职高专装配式建筑工程技术、工程造价、建设工程管理及相关专业的教学用书，也可供从事装配式建筑构件生产人员参考学习。

出版说明
Publication instractions

    2016 年 9 月底国务院办公厅印发的《关于大力发展装配式建筑的指导意见》(国办发〔2016〕71 号)以及 2017 年 3 月中华人民共和国住房和城乡建设部印发的《"十三五"装配式建筑行动方案》等文件明确指出,未来 10 年内,在我国新建建筑中,装配式建筑比例将达到 30%。由此,我国每年将建造几亿平方米的装配式建筑,这个规模和发展速度在世界建筑产业化进程中也是前所未有的,我国建筑业面临巨大的转型和产业升级压力。据统计,我国建筑产业化专业人才缺口已近 100 万人,人才匮乏成为制约建筑产业化发展的瓶颈。着力于发展低碳环保、适用经济的混凝土结构、钢结构等装配式建筑,反映了我国建筑建造市场的重大变革,同时标准化、数字化、智能化、模数化的建筑技术更强调专业技能人才队伍的创新建设。而教育必须服务社会经济发展,服从当前经济结构转型升级需求,土建类专业要想实现装配式建筑标准化设计、工厂化生产、装配化施工、一体化装修、信息化管理和智能化应用的要求,全面提升建筑品质,达到建筑业节能减排和可持续发展的目标,人才培养是其中一项最为关键的、艰苦而又迫切的任务。

    基于对我国建筑业经济结构转型升级、供给侧改革和行业发展趋势的认识,以及针对高职建筑工程技术专业人才培养方案改革及教育教学规律的把握,2018 年 4 月 17 日,湖南省职业教育与成人教育学会高职土木建筑类专业委员会、长沙远大住宅工业集团股份有限公司(以下简称远大住工)、湖南城建职业技术学院、中南大学出版社有限责任公司战略合作签约仪式暨"湖南装配式建筑产教联盟"揭牌成立大会在远大住工成功举行,由四方作为联合发起单位,共同挂牌成立了"湖南装配式建筑产教联盟",以此建立稳定长效的校企合作机制,共建基于行业标准的人才培养模式,包括专业共建、师资培养、教材共建、课程共建、科研合作、基地建设、资格认证、就业推荐等,为行业和社会培养、输送装配式建筑专业人才,缓解供需矛盾,推动中国建筑产业走向绿色"智造"。

    教材是实现教育目的的主要载体,目前契合装配式建筑技术的图书、师资、课程、教材等都相对空白,市场极缺可供借鉴的书籍,为此,由"湖南装配式建筑产教联盟"牵头成立了

"装配式建筑'十三五'规划'互联网+'系列教材"编审委员会，编审委员会由全国土木建筑类专业委员会专家、中国工业化建筑学术委员会专家、高等学校土木工程专业教授、博士生导师、专业带头人，湖南省装配式建筑专家委员会技术专家，湖南省职业教育与成人教育学会高职土木建筑类专业委员会专家、远大住工行业专家、技术骨干等组成。编审委员会通过推荐、遴选等方式，聘请了一批学术水平高、教学经验丰富、实践能力强的骨干教师及一线装配式建筑设计、制造、施工、监理技术骨干组成编写队伍，共享资源，共智共赢，共铸精品，形成了装配式建筑图书出版中心，出版一批在全国具有影响力的高质量"互联网+"精品系列图书，包括：高校教材、技术图书、在职人员培训教材、职业资格证考试教材等系列图书，建设完整的开放式教学资源库。

远大住工是国内首家集研发设计、工业生产、工程施工、装备制造、运营服务为一体的新型建筑工业化企业，2007 年被授予首批国家住宅产业化基地。远大住工深耕装配式建筑领域 22 年，具有 6 代产品技术体系，100 多个城市布局，1000 多项技术专利，参与多个国家标准及地方标准的编写，拥有逾 1000 个项目的实践经验，是中国建筑工业化的开拓者、领军者、"智造"者。湖南省高职土建专业委员会是对高职高专教学进行研究、指导、咨询、服务的学术机构，具有学术上的专业性和权威性。湖南城建职业技术学院具有 60 多年办学历程，为社会培养了 12 万多名高素质技术技能人才，培训了数万名企业经理、项目经理和建筑业专业技术人员，被誉为湖南建设人才的摇篮和百万建筑湘军的"黄埔军校"，同时还是全国装配式建筑科技创新基地(湖南省装配式建筑技术培训中心)。中南大学出版社拥有良好的土建类图书品牌和口碑，目前已出版土建类教材 100 多种，拥有优秀的作者资源、优秀的编辑出版队伍和广泛的市场销售渠道。此次战略合作，将是着眼各自优势资源的一次成功整合与拓展，未来各方将围绕"加速推进中国建筑产业现代化发展"的目标，共享研究成果，实现资源共享和优势互补，全力助推中国建筑产业转型升级。

本套教材依据学校定位及人才培养目标的要求编写，既具有普通教材的科学性、先进性、严谨性等共性，又体现了建工类教材的综合性、实践性、区域性、时效性、政策性等特色，其具体体现在以下几个方面。

1.具有原创性、权威性

远大住工是国内装配式建筑的开拓者、领军者，是国内很具规模和实力的绿色建筑制造商，是首批国家住宅产业化基地，具有丰富的装配式混凝土制品设计研发、生产制造、质量管理的经验，同时拥有一批高素质的专业技术人才。本套教材全面阐述了远大住工深耕装配式建筑领域 22 年、6 代技术、1000 余个项目的技术成果与成功经验，涵盖了远大住工管理、技术手册 100 余册的核心内容，总结了远大住工近年来着力为"远大系"公司成建制赋能学员 2 万余人的成功培训经验，其核心技术和管理模式为国内首创本套教材填补了国内空白，具有原创性、权威性。

2. 具有实践性、指导性

本套教材紧贴行业规范标准,对接职业岗位要求。作为高校与企业合作开发的教材,本套教材根据装配式建筑规范和施工、制造、设计等岗位的任职要求编写,理论与实践有机结合,书中所有的生产技术、施工技术及管理经验均来自真实的工程实践,具有很强的实用性和可借鉴性。教材对装配式建筑全产业链企业,包括科研、咨询、设计、生产、施工、装修、管理等单位都具有重要的指导意义,能有效帮助当前的建筑工程技术和管理人员从容应对即将到来的装配式混凝土建筑大潮这一革命性变革。

3. 具有先进性、规范性

本套教材系统地阐述了装配式混凝土建筑从构件生产到建筑产品实现的全过程的新生产工艺、新管理理论、新施工工艺、新验收标准,精准对接装配式建筑最新技术标准。装配式建筑技术的迅猛发展需要成熟的技术标准做支撑。2018 年初,国家颁布了一系列装配式建筑的相关技术标准,而目前市场上没有精准对接新标准的相应出版物,本套教材依据最新的技术标准编写,具有先进性、规范性。

4. 新形态立体化出版

本套教材将纸质出版与数字出版有机融合,通过“互联网+”及在线平台增加在线资源,其在线学习平台“远大学堂”是全国首个上线运营的建筑工业现代化教育平台。书中采用 AR 技术、二维码技术等将现场施工技术、标准生产工艺与流程以及关键技术节点,以生动、灵活、动态、直观的形式呈现,形成丰富的资源库。书中大量的工程实例、施工现场视频、操作动画、工程图片均来自远大住工实际商业成功运用项目。

本套教材旨在为加快推进我国装配式建筑的规模化发展提供有益的参考和借鉴,更好地指导各地建设主管部门推动装配式建筑发展,创新政策机制和监管模式;帮助装配式建筑全产业链企业,包括科研、咨询、设计、生产、施工、装修等单位,尽快了解并掌握装配式建筑技术及规范,提高装配式建筑的组织效率、生产质量和产品性能,加快推进装配式建筑的产业化与规模化发展。

衷心希望广大读者对本套教材提出宝贵的建议,我们将根据装配式建筑行业发展的趋势与高等教育改革和发展的要求,不断地对教材进行修订、改进、完善,精益求精,使之更好地适应人才培养的需要。为促进装配式建筑领域人才培养,缓解供需矛盾,满足行业需求,助力中国建筑业全面转型升级,全面走向绿色“智造”贡献绵薄之力。

中南大学出版社

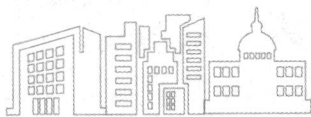

第2版前言
Introduction

　　党中央、国务院高度重视以科技创新推动建筑业转型升级，住房和城乡建设部"十四五"规划和2035年远景目标纲要明确提出"发展智能建造，推广装配式建筑和钢结构住宅"。2020年7月，住房和城乡建设部联合相关部委出台了《关于推动智能建造与建筑工业化协同发展的指导意见》《关于加快新型建筑工业化发展的若干意见》，提出了发展智能建造和新型建筑工业化的目标、任务和保障措施。2021年作为"十四五"规划的启航之年，对我国经济高质量发展提出了全方位的要求。其中，装配式建筑凭借着高效率、低成本、低污染等优势，符合智能建筑及建筑工业化发展趋势，已经成为"十四五"规划的明确鼓励方向。

　　本教材自2019年出版以来，被全国高等院校广泛采用，受到了广大读者的好评。2020年本教材被评为"十三五"职业教育国家规划教材（教职成厅函〔2020〕20号）。读者一致认为，本教材参照最新标准及规范编写，吸收了前沿的构件生产与管理技术，内容深度和宽度契合高职高专人才培养规格，非常适用于装配式建筑工程技术专业、建筑工程技术专业、工程造价专业及建设工程管理专业的全日制高职高专人才的培养，也适用于装配式建筑构件生产管理人员的继续学习。

　　作者通过发挥全国装配式建筑科技创新基地的平台优势，调动在湘国家级装配式建筑产业基地和湖南省装配式建筑产业基地积极参与，融合"装配式建筑培训资源开发"课题（主持人：徐运明，课题编号：JGJTK2019-09）的研究成果，结合第1版教学反馈意见，对本教材进行了修订。

　　主要修订内容包括：

　　(1)对教材中个别错误之处进行了修改；

　　(2)每一章节增加了课后习题；

　　(3)增加了1+X装配式建筑构件制作与安装等级证书的相关内容；

　　(4)增加了新标准、新规范的相应内容。

本教材由徐运明、肖在,卢晨煜全面负责修订工作。

在本书的修订过程中参考了部分国内外教材、著作及网络资源,特别是引用了长沙远大住宅工业集团股份有限公司、湖南建工集团有限公司的实际案例,在此谨向有关专家、原作者及相关单位表示衷心的感谢。

课程资源建设和教学改革是一项系统工程,需要持续更新与完善,恳切希望广大专家、同仁和读者向编者提供宝贵意见和珍贵素材(QQ 邮箱:383184793@ qq. com;微信公众号:GZ-hnuccxls),不胜感激。

由于编者水平有限,书中难免有疏漏之处,恳请读者批评指正。

编著者

2022 年 6 月

前言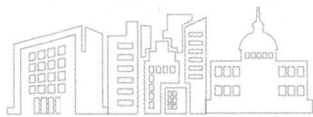
Preface

目前，装配式建筑已成为国家战略性发展重点。按照国务院及住房城乡建设部的要求，到 2026 年，我国装配式建筑占新建建筑的比例需达到 30%。各省份也已相继出台政策，装配式建筑发展前景可期。

装配一词最早使用于机械领域，是指把零部件组合成一个整体的过程。因此，装配式建筑可以简单地理解为"像造汽车一样造房子"，是把建筑的各个部分在现场进行直接组装而成的建筑。而要实现建筑各构件的现场组装，前提条件是这些构件必须提前在工厂生产好，该构件生产的过程被称作装配式建筑制造管理。

一栋栋房子，是在构件生产工厂里，像积木一样被拆分成一块块，在流水线的模具上用混凝土浇筑而成的。整个工厂作业现场井然有序、干净整洁，这和原来建筑工地上尘土飞扬、污水横流的景象完全不同。这样不仅仅是把工地作业放到了工厂来做、把高空作业放到了地面，还通过引入严格的质量管理体系，科学有效地提高了建筑效率。

具体来说，装配式建筑是以构件工厂预制化生产、现场装配式安装为模式，以标准化设计、工厂化生产、装配化施工、一体化装修和信息化管理为特征，整合从研发设计、生产制造到现场装配等各个业务领域，实现建筑产品节能、环保、全周期价值最大化的可持续发展的新型建筑生产方式。

我们可以看到，装配式建筑并不仅仅是建造工法的改变，也是建筑业基于标准化、集成化、工业化、信息化的全面变革，承载了建筑现代化和实现绿色建筑的重要使命，也是建筑业走向智能化的重要标志。

随着国家的支持、政策红利的释放，越来越多的企业加入其中。不过，值得注意的是，一些与企业装配式建筑相关的软硬件建设还相对薄弱，缺乏工业化技术的支撑和工程实施经验，严重影响项目的质量和生产效率，导致装配式建筑相关问题频发。

作为中国建筑工业化领军企业，长沙远大住宅工业集团股份有限公司的整体解决方案，是从设计端就开始采用工业化的思维和方式，其装配式建筑技术体系遵循"保护环境、提高质量和效率、不改变成本、不改变设计、不改变总包"的原则，适配性更强，市场接受程度更高。

在此背景下，编著者梳理了远大住宅工业集团 20 多年、30 多个省份、100 多个城市、1000 多个项目历练而来的实战经验技术，总结出适用于现阶段我国装配式建筑制造的相关经验和规范体系。因此，本书涵盖了装配式建筑生产过程中常见的问题。本书的编著，旨在为我国装配式建筑工业化的发展提供些许有益的参考和借鉴，帮助装配式建筑全行业范围内的单位更好地了解装配式建筑工业化生产，最终助力预制装配式混凝土建筑产业化与规模化的快速发展。

本书注重知识的系统性和实用性，既介绍了装配式混凝土建筑制造的系统知识、规范及基本要求，又结合了当下多方的先进经验和实际做法，还提出了现存问题与解决办法。全书内容丰富，图文并茂，可供装配式建筑专业学员以及装配式建筑行业 PC 生产人员使用。

本书在编写过程中搜集了大量资料，结合了 1+X 装配式建筑构件制作与安装等级证书的相关内容，参考了当前国家实行的设计、施工、检验和生产标准，并汲取了多方研究的精华，引用了有关专业书籍的部分数据和资料。不过由于时间仓促和能力所限，特别是目前我国装配式体系发展迅速，相应的规范标准、数据资料及相关技术都在不断地推陈出新，加之各地政府的管理措施和不同体系下的制造标准也不尽相同，书中内容必然存在疏漏。因此，若是在阅读过程中发现有不足乃至错误之处，恳请读者提出宝贵的意见与建议。最后，在此向参与本书编撰以及对本书的编写提供帮助的各级领导、各位专家表示最诚挚的感谢！

编著者

2019 年 3 月

目录

Contents

第1章

概　述

　　装配式建筑是指结构系统、外围护系统、设备和管线系统、内饰系统的主要部分采用预制部品部件集成的建筑。目前我国装配式建筑主要有以下三种结构形式：装配式混凝土结构、装配式钢结构和装配式木(竹)结构，如图1-1所示。

(a)装配式混凝土结构　　　　　　(b)装配式钢结构

(c)装配式木（竹）结构

图1-1　装配式建筑结构形式

　　装配式混凝土建筑是指建筑的结构系统由混凝土部件(预制构件)构成的装配式建筑。装配式混凝土结构是由预制混凝土构件通过可靠的连接方式装配而成的混凝土结构，包括装配整体式混凝土结构和全装配式混凝土结构等。在建筑工程中，简称为装配式建筑；在结构工程中，简称为装配式结构。

　　装配式混凝土建筑的结构体系主要包括：装配整体式框架结构(如图1-2所示)、装配整体式剪力墙结构(如图1-3所示)、装配整体式框架—现浇剪力墙结构(如图1-4所示)、装配式整体式部分框支剪力墙结构(如图1-5所示)、全装配式结构(如图1-6所示)。

图1-2 长沙长郡滨江中学项目

图1-3 郴州金田佳苑项目

图1-4 上海浦江瑞和新城项目

图1-5 上海万科城花新园工程项目

图1-6 远大枫丹白露项目

1.1 国外装配式混凝土建筑的发展历程

19 世纪末 20 世纪初，随着西方发达国家工业化水平的提高和城市化进程的推进，大量人口涌入城市，住房短缺成为当时急需解决的社会问题。为了解决中低收入人群的住房问题，政府开始立法，并对房地产市场进行不同程度地调控和干预，开始对保障型住宅进行研究，提倡并采用工业化生产的方式建造房屋，装配式建筑纷纷涌现。

随着科技的发展和现代工业文明的出现，建造房屋也可以像制造机器、汽车一样批量生产，即把预先在工厂生产好的建筑构件，运到工地进行装配，通过设备吊装和机械化安装把相关部件进行连接以建造出满足预定功能的房屋。同时可以根据市场多样化、客户个性化的需求，满足建筑的定制化的需求。

装配式混凝土建筑作为装配式建筑主要的结构类型，其发展历程需要结合装配式建筑的发展历程进行阐述。

1.1.1 装配式建筑的历史起源和发展历程

1. 装配式建筑的历史起源

预制在西方的历史始于英国的全球殖民化。在 16—17 世纪，英国人在定居点发现在西方国家有许多丰富的建筑材料后，便开始在英国生产组件，再用船运送到全世界不同的地方组装。最早的案例记录是在 1624 年，房子在英格兰进行制造后被运送到一个叫 Cape Anne 的渔村，即现在的曼彻斯特市。类似的建筑还有弗里敦(塞拉利昂首都)的教堂和商店等，并随着英国的殖民扩张而扩展到南非。

2. 装配式建筑的发展历程

(1)19 世纪，第一个装配式建筑高潮。

1833 年，美国人奥古斯汀·泰勒在芝加哥迪尔伯恩堡建设圣玛丽教堂时，借鉴气球框架，制作了预制框架构件。19 世纪初的装配式住宅主要是木制结构，这些结构的广泛预制，和现场制作相比显著节约了劳动力和时间。曼宁小屋是当时具有代表性的便携式殖民小屋。

英国殖民运动增加了建筑钢铁制造业的就业机会，当时的门楣、窗、梁、桁架等预制部件在车间生产和组装，然后运到工地，装配成不同结构和封闭系统。1871 年的大火让芝加哥首先尝试了建造钢铁结构建筑，进而为现代建筑学的发展提供了有益的尝试。钢铁建筑作为钢结构建筑的先驱，通过标准化生产节省了修建时间和成本。

古罗马人最早利用火山灰、石灰、石子和水等搅和在一起发明了早期混凝土，为大跨度建筑提供了可能，也开创了世界建筑史上划时代的创举，但后来混凝土发展应用消失了 13 个世纪，直到 1756 年，英国工程师约翰·斯米顿应用水、硬石灰生产出了混凝土。1824 年英国的亚斯普丁(Aspdin)获得"波特兰水泥"专利，标志着水泥发明。此后，水泥以及混凝土开始广泛应用到建筑上。法国园丁约瑟夫·莫尼尔(Joseph Monier，图 1-7)于 1849 年发明钢筋混凝土，随后制造出钢筋混凝土花盆，于 1867 年获得专利权，并于 1875 年建造了世界上首座钢筋混凝土桥，如图 1-8 所示。混凝土中放入钢筋可改善混凝土的力学性能，使得建设高楼大厦成为可能。

图1-7 约瑟夫·莫尼尔
(Joseph Monier 1823—1906)

图1-8 位于法国查兹莱特的约瑟夫·莫尼尔桥(1875)

(2)20世纪初，第二个装配式建筑高潮。

先进的浇注技术和原材料的可用性使混凝土具有了各种各样的功能。在1908年，托马斯·爱迪生发明了一种钢筋混凝土房屋原型，使用铸铁模板技术生产了single-pour房子。斯图加特住宅展览会、法国Mopin多层公寓体系等是这一时期装配式建筑的代表性建筑。

(3)20世纪40年代，装配式建筑真正的发展阶段。

第二次世界大战(简称二战)后，大批士兵的返乡增加了住房市场需求。1946年，美国政府通过了紧急住房法案(VEHA)，在两年内授权生产85万座预制房屋。这一举措在二战后的住宅设计中触发了多种设计理念，其中包括建筑师瓦尔特·格罗皮乌斯(Walter Gropius)和康拉德·瓦克斯曼(Konrad Wachsmann)关于"预制房屋"的提议。新型建筑材料的出现和新的需求使得有些房屋需要大层跨度和幕墙开口，采用梁柱设计和大片玻璃，有些房屋设计需要在一个刚性网格上建造，并具有标准化的机械和管道系统。传统建筑技术不能解决这些新的要求，于是人们着手研究新技术、新方法，制订装配式技术规范，并形成各种建筑体系。建筑的机械化促进了大量生产和使用钢、幕墙、PC预制构件等的装配式房屋的发展，大批量的生产和采购，降低了建筑成本。

(4)20世纪70年代以后，国外装配式建筑的发展进入新阶段。

这一时期，建筑行业更多地应用预制与现浇相结合技术，并形成了主导体系，装配式建筑标准体系开始从专用体系向通用体系发展。1976年美国建立起了比较完善的装配式住宅体系标准和规范，其住宅所用构件和部件的标准化、系列化和社会化程度极高，几乎达到100%，全部采用精标准住房，不但减少了装修污染，而且节约了成本和资源。

1.1.2 国外主要地区的装配式建筑和住宅产业化发展概况

住宅产业化(housing industrialization)是指用工业化生产的方式来建造住宅，是机械化程度不高和粗放型生产方式升级换代的必然要求，能够提高住宅生产的劳动生产率，提高住宅的整体质量，降低成本，降低物耗、能耗。装配式建筑是实现住宅产业化的主要形式。

国外的工业化概念起步较早,20世纪50—60年代开始全面建立工业化生产体系,经历了量、质、节能环保的发展过程。20世纪50—60年代也是住宅产业化的萌芽期,以确定建筑工业化生产体系为核心,这一时期以解决欧洲战后房荒问题为目的,是量变的过程。住宅产业化的发展期是20世纪70—80年代,这一时期以提升住宅的性能与质量为重点,是质变的过程。住宅产业化的成熟期是20世纪90年代,其重点是循环利用资源和节能,使住宅对环境的负荷和物耗降低,探索一条生态与绿色的可持续发展之路。

1. 欧洲装配式建筑和住宅产业化发展

欧洲是预制建筑的发源地,早在17世纪就开始了住宅工业化之路。第二次世界大战后,由于劳动力资源短缺,欧洲更进一步研究探索建筑工业化模式。无论是经济发达的北欧、西欧,还是经济欠发达的东欧,一直都在积极推行预制装配混凝土建筑的设计施工方式,积累了许多预制建筑的设计施工经验,形成了各种专用预制建筑体系和标准化的通用预制产品系列,并编制了一系列预制混凝土工程标准和应用手册,对推动预制混凝土在全世界的应用起到了非常重要的作用。欧洲国家特别是北欧国家,装配式混凝土建筑具有较长的历史,在技术上积累了大量的经验,强调设计、材料、工艺和施工的完美结合。由于其长期可持续的研究和发展,预制技术已形成系统的基础理论,并符合节能环保与循环经济要求。

(1)法国装配式建筑和住宅产业化发展。

法国装配式建筑的发展经历了从专用体系到通用体系再到信息化的过程。法国是世界上推行装配式建筑最早的国家之一,其装配式建筑的特点是以预制装配式混凝土结构为主,钢结构、木结构为辅,多采用框架或者板柱体系,采用焊接、螺栓连接方式,采用干法作业,结构构件与设备、装修工程分开,减少预埋,生产和施工质量高。法国主要采用的是预应力混凝土装配式框架结构体系,装配率可达80%。典型的装配式建筑代表作如图1-9所示。

图1-9 法国的勒普里姆(Le prisme)音乐厅

法国住宅产业化的特点有:

①钢结构住宅产业化。1949年,法国生产建造了大量钢结构住宅,这类住宅采取产业化生产,成本控制严格。1985年,法国政府通过普查发现,这部分钢结构产业化住宅状况良好。

②对节能环保建筑通过税收政策予以鼓励和引导。法国政府明确表示，使用再生能源的住宅以及使用隔热材料、暖气调节设备的建筑都可减少税收，达到条件的开发商能够得到政府适当的财政补贴。

（2）德国装配式建筑和住宅产业化发展。

二战之后，德国西部地区大部分房屋被破坏，这一期间最为突出的问题就是住房需求紧张，加上城市人口快速增多，促使住宅工业化的进程加快。迄今为止，依照德国的设计要求，在工厂里面需要预制完成绝大部分的建筑部件和装修材料。在工厂预制建筑部件时，诸如承重混凝土部件与内隔墙、屋顶与天花板、楼梯等构件，都会被编上代码并在项目资料中附有详细说明。德国典型的装配式建筑代表作如图1-10所示。

图1-10　德国蒂森克虏伯总部大楼

德国住宅产业化的特点有：

①住宅科技含量高。充分运用计算机辅助设计，通过建立建筑模型来验证建筑材料的物理特性，开发符合标准的新型建筑材料和装修材料。

②黏结技术及安装质量先进。如为防止屋面渗漏和墙面翘裂，在实心屋顶、塑钢门窗、门窗接缝处均采用新开发的液体防水材料。构配件安装位置非常准确，阴、阳角线横平竖直，上、下水管线一律集中设置，施工后全部封闭，从卫生间、厨房表面看不到一根管线。

③广泛应用节能环保技术。在房屋供暖、饮用水、垃圾处理以及交通和环境方面，既周到细致地考虑了用户需求，又保护了整体环境。

（3）英国装配式建筑和住宅产业化发展。

英国政府积极引导装配式建筑发展，明确提出英国建筑生产领域需要通过新产品开发、集约化组织、工业化生产来实现"成本降低10%，时间缩短10%，缺陷率降低20%，事故发生率降低20%，劳动生产率提高10%，最终实现产值利润率提高10%"的具体目标。同时，英国政府还出台一系列鼓励政策和措施，大力推行绿色节能建筑，以对建筑品质、性能的严格要求来促进行业向新型建造模式转变。英国政府十分重视因地制宜，发展不同的结构形式，因此混凝土结构、钢结构和木结构建筑都得到了很好的发展。英国典型的装配式建筑代表作如图1-11所示。

图 1-11　英国埃塞克斯大学绍森德校区的学生宿舍

2. 美国装配式建筑和住宅产业化发展

美国从 20 世纪 20 年代开始探索预制混凝土的开发及应用，20 世纪 60—70 年代混凝土预制技术得到普遍应用。在工程实践中，由于大量应用大型预应力混凝土预制技术，使混凝土预制技术更充分地发挥了其优越性，体现了施工速度快、工程质量好、工作效率高、经济耐久等优势。美国典型的装配式建筑代表作如图 1-12 所示。

图 1-12　美国药师协会总部

在美国，由于预制混凝土研究协会（PCI）长期研究与推广预制建筑，预制混凝土的相关标准规范也很完善，所以其装配式混凝土建筑应用非常普遍。美国的预制建筑主要包括建筑预制外墙和结构预制构件两大系列，预制构件的共同点是大型化和预应力相结合，可优化结构配筋和连接构造，减少制作和安装工作量，缩短工期，充分体现工业化、标准化和技术经济性特征。美国的住宅大多采用装配式木结构或轻钢结构，建造速度快，一般 3~4 层木结构可在 2 周完成。

美国已经形成完善的标准化体系，无论在住宅部品方面还是在构件生产方面都达到了很高的工业化生产水平。根据住宅开发商给的产品目录，用户不仅可以自由地选择住宅形式，而且还可以委托专业承包商来开发建造。

美国住宅产业化的特点有：

（1）标准化程度高。对于工业住宅的各个方面，包括设计、施工、节能、防风、采暖制冷以及管道系统等，美国政府都制定了详细的标准。

（2）建筑市场具有完善的体系，同时具有较高的社会化与专业化程度。居民可以根据提供的住宅产品目录，对建筑房屋所需的材料与部品自定义进行采购，同时可以委托承包商建造。

3. 亚洲地区装配式建筑和住宅产业化发展

（1）日本装配式建筑和住宅产业化发展。

日本的装配式混凝土建筑从第二次世界大战以后至 1990 年持续发展，并在地震区的高层和超高层建筑中得到十分广泛的应用。目前，这些建筑的预制技术达到世界领先水平，质量标准很高，并经受住了多次地震的考验。日本有关装配式混凝土建筑的标准规范体系完备，工艺技术先进，构造设计合理，部品的集成化程度很高，施工管理严格，体现了很高的综合技术水平。日本典型的装配式建筑代表作如图 1-13 所示。

图 1-13　日本预制民宅（日本大和）

日本住宅工业化的特点有：

①扎实的标准化工作。在对设备、材料、性能、生产、结构等各类标准进行调查研究与整合的基础上，确定了大批的部品标准与行业标准。

②走"科研—设计—生产"一体化的道路。日本的住宅产业绝大部分的载体是大企业集团，它们不仅对科研投入十分重视，同时对家庭结构的演变、消费者的需求与住宅文化也十分注重，而且看重科技对住宅产生的影响，希望能不断提高住宅的文化和科技含量。

③实行严格的质量认证制度。对质量进行全面的控制，再加上质量认证制度的严格性，这两者保障了住宅产业化的良好发展。

④国家层面的五年产业发展计划。五年产业发展计划为开发研究住宅产业技术的重点与目标指明了方向。

（2）新加坡装配式建筑和住宅产业化发展。

新加坡以易建性评分体系带动装配式建筑发展，其典型的装配式建筑代表作如图 1-14 所示。

图 1-14　新加坡必麒麟街派乐雅酒店

新加坡发展装配式建筑的主要措施有以下方面：

①尝试多种建筑体系，探寻合适的发展形式。20 世纪 80 年代初，同时对预制梁板、大型隔板预制、半预制现场现浇、预制浴室及楼梯、累积强力法和半预制 6 种不同建筑体系进行尝试。

②以法规形式推行采用易建性评分体系。从 2001 年 1 月 1 日起，新加坡政府以法规形式对所有新建筑项目执行规范化管理，其目的是从设计着手，减少建筑工地现场工人数量，提高施工效率，改进施工方式。

③采取奖励计划。建设局（BCA）鼓励施工企业进行改革创新，对提高生产力所使用的工具采取奖励计划，最高可奖励企业 20 万新元，对一切先进的施工模式、施工材料等进行奖励，每项奖励可高达 10 万新元。

④建立相关规范标准。对于户型设计、模数设计、尺寸设计、标准接头设计等都做出了规定。

⑤严格的建筑材料管理和质量监管。批准并要求选用合格的建材生产商，对工程中所有材料进行定期检查。每个工程预制构件的第一批生产和吊装须有建屋发展局官员见证和指导。

⑥发展并鼓励建筑信息模型（BIM）系统的使用。各大院校开展了 BIM 系统的专业课程，培养在校学生和在职人员的信息化、系统化管理的专业技能。

1.2　国内装配式混凝土建筑的发展历程

按照发展的时间历程，我国装配式混凝土建筑的发展可以分为以下五个阶段：

第一阶段：发展初期（1950—1978）。

20世纪50年代,我国完成了第一个五年计划,建立了工业化的初步基础,开始了大规模的基础建设,建筑工业快速发展。在全面学习苏联的背景下,我国的设计标准,包括建筑设计、钢结构、木结构和钢筋混凝土结构的设计规范全部译自苏联。国家级的建筑设计院都聘有苏联专家,设计水平和国际接轨,标准化和模数化很快被应用。1956年,国务院发布了《关于加强和发展建筑工业的决定》,在我国的历史上首次提出了"三化"(设计标准化、构件生产工厂化、施工机械化),明确了装配式建筑的发展方向。这一时期的主要成就有:

(1)装配式建筑技术体系初步创立。在工业建筑方面,苏联帮助建设的153个大项目大都采用了装配式混凝土技术。国内发展了大型砌块、楼板、墙板结构构件的施工技术,初步创立了装配式建筑技术体系,如大板住宅体系、大模板("内浇外挂"式)住宅体系和框架轻板住宅体系等。1973年,最早的装配式混凝土高层住宅——北京前三门大街26栋高层住宅在北京建成,采用了大模板现浇、内浇外挂结构等工业化施工模式。

(2)预制构件生产技术快速发展。多个大城市开始建设正规的构件厂,用机组流水法以钢模在振动台上成型,经过蒸汽养护送往堆场,成为预制构件生产的示范。此后,全国预制混凝土技术突飞猛进,全国各地数以万计的大小预制构件厂出现,为装配式建筑的发展奠定了基础。北京市引进了德国的预应力空心楼板制造机(康拜因联合机),这实际上是后来美国SP大板的雏形。20世纪70年代由东北工业建筑设计院(现中国建筑东北设计研究院有限公司)设计的挤压成型机在沈阳试制成功,开创了国内预应力钢筋混凝土多孔板生产新工艺,后在柳州等地推广应用。除柱、梁、屋架、屋面板、空心楼板等构件大量被应用外,墙体的工业化发展同样是这一时期的重要特点,主要代表是北京的振动砖墙板、粉煤灰矿渣混凝土内外墙板、大板和红砖结合的内板外砖体系,上海的硅酸盐密实中型砌块和哈尔滨的泡沫混凝土轻质墙板。

(3)住宅标准化设计推进工作成效显著。我国在引进苏联工业化建造方式的同时也逐步形成了住宅标准化设计的概念,使设计效率极大提高。20世纪50年代中期开始,由国家建设部门负责,按照标准化、工厂化构件和模数设计标准单元,编制了全国6个分区的全套标准专业设计图。在苏联专家的指导下,北京市建筑设计院设计了第一套住宅通用图。1956年城市建设总局举办全国楼房住宅标准设计竞赛,并向全国推广中选方案。此时期标准化设计方法标准图集的制订由各地方负责实施,各地方成立专业部门来推进住宅标准设计的工作。这种标准化设计方法的图集,成为所有城市住宅建设和构件生产的技术依据。

第二阶段:发展起伏期(1978—1998)。

我国改革开放以后,针对装配式建筑发展进一步提出了"四化、三改、两加强"(房屋建造体系化、制品生产工厂化、施工操作机械化、组织管理科学化,改革建筑结构、改革地基基础、改革建筑设备,加强建筑材料生产、加强建筑机具生产)的方针。20世纪80年代,我国装配式建筑加速发展,标准化体系快速建立,北方地区形成了通用的全装配住宅体系,北京、上海、天津、沈阳等多地采用装配式建造方式建设了较大规模的居住小区。20世纪80年代末期开始,由于市场经济的发展,住宅建筑在市场化冲击下,原有的定型产品规格不能满足日益多样化的要求。而大批农民工拥入城市后为建筑业提供了大量廉价劳动力,伴随着商品混凝土的兴起,现浇建造方式的优势逐步显现,大模板现浇钢筋混凝土技术应运而生,内浇外砌和外浇内砌等各种建筑技术体系纷纷出现。与此同时,受当时的技术、材料、工艺和设备等条件的限制,已建成的装配式大板建筑的防水、保温等物理性能开始显现弊端,渗、漏、裂、冷等问题引起居民不满。此后，装配式建筑的发展骤然止步。

20 世纪 90 年代，我国房地产业迎来快速发展期。但这种发展是以资金和土地的大量投入为基础的，建筑技术仍原地踏步，而装配式建筑的研究与发展几乎处于停滞甚至倒退状态。北京等城市大量兴建的高层住宅基本上是内浇外挂体系。直到 1995 年以后，随着对 20 世纪 90 年代初房地产业发展的反思，国内开始注重住宅的功能和质量，为下一步大力发展住宅产业化奠定了基础。总之，这个时期经历了装配式建筑的停滞、发展、再停滞的起伏波动，主要发展成就包括：

(1)装配式建筑标准规范体系初步建立。20 世纪 70 年代末和 80 年代初，装配式建筑的发展热潮推动了相关标准规范的编制工作。1979 年，国家城市建设总局颁布了我国第一部关于装配式结构的标准《装配式大板居住建筑结构设计和施工暂行规定》JGJ 1—1979。由于技术的迅速发展，国家城市建设总局很快在 1981 年启动该暂行规定的修编工作。经过 10 年的基础理论和试验研究工作，建设部在 1991 年发布了《装配式大板居住建筑设计和施工规程》JGJ 1—1991，但 20 世纪 90 年代装配式建筑发展陷入停滞期，该规程发布后社会关注度不高。

(2)模数标准与住宅标准设计逐步完善。我国先后在 1984 年、1997 年编制及修编了《住宅模数协调标准》，提出了模数网络和定位线等概念，对我国住宅设计、产品生产施工安装等的标准化具有重要影响。与此同时，标准设计作为国家、地方或行业的通用设计文件，成为促进科技成果转化的重要手段。1988 年编制的《住宅厨房和相关设备基本参数》和 1991 年发布的《住宅卫生间相关设备基本参数》，为推动住宅设备设施水平的进步做出了贡献。20 世纪 80 年代中期编制的《全国通用城市砖混住宅体系图集》和《北方通用大板住宅建筑体系图集》等，既扩大了住宅标准设计的通用程度，又发展了系列化建筑构配件。标准设计作为国家、地方或行业的通用设计文件，成为促进科技成果转化的重要手段。

(3)发展"住宅产业"逐步形成共识。1992 年，中国建筑技术发展研究中心在对国内外建筑工业化进行比较研究后，向建设部提出了关于"住宅产业及发展构想"的报告，报告中首次提出了"住宅产业"概念，指出"发展住宅产业是我国住宅发展的必由之路"。1994 年之后，住宅产业相关工作逐步开始。1996 年，建设部颁布《住宅产业现代化试点工作大纲》(建房〔1996〕第 181 号)和《住宅产业现代化试点技术发展要点》，明确提出"推行住宅产业现代化，即用现代科学技术加速改造传统的住宅产业，以科技进步为核心，加速科技成果转化为生产力，全面提高住宅建设质量，改善住宅的使用功能和居住环境，大幅度提高住宅建设劳动生产率"。"住宅产业"的概念在社会上逐步形成共识。

第三阶段：发展提升期(1999—2010)。

1999 年，国务院办公厅发布了《关于推进住宅产业现代化提高住宅质量的若干意见》(国办发〔1999〕72 号文)，明确了推进住宅产业现代化工作的指导思想、主要目标、重点任务、技术措施和相关政策，提出"加快住宅建设从粗放型向集约型转变，推进住宅产业现代化，提高住宅质量，促进住宅建设成为新的经济增长点"。该文件是一段时期内我国开展住宅产业现代化工作的纲领性文件，对于促进我国住宅产业的健康、可持续发展具有重大意义。同时，建设部成立住宅产业化促进中心，配合相关司局指导全国住宅产业现代化工作，自此装配式建筑的发展进入一个新的阶段。由于 2002 年国家颁布行业标准《高层建筑混凝土结构技术规程》JGJ 3—2002，预制构件的应用受到制约。以北京为例，按八度地震设防要求，装配式建筑高度不能超过 50 m，后来由于城市用地日趋紧张，住宅高度不断提高，20层以上的高层住宅的比例逐年增加。由于预制构件节点处理的问题较为复杂，为了进一步提高建筑整体性，现浇楼板逐渐取代了预制楼板和预制外墙板。同时商品混凝土的快速发展，使得现浇混凝土技术体系得到全面应用，几乎全面占领国内高层住宅市场，但随着施工现场湿作业的复苏，现浇混凝土技术的缺点也逐步显现，如传统人工支模劳动强度大、养护耗时长、施工现场污染严重等。同时，建筑行业劳动力市场也悄然发生着变化，出现了人工短缺现象。业内人士逐渐意识到，长期以来以现场手工作业为主的传统建设方式不可持续。从建筑业转型发展的角度出发，装配式建筑的发展重新引起了关注。但是"装配式结构体系性能差，不能抵御地震破坏"的固有认识仍然笼罩在建筑界。为了有别于过去的大板建筑，装配整体式结构体系应运而生。最早形成文件的是深圳市住房和建设局 2009 年发布的深圳市技术规范《预制装配整体式钢筋混凝土结构技术规范》SJG 18—2009。这种结构体系的特点是尽可能采用预制构件，构件间靠现浇混凝土或灌浆连接措施结合，使装配后整体结构的刚度、承载力、恢复力特性、耐久性等同于现浇混凝土结构。在此背景下，上海、北京等地展开积极探索。经过两年时间的编写，上海市于 2010 年发布了《装配整体式混凝土住宅体系设计规程》DG/TJ 08—2071—2010。这种结构体系是对 50 年前的装配式建筑技术体系的一种提升，是经过多次地震灾害后的总结，也基本适应了新时期高层装配式建筑发展的需要。总之，这一时期国家重新明确了推进装配式建筑的目标、任务和保障措施，建立了专门的推进机构，以住宅产业现代化工作为抓手，大大提高了住宅质量和性能。但由于政策出台后没有强有力的推进措施，装配式建筑经历了十几年的缓慢发展期。而一些优秀城市和企业依然不断进行技术研发创新，为之后的发展奠定了扎实的实践基础。主要发展成就包括：

（1）推动建立了一批国家住宅产业化基地。2006 年 6 月建设部下发《国家住宅产业化基地试行办法》（建住房〔2006〕150 号）文件，开始正式实施。建立国家住宅产业化基地是推进住宅产业现代化的重要措施，其目的是培育和发展一批符合住宅产业现代化要求的产业关联度大、带动能力强的龙头企业，发挥其优势，集中力量探索建筑工业化生产方式，研发与其相适应的住宅建筑体系和通用部品体系，建立符合住宅产业化要求的新型工业化发展道路，促进住宅生产、建设和消费方式的根本性转变。通过国家住宅产业化基地的实施，进一步总结经验，以点带面，全面推进住宅产业的现代化发展。

（2）形成了以试点城市探索发展道路的工作思路。2006 年，深圳市成为全国首个国家住宅产业现代化综合试点城市。在深圳市住房和城乡建设部的大力支持下，深圳市从政策支持、标准建设、示范带动等方面，大力推进住宅产业现代化工作，取得了积极成效，探索出以保障房建设为突破口大力推进住宅产业化的做法，创建了一批住宅产业化示范基地和示范项目，逐步形成了贯穿建筑设计、预制部品生产、装配施工、房屋开发等全过程的新型住宅产业链，为全国的住宅产业现代化工作起到了积极的示范和引导作用。

（3）初步搭建了住宅部品体系。国办发〔1999〕72 号文提出要"尽快完成住宅建筑与部品模数协调标准的编制，促进工业化和标准化体系的形成，实现住宅部品通用化。重点解决住宅部品的配套性、通用性等问题"。2002 年，建设部发布了《国家康居住宅示范工程选用部品与产品暂行认定办法》，将建筑部品按照支撑与围护部品（件）、内装部品（件）、设备部品（件）、小区配套部品（件）4 个体系进行分类。2006 年，建设部发布《关于推动住宅部品认证工作的通知》，颁布了行业标准《住宅整体厨房》（JG/T 184—2006）和《住宅整体卫浴间》（JG/

T 183—2006）。住宅部品体系的初步建立为下一步发展装配化装修打下了基础。

（4）装配整体式混凝土结构体系开始发展。《预制装配整体式钢筋混凝土结构技术规范》《装配整体式混凝土住宅体系设计规程》等地方标准的出台为下一步装配整体式混凝土结构体系在全国范围内推广应用提供了有力的技术支撑。以杭州远大住工"三墩北"、沈阳远大住工"丽水新城"、天津远大住工"北京实创"、合肥远大住工"滨湖新区桂园"为代表的一批工程实践项目培养了一批设计、施工和管理人才，成为未来发展装配整体式混凝土建筑的中坚力量。

长沙远大住宅工业集团股份有限公司（以下简称远大住工）作为中国建筑工业化的开拓者、领军者、智造者，在1999—2008年研发出第一代到第四代装配式建筑产品并运用于实践，如图1-15所示（1999年第一代产品，2002年第二代产品，2005年第三代产品，2008年第四代产品）。

图1-15 远大住工第一代至第四代装配式建筑产品

第四阶段：快速发展期（2011—2015）。

《国民经济和社会发展第十二个五年规划纲要》提出"十二五"时期全国城镇保障性安居工程建设任务3600万套，这标志着我国进入了大规模保障性住房建设时代。保障性住房以政府为主导、易于形成标准化的特点为推进装配式建筑的发展创造了历史性的发展机遇。在此背景下，国家出台了一系列推进装配式建筑发展的政策文件，逐步营造了良好的发展氛围。住房和城乡建设部通过在经济和技术政策研究、相关标准规范制定、试点示范工程引导推进、龙头企业培育等方面开展工作，以国家住宅产业现代化综合试点（示范）城市、国家住宅产业化基地、示范项目、性能认定和部品认证为抓手，有力推进了装配式建筑和住宅产业现代化工作的有序发展。同时，地方政府从本地区经济社会发展情况出发，也陆续成立了专职推进机构，出台地方标准，推进保障性住房试点项目建设，探索出了"面积奖励""成本列支""土地供应倾斜""资金引导"等一系列政策措施，取得了积极的工作成效。房地产开发设计、施工、部品生产、设备供应等各类市场主体积极参与，初步形成纵向指导与横向推进相结合、政策引导与市场资源配置相结合的产业发展格局，工作机制不断健全，装配式建筑结构体系、部品体系初步完善，住宅科技含量、质量性能都有了一定程度的提升，总之，这一时期从中央到地方，各级领导都逐步重视装配式建筑的推进工作，主要发展成就包括：

（1）政策支持体系开始建立。党的十八大提出"走新型工业化道路"，《我国国民经济和社会发展"十二五"规划纲要》提出"建筑业要推广绿色建筑、绿色施工，着力用先进建造、材料、信息技术优化结构和服务模式"，《绿色建筑行动方案》（国办发〔2013〕1号）提出"要加快建立促进建筑工业化的设计、施工、部品生产等环节的标准体系，推动结构件、部品、部件的标准化，丰富标准件的种类，提高通用性和可置换性。推广适合工业化生产的预制装配式混凝土、钢结构等建筑体系，加快发展建设工程的预制和装配技术，提高建筑工业化技术集成水平"。这些政策的出台标志着新时期的装配式建筑政策支持体系开始建立。

（2）技术支撑体系初步建立。经过多年研究和努力，随着科研投入的不断加大和试点项目的推广，各类技术体系逐步完善，相关标准规范陆续出台。2014年、2015年出台了《装配式混凝土结构技术规程》《装配整体式混凝土结构技术导则》《工业化建筑评价标准》。各地也出台了多项地方标准和技术文件，如深圳编制了《预制装配式混凝土建筑模数协调》等11项标准和规范。

（3）行业内生动力持续增强。近年来，建筑业生产成本不断上升，劳动力与技工日渐短缺，从客观上促使越来越多的开发、施工企业投身装配式建筑工作，把其作为提高劳动生产率、降低成本的重要途径，因此企业的积极性、主动性和创造性不断提高。通过投入大量人力、物力开展装配式建筑技术研发，远大住工、万科企业股份有限公司、中国建筑集团有限公司等一批龙头企业已在行业内形成了较好的品牌效应。设计、部品和构配件生产运输、施工以及配套等能力大幅提升。整个建筑行业走装配式建筑发展道路的内生动力日益增强，专业化、社会化大生产模式正在成为发展的方向。

（4）试点示范带动成效明显。各地以保障性住房为主的试点示范项目起到了先导带动作用，这得益于国家住宅产业现代化综合试点（示范）城市的先行先试。截至2016年12月，全国先后批准了11个国家住宅产业现代化综合试点（示范）城市和68家国家住宅产业化基地企业，这些工作的开展为全面推进装配式建筑打下了良好的基础。据不完全统计，由基地企业为主完成的装配式建筑面积已占到全国总量的80%以上，产业集聚度远高于一般传统方式的建筑市场。由技术创新和产业升级带来的经济效益逐步体现，装配式建筑实施主体带动作用越发突出。

远大住工在2012年、2015年先后研发第五代产品——外挂板产品体系（如图1-16所示）、第六代产品——剪力墙产品体系（如图1-17所示），并将两类装配式建筑产品投放市场。2015年11月6日，远大住工发布全球产业合作计划（远大联合），打造建筑工业化全新生态圈。

图 1-16　远大住工长沙麓谷小镇项目

图 1-17　远大住工杭州三墩北项目

第五阶段：全面发展期(2015 年至今)。

这个时期关于住宅产业化和工业化的政策密集出台。重点支持政策如表 1-1 所示。国家主导建筑业改革顶层设计落地：2017 年 2 月，国务院办公厅印发《关于促进建筑可持续健康发展的意见》，是继 1984 年后，时隔 33 年，国务院专门为建筑业出台的文件，是建筑业改革发展的"顶层设计"文件。2017 年 3 月 23 日，住房和城乡建设部印发《"十三五"装配式建筑行动方案》《装配式建筑示范城市管理办法》《装配式建筑产业基地管理办法》。《"十三五"装配式建筑行动方案》明确提出：到 2020 年，全国装配式建筑占新建建筑的比例达到 15% 以上，其中重点推进地区达到 20% 以上，积极推进地区达到 15% 以上，鼓励推进地区达到 10% 以上。到 2020 年，培育 50 个以上装配式建筑示范城市，200 个以上装配式建筑产业基地，500 个以上装配式建筑示范工程，建设 30 个以上装配式建筑科技创新基地，充分发挥示范引领和带动作用(如表 1-2 所示)。根据国家 2020 年装配式建筑的发展目标，各省市积极设定目标，表 1-3 为截至 2021 年主要地方层面关于装配式建筑的规划目标。

表 1-1　2016—2021 年装配式建筑重点支持政策汇总

日期	部门	政策	文号
2017 年 1 月	国务院	《"十三五"节能减排综合工作方案》	国发〔2016〕74 号
2017 年 4 月	住建部	《建筑业发展"十三五"规划》	建市〔2017〕98 号
2017 年 3 月	住建部	《"十三五"装配式建筑行动方案》	建科〔2017〕77 号
		《装配式建筑示范城市管理办法》	
		《装配式建筑产业基地管理办法》	
2017 年 2 月	国务院	《关于促进建筑业持续健康发展的意见》	国办发〔2017〕19 号
2016 年 10 月	工信部	《建筑工业发展规划》(2016—2020)	工信部规〔2016〕315 号
2016 年 9 月	国务院	《关于大力发展装配式建筑的指导意见》	国办发〔2016〕71 号
2016 年 8 月	住建部	《2016—2020 年建筑信息化发展纲要》	建质函〔2016〕183 号
2016 年 2 月	国务院	《关于进一步加强城市规划建设管理工作的若干意见》	中发〔2016〕6 号
2020 年 4 月	住建部	《装配式住宅建筑监测技术标准》	建标〔2019〕291 号
2020 年 7 月	住建部	《关于推动智能建造与建筑工业化协同发展的指导意见》	建市〔2020〕60 号
2020 年 8 月	住建部	《关于加快新型建筑工业化发展的若干意见》	建标〔2020〕8 号

表 1-2　2020 年中国装配式建筑发展目标

指标	2020 年规划目标
装配式建筑示范城市	≥50 个
装配式建筑产业基地	≥200 个
装配式建筑示范工程	≥500 个
装配式建筑科技创新基地	≥30 个
装配式建筑占新建建筑的比例	≥15%
其中：重点推进地区	≥20%
积极推进地区	≥15%
鼓励推进地区	≥10%

表 1-3　截至 2021 年主要地方层面关于装配式建筑的规划目标

省市	规划目标
北京	到 2018 年，实现装配式建筑占新建建筑面积比例达到 20% 以上；到 2020 年，实现装配式建筑占比达到 30% 以上
上海	2016 年外环线内新建民用建筑全部采用装配式建筑，外环线以外超过 50%；2017 年起外环线在 50% 基础上逐年增加
辽宁	到 2020 年，全省装配式建筑占新建建筑比例将达到 20% 以上，其中沈阳市力争达到 35% 以上，大连市力争达到 25% 以上，其他城市力争达到 10% 以上；到 2025 年，全省装配式建筑占新建建筑面积比例力争达到 35% 以上，其中沈阳市力争达到 50% 以上，大连市力争达到 40% 以上，其他城市力争达到 30% 以上
江苏	2017 年 2 月 14 日，江苏省住房和城乡建设厅、江苏省发展和改革委员会、江苏省经济和信息化委员会、江苏省环境保护厅、江苏省质量技术监督局等五部门联合印发《关于在新建建筑中加快推广应用预制内外墙板预制楼梯板预制楼板的通知》，江苏成为全国第一个针对"三板"出台推广应用政策的省份。 到 2020 年，全省装配式建筑占新建建筑比例达到 30% 以上
浙江	到 2020 年，浙江省装配式建筑占新建建筑比例达到 30% 以上
广西	到 2020 年，综合试点城市装配式建筑占新建建筑的比例达到 20% 以上，新建全装修成品房面积达 20% 以上；到 2025 年，全区装配式建筑占新建建筑的比例力争达到 30%
湖南	到 2020 年，全省市中心城市装配式建筑占新建建筑比例达到 30% 以上，其中：长沙市、株洲市、湘潭市中心城区达到 50% 以上
云南	到 2020 年，昆明市、曲靖市、红河州装配式建筑占新建建筑比例达到 20%，其他州市 3 个以上示范项目；到 2025 年，力争全省装配式建筑面积占新建建筑面积比例达到 30%，其中：昆明市、曲靖市、红河州达到 40%
宁夏	到 2020 年，全区装配式建筑占同期新建建筑的比例达到 10%；到 2025 年达到 25%

随着政策支持力度不断加大和技术标准体系不断完善，装配式建筑新开工面积快速增加，一些地区已初步形成规模化发展格局。据不完全统计，2017 年我国装配式建筑新开工建筑面积为 1.6 亿 m²，2018 年达到 2.9 亿 m²，2019 年达到 4.2 亿 m²，2020 年达到 6.3 亿 m²，

较 2019 年增长 50%，占新建建筑面积的比例约为 20.5%，完成了《"十三五"装配式建筑行动方案》确定的到 2020 年达到 15%以上的工作目标。

1.3 装配式混凝土建筑的技术特征

装配式混凝土建筑应遵循建筑全寿命期的可持续性原则，并应标准化设计、工业化生产、装配化施工、一体化装修、信息化管理和智能化应用。

1. 标准化设计

在系统集成的基础上，装配式建筑强调集成设计，突出在设计的过程中，应将结构系统、外围护系统、设备与管线系统以及内装系统进行综合考虑，设计应按照通用化、模数化、标准化的要求，以少规格、多组合的原则，实现建筑及部品部件的系列化和多样化。装配式混凝土建筑的标准化设计是工业化生产和装配化施工的前提，也是降低 PC 构件制造成本的关键。

比如《装配式混凝土建筑技术标准》(GB/T 512312—2016)规定，装配式混凝土建筑平面设计应符合以下规定：

(1)应采用大开间大进深、空间灵活可变的布置方式；

(2)平面布置应规则，承重构件布置应上下对齐贯通，外墙洞口宜规整有序；

(3)设备与管线宜集中设置，并应进行管线综合设计。

图 1-18 是某装配式混凝土住宅的标准层户型图，优化设计后将原有分割零散的空间变成大空间，以实现部品部件的标准化。

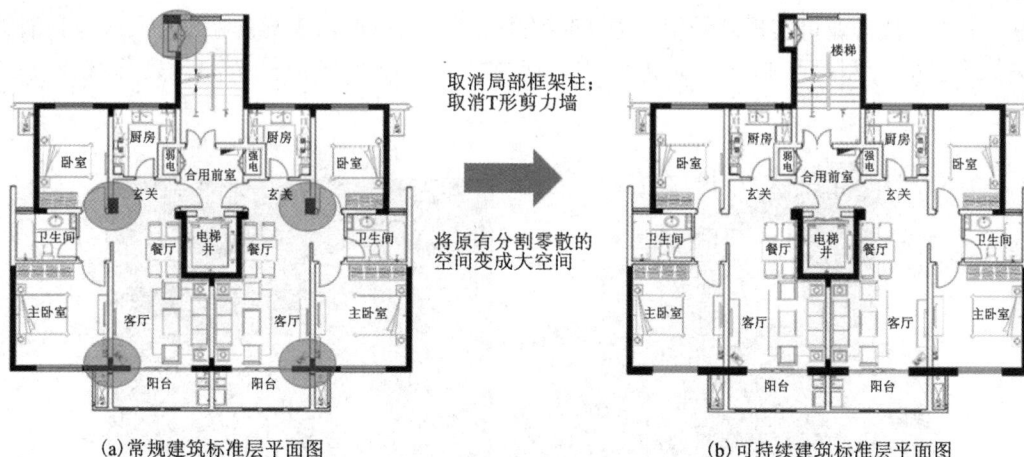

图 1-18 标准化设计的标准层户型图

2. 工业化生产

标准化设计的部品部件，通过机械化、自动化和信息化的 PC 构件生产流水线如图 1-19 所示，既可以最大限度地保证产品质量和性能，也符合节能环保、减少原材料浪费和提高劳动生产率的发展要求。

这是建筑工业化的主要环节。对于目前最为火热的"工业化"，很多人的认识都止步于建筑部品生产的工业化，其实主体结构的工业化才是最根本的问题。在传统施工方式中，最大

图 1-19 PC 构件的工业化生产流水线

的问题是主体结构精度难以保证，误差控制在厘米级，比如门窗，每层尺寸各不相同；主体结构施工采用的还是人海战术，过度依赖一线农民工；施工现场产生大量建筑垃圾，造成材料浪费、对环境的破坏等问题；更为关键的是，不利于现场质量控制。而这些问题均可以通过主体结构的工业化生产得以解决，实现毫米级误差控制，同时还实现了装修部品的标准化。真正的工业化建筑，要在生产方式上实现变革，而不仅局限于预制率的多少。

3. 装配化施工

现场采用干作业施工工艺的干式工法是装配式建筑的核心内容。我国传统施工现场具有湿作业多、施工精度差、工序复杂、建造周期长、依赖现场工人水平和施工质量难以保证等问题，干式工法作业可实现高精度、高效率和高品质，同时也是建筑企业面对人口红利消失，促进传统建筑工人向产业化工人转型的实现方式。典型现场构件装配代表作如图 1-20 所示。

图 1-20 装配化施工现场——墙板吊装

4. 一体化装修

装配式混凝土建筑应实现全装修（如图 1-21 所示），内装系统应与结构系统、外围护系统、设备与管线系统一体化设计建造，即从设计阶段开始，与构件的生产、制作，与装配化施工一体化来完成，而不是现在毛坯房交工后再装修。全装修强调了建筑物功能和性能的完备性，推进全装修有利于提升装修集约化水平，提高建筑性能和消费者生活质量，带动相关产业发展。

图 1-21　一体化装修

在传统的建筑设计与施工中，一般均将室内装修用设备管线预埋在混凝土楼板和墙体等建筑结构系统中。在后期长时间的使用维护阶段，大量的建筑虽然结构系统仍可满足要求，但预埋在结构系统中的管线等早已老化，无法改造更新，后期装修剔除主体结构的问题大量出现，也极大地影响了建筑使用寿命。因此，装配式建筑鼓励采用设备管线与建筑结构系统的分享技术，使建筑具备结构耐久性、室内空间灵活性及可更新性等特点，同时兼具低能耗、高品质和长寿命的可持续建筑产品优势。

5. 信息化管理

装配式混凝土建筑宜采用建筑信息化模型（BIM）技术（如图 1-22 所示），实现全专业、全过程的信息化管理。建筑信息化模型（BIM）技术的应用，通过三维数字技术模拟建筑物所具有的真实信息，以敏捷供应链理论、精益建造思想为指导，集成虚拟建造技术、RFID 质量追踪技术、物联网技术、云服务技术、远程监控等技术为规划—设计—施工—运维全生命周

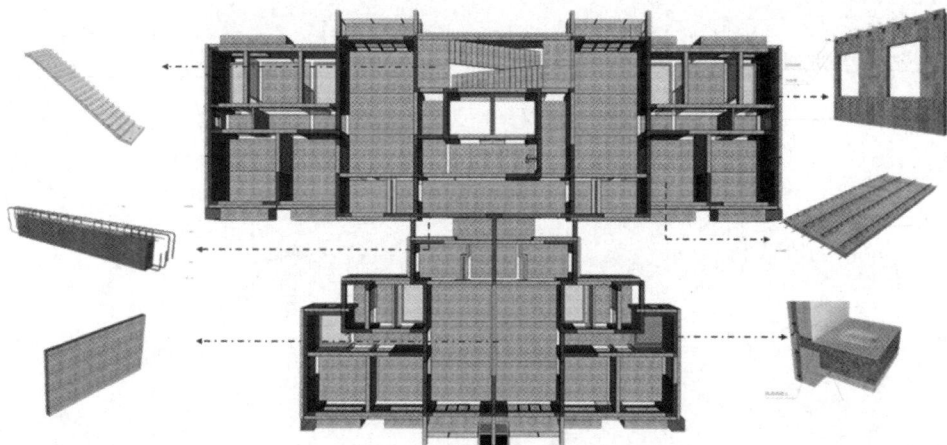

图 1-22　基于信息化平台的装配式建筑模型

期中提供相互协调、内部一致的信息化模型，达到建筑行业全生命周期的管理信息化。可以说，BIM技术的广泛应用会加速工程建设逐步向工业化、标准化和集约化的方向发展，促使工程建设各阶段、各专业主体之间在更高层面上充分共享资源，有效地避免各专业、各行业间不协调问题，有效解决设计与施工脱节、部品与建造技术脱节的问题，极大地提高了工程建设的精细化、生产效率和工程质量，并充分体现和发挥了新型建筑工业化的特点及优势。

6. 智能化应用

装配式混凝土建筑宜采用智能化技术，提升建筑使用的安全、便利、舒适和环保等性能。住房和城乡建设部印发的《建筑业10项新技术（2017版）》（建质函〔2017〕268号）中，基于智能化的装配式建筑产品生产与施工管理信息技术，是在装配式建筑产品生产和施工过程中，应用BIM、物联网、云计算、工业互联网、移动互联网等信息化技术，实现装配式建筑的工厂化生产、装配化施工、信息化管理。通过对装配式建筑产品生产过程中的深化设计、材料管理、产品制造环节进行管控，以及对施工过程中的产品进场管理、现场堆场管理、施工预拼装管理环节进行管控，实现生产过程和施工过程的信息共享，确保生产环节的产品质量和施工环节的效率，提高装配式建筑产品生产和施工管理的水平。

课后习题

一、选择题

1.（单选）建筑工业化的核心是（　　）。

A. 配件生产工业化　　　　　　　　B. 施工装配化

C. 标准化的设计　　　　　　　　　D. 装修一体化和管理信息化

2.（多选）为什么20世纪80年代后我国装配式混凝土建筑发展会停滞？（　　）

A. 资金缺乏　　　　　　　　　　　B. 劳动力成本低

C. 生产工艺无法达到要求　　　　　D. 运输道路狭窄

二、填空题

1. 目前我国装配式建筑主要有＿＿＿＿＿＿＿＿＿、＿＿＿＿＿＿＿和＿＿＿＿＿＿＿三种结构形式。

2. 装配式混凝土建筑的技术特征有＿＿＿＿＿＿、＿＿＿＿＿＿、＿＿＿＿＿、＿＿＿＿＿＿和＿＿＿＿＿＿。

第 2 章

混凝土预制构件制作准备

2.1　PC 构件认知

　　混凝土预制构件简称 PC(precast concrete)构件,是指在工厂中通过标准化、机械化加工生产的混凝土部件。由于构件在工厂内生产,因此构件质量及精度可控,且受环境制约较小。PC 构件按照部位主要分为两类:

　　(1)预制水平构件:包括预制楼板、预制梁、预制阳台板、预制空调板、预制楼梯、预制沉箱等。

　　(2)预制竖向构件:包括预制外挂墙板、预制剪力外墙板、预制剪力内墙、预制内隔墙、预制柱、预制飘窗、预制女儿墙等。

2.1.1　PC 构件简介

1. 预制楼板

　　预制楼板分为全预制楼板(主要用于全装配混凝土结构,如图 2-1 所示)与预制叠合楼板(主要用于装配整体式混凝土结构,如图 2-2 所示),而高层建筑楼板,实际生产过程中以叠合楼板为主,叠合即由预制叠合楼板(厚度 5~7 cm)现场吊装后,在其上部铺设钢筋、浇筑混凝土(厚度 6~8 cm),构成整体建筑物楼板。

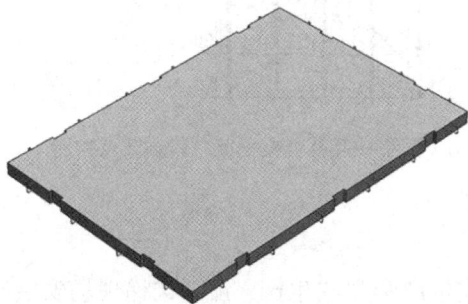

图 2-1　全预制楼板

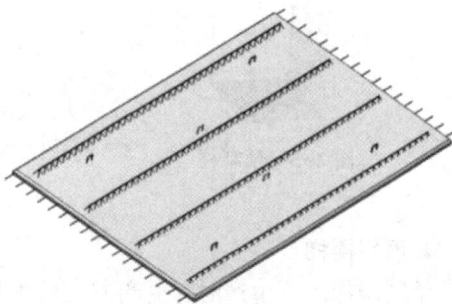

图 2-2　预制叠合桁架楼板

2. 预制梁

预制梁同样分为全预制梁与叠合梁，实际生产过程中以叠合梁（如图 2-3 所示）为主。叠合梁作为叠合楼板支座，叠合楼板搭接在叠合梁上。叠合梁端部及纵筋伸出部分伸入现浇柱锚固，上部现浇部分随叠合楼板现浇混凝土（节点构造如图 2-4 所示）。

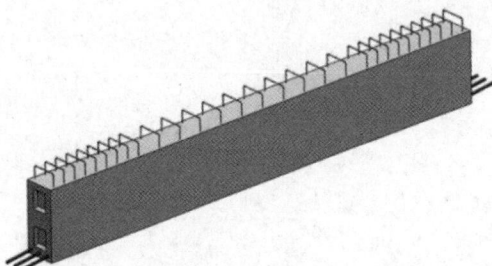

图 2-3　叠合梁

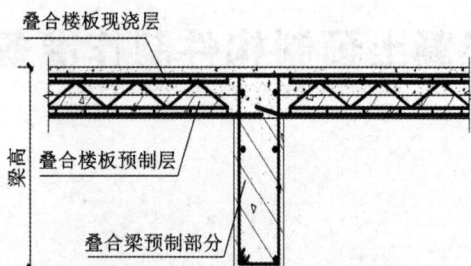

图 2-4　叠合梁与楼板搭接节点构造

3. 预制柱

柱类构件采用工厂生产，现场安装，预制柱如图 2-5 所示。预制柱的纵向钢筋连接采用焊接、浆锚搭接、套筒灌浆等连接方式。在预制柱安装过程中需要与叠合梁搭接，后浇段作业完成之后再通过灌浆套筒连接上一层预制柱，形成一个整体，节点构造如图 2-6 所示。

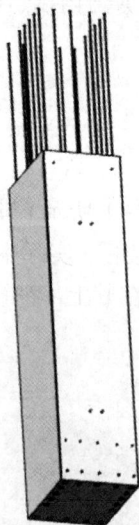

图 2-5　预制柱

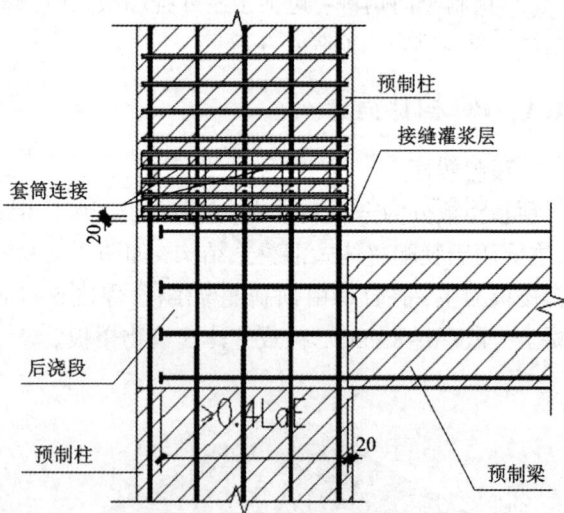

图 2-6　预制柱及叠合梁框架中间端节点构造

4. 预制楼梯

预制楼梯工厂生产时，生产方式可采用平放式生产和立式生产；预制楼梯现场安装时，按锚固方法可分为搁置式楼梯（如图 2-7 所示）和锚固式楼梯（如图 2-8 所示）。

图 2-7　搁置式楼梯

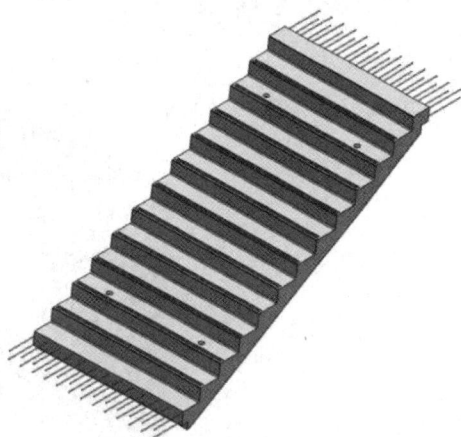

图 2-8　锚固式楼梯

　　搁置式楼梯采用干式连接，楼梯端头无伸出钢筋，安装时通过楼梯上下两铰链端的销键预留孔与楼梯安放平台的锚固螺栓机械连接。锚固式楼梯采用湿式连接，楼梯端部有伸出钢筋，需锚固到楼梯安放平台的钢筋混凝土内。

5. 预制沉箱

　　预制沉箱（如图 2-9 所示）是有底无盖的箱型结构构件，如住宅中下沉式卫生间的底板。预制沉箱在安装过程中，搭接钢筋穿过剪力墙顶部锚固在叠合楼板现浇层，节点构造如图 2-10 所示。

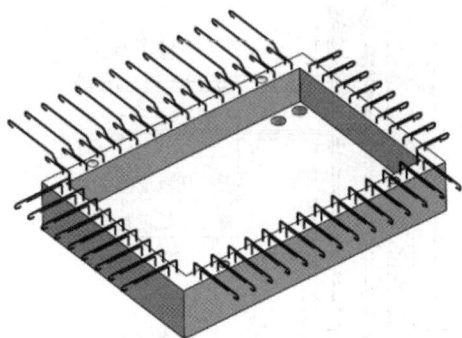

图 2-9　预制沉箱

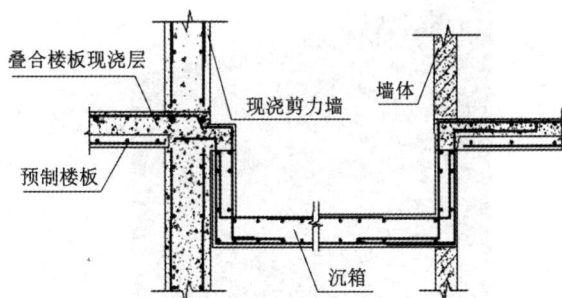

图 2-10　沉箱与剪力墙连接构造节点

6. 预制外挂墙板

　　预制外挂墙板由外叶装饰层、中间夹芯保温层及内叶层通过连接件连接而成，是安装在主体结构上，起围护、装饰作用的非承重预制混凝土外墙板，简称外挂墙板（如图 2-11 所示）。外挂墙板在施工时作为现浇剪力墙的外模板使用，其上部有伸出钢筋与主体结构浇筑在一起，但不参与主体结构受力。

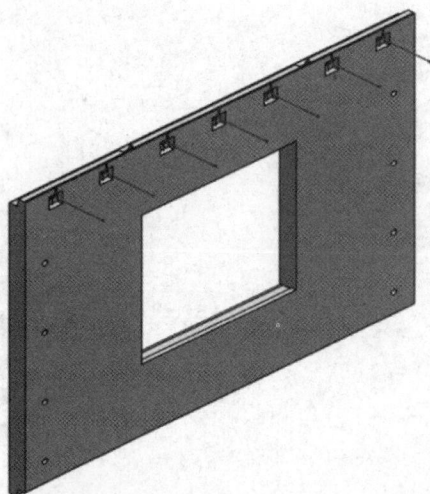

图 2-11 外挂墙板

7. 预制混凝土夹芯保温外墙板

预制混凝土夹芯保温外墙板(如图 2-12 所示)由外叶装饰层、中间夹芯保温层及内叶承重结构层组成,竖向钢筋通常采用钢筋套筒灌浆连接或钢筋浆锚搭接连接。预制混凝土夹芯保温外墙板安装在楼板现浇层上,上层叠合楼板搭接在外墙板上沿,上下墙板通过灌浆套筒锚固连接成一个整体,节点构造如图 2-13 所示。

图 2-12 预制混凝土夹芯保温外墙板

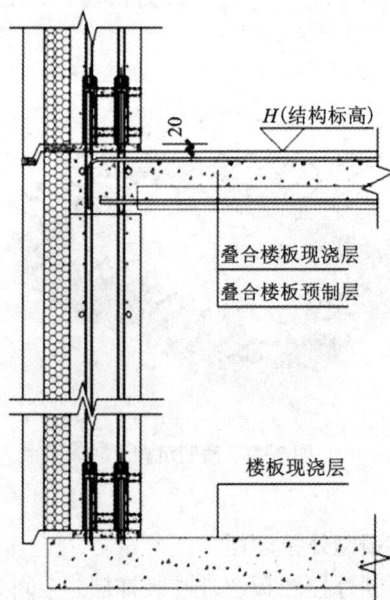

图 2-13 外墙板竖向连接节点构造

8. 预制剪力内墙

预制剪力内墙(如图 2-14 所示)是建筑室内的分隔墙,这种墙体既承担水平件传来的竖向荷载,同时又承担风力或地震时传来的水平地震荷载。预制剪力内墙竖向连接依靠受力钢筋伸入上部预制剪力内墙板的套筒内连接,灌浆后形成一个整体,节点构造如图 2-15 所示。

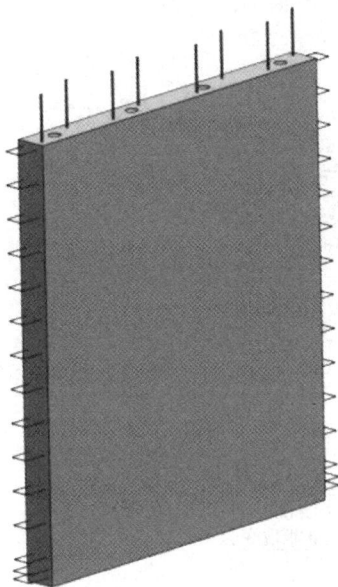

图 2-14　预制剪力内墙

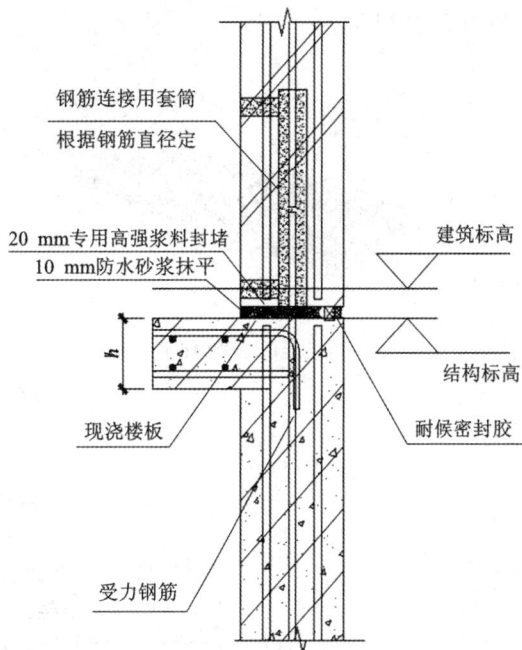

图 2-15　剪力内墙板竖向连接节点构造

9. 预制内墙

预制内墙(如图 2-16 所示)是暗梁与隔墙组合而成的构件。它既有暗梁来承担荷载,又有分割室内空间的作用。预制内墙端部伸出的暗梁纵筋锚固在现浇墙或柱内,以此形成可靠连接,节点构造如图 2-17 所示。

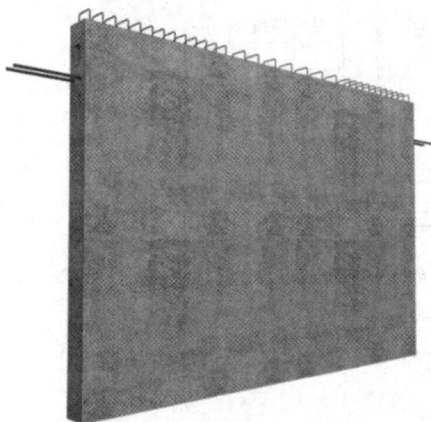

图 2-16　预制内墙

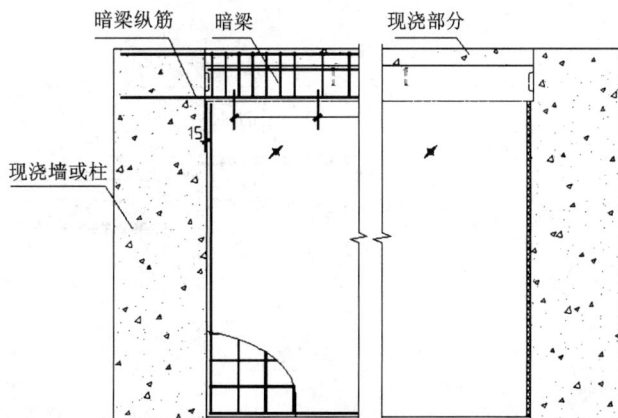

图 2-17　内墙板连接构造节点

10. 预制阳台板

预制阳台板(如图2-18所示)分为全预制阳台板与叠合阳台板。预制阳台板在外形上通常带有翻边。全预制阳台板通过构件上预埋的底筋及面筋锚入主体结构后浇层进行连接[如图2-19(a)],叠合阳台板通过构件预埋底筋及现场绑扎面筋锚入主体结构后浇层进行连接[如图2-19(b)]。

(a)全预制阳台板 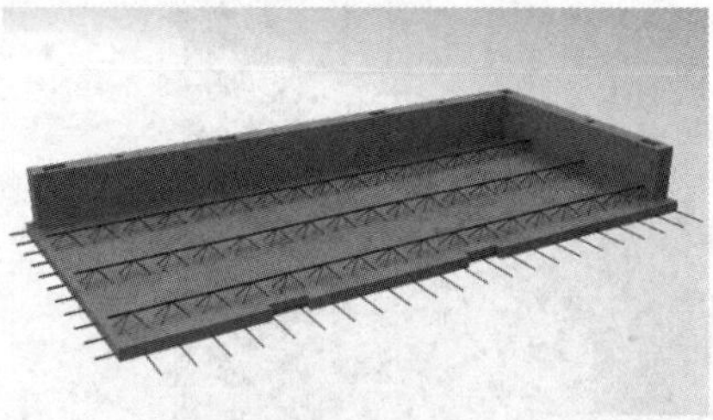 (b)叠合阳台板

图2-18 预制阳台板

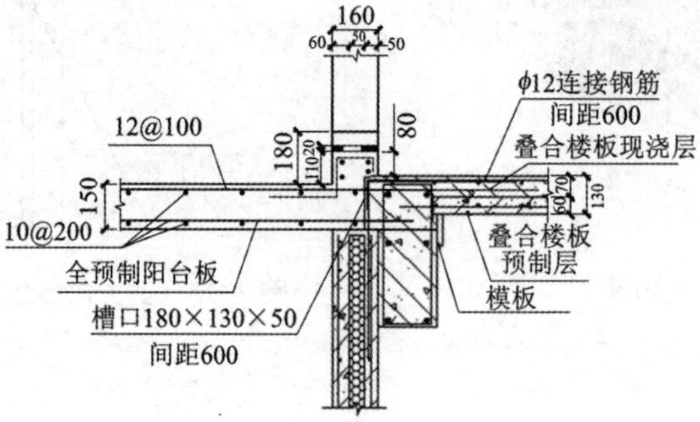

(a)全预制阳台板连接节点构造

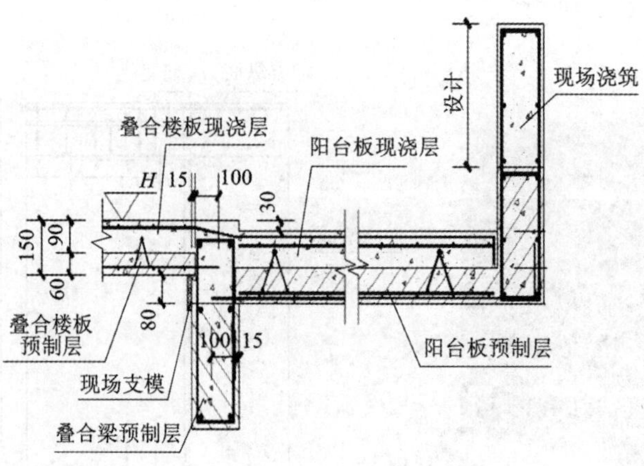

(b)叠合阳台板连接节点构造

图2-19 预制阳台板连接节点构造

11. 预制空调板

预制空调板(如图 2-20 所示)为全预制形式,通过预留负弯矩钢筋伸入主体结构后浇层进行有效连接。全预制空调板搭接在叠合梁预制层上,负弯矩钢筋锚入叠合楼板现浇层,通过后浇筑连接成一个整体,节点构造如图 2-21 所示。

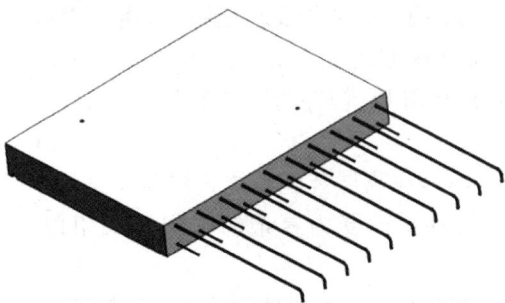

图 2-20　全预制空调板

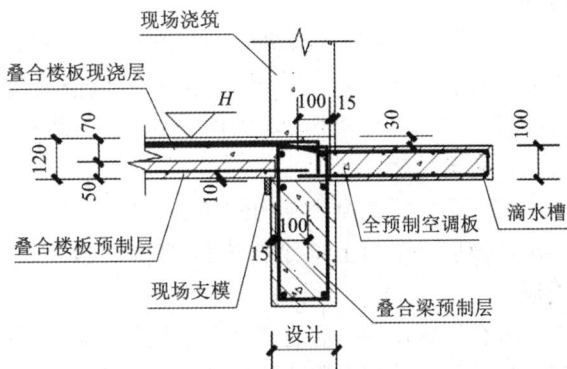

图 2-21　全预制空调板连接构造节点

12. 预制 PCF 板

预制 PCF 板(如图 2-22 所示)即预制混凝土剪力墙外墙模,一般由外叶装饰层及中间夹芯保温层组成。构件安装后,通过预留连接件将内叶结构层与 PCF 板浇筑连接在一起。

图 2-22　预制 PCF 板

2.1.2　构件与连接设计

按照《装配式混凝土建筑技术标准》(GB/T 51231—2016),预制构件的设计和拼装应符合下列规定:

(1)预制构件的设计应满足标准化的要求,宜采用建筑信息模型(BIM)技术进行一体化设计,确保预制构件的钢筋与预留洞口预埋件等相协调,简化预制构件连接节点施工;

（2）预制构件的形状、尺寸、重量等应满足制作、运输、安装等各环节的要求；

（3）预制构件的配筋设计应便于工业化生产和现场连接；

（4）预制构件拼接部位的混凝土强度等级不应低于预制构件的混凝土强度等级；

（5）预制构件的拼接位置宜设置在受力较小部位；

（6）预制构件的拼接应考虑温度作用和混凝土收缩徐变的不利影响，宜适当增加构造钢筋；

（7）节点及拼缝处的纵向钢筋连接宜根据接头受力、施工工艺等要求选用套筒灌浆连接、机械连接、浆锚搭接连接、焊接连接、绑扎搭接连接等连接方式。

下面介绍叠合楼板、剪力墙、预制外挂墙板等几种常用 PC 构件的构造要求。

1. 叠合楼板

装配整体式混凝土结构的楼盖宜采用叠合楼板，但是在高层装配整体式混凝土结构中，结构转换层、作为上部结构嵌固部位的楼层、屋面层和平面受力复杂的楼层宜采用现浇楼板。

叠合楼板由预制叠合楼板与后浇层组成。通过预制叠合楼板面层外露的桁架钢筋及受力侧的外伸筋与后浇混凝土浇筑成整体。预制叠合楼板既是楼板结构的组成部分之一，又是后浇层的永久性模板，后浇层内可敷设水平设备管线。

叠合楼板根据生产工艺分为桁架楼板和无桁架楼板（即预应力筋叠合楼板），分别如图 2-23 和图 2-24 所示。桁架楼板的预制厚度不宜小于 60 mm，后浇混凝土的叠合层厚度不应小于 60 mm。无桁架楼板的预制厚度不宜小于 50 mm，后浇混凝土的叠合厚度不宜小于 70 mm。叠合楼板长度尺寸不宜大于 6000 mm，宽度尺寸不宜大于 3200 mm。上表面混凝土粗糙面不小于 4 mm，底面四周通常设计有倒角。

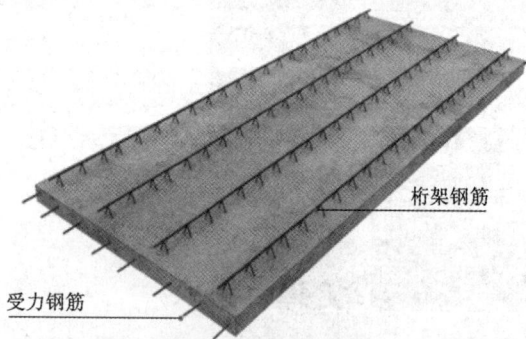

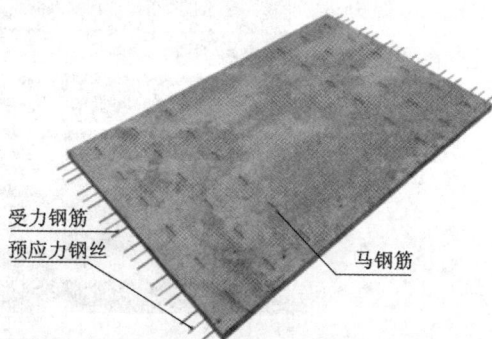

图 2-23　桁架楼板　　　　　　图 2-24　预应力筋叠合楼板

楼板根据其受力特点和支承情况，又可分为单向板和双向板，单向板与双向板的楼板连接形式也有不同，单向板采用板侧分离式拼缝构造，双向板采用板侧整体式拼缝构造，如图 2-25 所示。

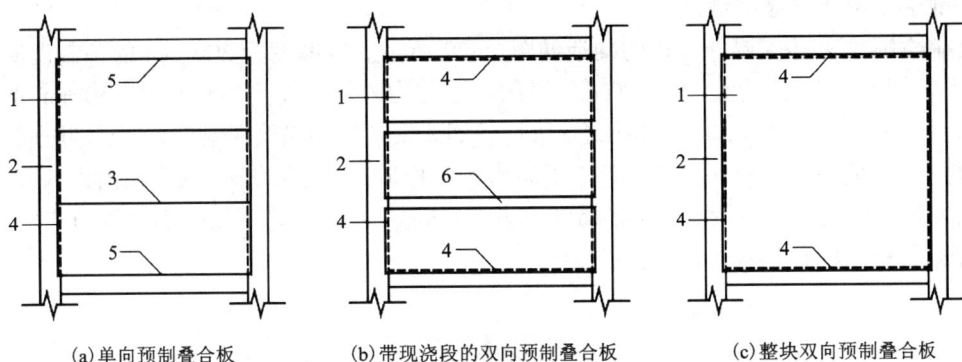

(a)单向预制叠合板　　　(b)带现浇段的双向预制叠合板　　　(c)整块双向预制叠合板

图 2-25　叠合楼板的拼接形式

1—预制叠合板；2—墙；3—板侧拼缝；4—板端支座；5—板侧支座；6—板侧整体式现浇段

单向板在非受力方向无钢筋伸出，因此形成板与板侧面分离的拼缝构造，如图 2-26 所示。

双向板因双向受力，板与板拼接面有钢筋伸出，形成整体式接缝构造，如图 2-27 所示。

叠合板端支座，双向板内的纵向钢筋应从板端伸出并锚入支座现浇层中，锚固长度不应小于 $5d$ 及 100 mm 中的较大值，且应伸过支座中心线，如图 2-28(a)所示。单向板的板侧支座处，钢筋可不伸出，支座处应贴预制楼板顶面在现浇混凝土中设置附加钢筋，如图 2-28(b)所示；附加钢筋面积不宜小于预制板内同向钢筋面积，在现浇混凝土层内锚固长度不小于 $0.8l_a$，在支座内锚固长度不应小于 $5d$ 及 100 mm 中的较大值，且应伸过支座中心线。

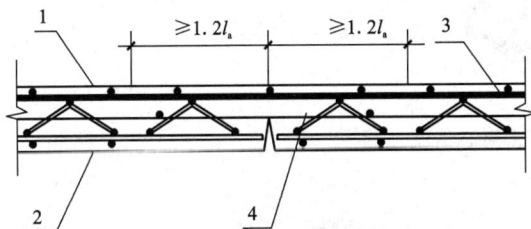

图 2-26　板侧分离式拼缝构造

1—现浇层；2—预制板；3—现浇层内钢筋；4—接缝钢筋

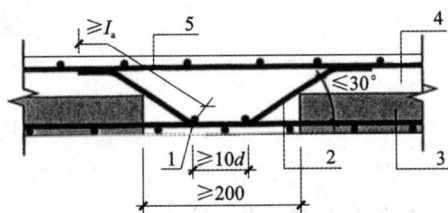

图 2-27　双向叠合板整体式拼缝构造

1—通长构造钢筋；2—纵向受力钢筋；3—预制楼板；4—后浇混凝土叠合层；5—后浇层内钢筋

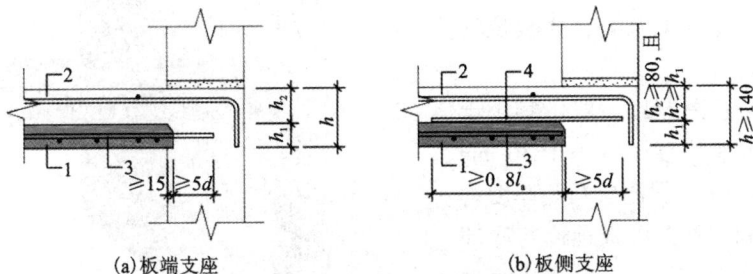

(a)板端支座　　　(b)板侧支座

图 2-28　预制叠合板板端及板侧构造

1—预制板；2—现浇层；3—预制板内钢筋；4—板侧支座

2. 预制混凝土夹芯保温外墙板

预制混凝土夹芯保温外墙板的构造如图 2-29 所示。以厚度为 300 mm 的预制混凝土夹芯保温外墙板为例，构造上包括 200 mm 厚的普通剪力外墙板作为墙板内叶，50 mm 厚外挂墙板作为外叶，中间夹有 50 mm 厚保温材料（挤塑式聚苯乙烯隔热保温板），内外叶通过连接件连接。外叶墙板顶部及底部可设计上下防水企口构造，内叶墙板两侧面及顶面、底部均为与后浇混凝土接合面，做粗糙面且粗糙度不小于 6 mm。构件的窗下墙采用轻质填充材料时，宜使用聚苯板，容重不小于 12 kg/m³。

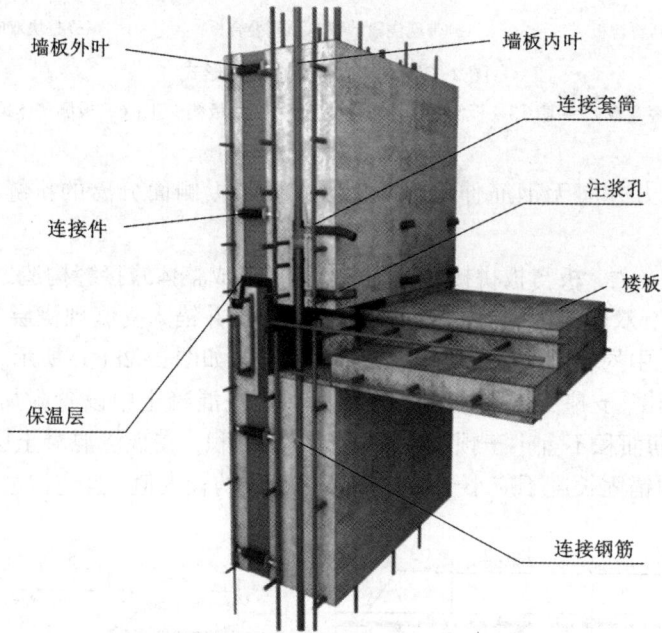

图 2-29　预制混凝土夹芯保温外墙板

3. 预制外挂墙板

预制外挂墙板简称外墙板，是建筑主体外围护墙体中，起围护、装饰作用的非承重预制构件。它通过墙体上部的预留钢筋锚入叠合梁及叠合楼板现浇层内与主体相连。

预制外挂墙板总厚度一般不宜小于 150 mm，保温材料厚度不宜小于 30 mm 且不宜大于 120 mm，保温层两侧厚度均不宜小于 50 mm。外挂墙板顶部与底部一般设计成防水企口结构，以防止室外雨水渗入室内，伸出锚筋部位设计有剪力槽口，如图 2-30 所示。

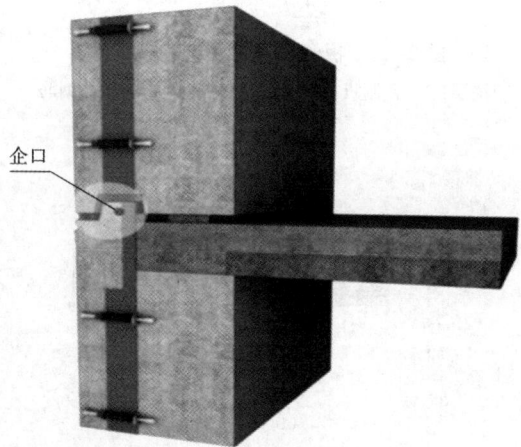

图 2-30　预制外挂板

2.2　PC 构件生产流水线介绍

流水线又称为装配线,一种工业上的生产方式,指每一个生产单位只专注处理某一个片段的工作,以提高工作效率及产量。装配式混凝土建筑的 PC 构件在工厂内进行工业化生产,采用的是 PC 构件生产流水线的生产模式。PC 构件生产流水线可同时生产不同类型的构件,流水线包含钢台车清理、划线、装模等十多道生产工序。

工业化标准
PC构件介绍

下面以远大住工的 PC 构件生产流水线为例,详细介绍 PC 构件生产流水线(详述中所涉及数据仅供参考)。

2.2.1　PC 构件生产流水线

远大住工麓谷生产线为环形自动流水线。首先,将 PC 构件的生产流程拆分为时长相等的工序,然后将构件尺寸标准化、生产工序机械化、工艺流程自动化和管理手段信息化付诸实施,实现 PC 构件节拍式生产。

PC 构件生产流水线分为制造段与养护段。其中制造段包含双排生产台车位,辅助装模台车位,小循环台车位;养护段为恒温恒湿养护室。

按照工位分类,制造段可分为拆模准备工位、拆模工位、起吊工位、清模工位、装模工位、置筋/预埋工位、振动/布料工位、后处理工位,如图 2-31 所示。

图 2-31　PC 构件柔性生产流水线布置图

PC 流水线输送及控制系统描述:流水线输送系统将振捣密实的混凝土构件及模具送至立体养护窑指定位置,将养护好的水泥构件及模具从养护窑中取出,送回生产线上,输送到指定的拆模位置。设备由行走系统、脱模系统、运输系统、振动系统、养护系统、电气系统等组成。

因为不同 PC 构件的生产过程中各工序工作量不等,采用的生产模式不是传统定员定岗型,而是四大工作中心分工合作型,以增加生产线的柔性,提升生产线的线体平衡率,降低生产节拍,提高生产效率。四大工作中心分别是清装模工作中心、置筋预埋工作中心、布振养工作中心、拆脱模工作中心。

2.2.2 各工作中心工序介绍

1. 清装模工作中心

本工作中心主要包含清模、装模、涂脱模剂三个工序，在标准生产线上分配有 3 个工位，总人数配置为 5 人。

其中，清模工序的主要工作内容为清理模具、台车、工装，是标准作业流程的开始。人力配置为 2 人。使用工具包含铁铲、加长型铁铲、尖细铁件、毛刷、铁锤、扫把、撮箕、平板大拖把等。工序作业流程为：①清理内模；②清理预埋；③清理外模；④清理台车。

装模工序的主要工作内容为安装模具，安装过程中需注意模具是否变形，注意安装公差是否符合标准。人力配置为 2 人。使用工具包含铁锤、木方、开口扳手/呆扳手、卷尺。工序作业流程为：①安装门窗洞；②安装外挡边。

涂脱模剂工序的主要工作内容为对所有构件与模具接触面喷洒脱模剂。人力配置为 1 人。使用工具包含喷雾器、毛刷、布拖把、海绵拖把。工序作业流程为：①内模挡边涂脱模剂；②外模挡边涂脱模剂；③预埋涂脱模剂；④台车面涂脱模剂。

2. 置筋预埋工作中心

本工作中心主要包含置筋和预埋两个工序，在标准生产线上分配有 5 个工位，总人数配置为 7 人。

其中，置筋工序的主要工作内容为布置网片钢筋、加强筋、抗裂钢筋、连接钢筋、箍筋笼。人力配置为 5 人。使用工具包含扎钩、焊机、伸出钢筋限位工装、小撬棍。工序作业流程为：①置底层网片；②置底层加强筋；③置底层抗裂筋；④置吊钉加强筋；⑤置上层抗裂筋；⑥置上层加强筋；⑦置上层网片；⑧置连接筋。

预埋工序的主要工作内容为水电预埋安装、施工预埋安装。人力配置为 2 人。使用工具包含扎钩、扳手、橡胶锤、玻璃胶枪、美工刀、弯管器、电动扳手。工序作业流程为：①套筒预埋；②吊钉预埋；③孔洞预留治具安装；④水电预埋。

3. 布振养工作中心

本工作中心主要包含布料浇捣、后处理、养护三个工序，在标准生产线上分配有 4 个工位，总人数配置为 5 人。

其中，布料浇捣工序主要工作内容为将混凝土布置到台车模具内，并进行 5~10 s 振动，使混凝土均匀分布在模具内。人力配置为 2 人。使用工具包含铁铲。使用设备为布料机、振动台。工序作业流程为：①报单叫料；②卸料；③布料；④振动。

后处理工序主要工作内容为放置保温材料、放取表面预留槽、抹面、拉毛、清理。人力配置为 2 人。使用工具包含铁抹、加长型抹泥板、加长型拉毛刷、胶皮桶、橡皮锤。使用设备为刮平机。工序作业流程为：①表面检查；②表面预留预埋；③抹面处理；④拉毛处理；⑤清理台车。

养护工序主要工作内容为控制台车进出养护窑，控制养护窑内温湿度在标准范围内。人力配置为 1 人。使用设备包含养护窑、提升机。工序作业流程为：①入窑前确认；②操作设备入窑；③养护窑恒温恒湿监控；④操作设备出窑。

4. 拆脱模工作中心

本工作中心主要包含拆模、脱模吊装两个工序，在标准生产线上分配有 4 个工位，总人数配置为 5 人。

其中，拆模工序的主要工作内容为拆卸构件的模具挡边。人力配置为 3 人。使用工具包含电动扳手、扳手、撬棍、橡胶锤、铁锤、木方。工序作业流程为：①拆预埋件；②拆外挡边；③拆门窗洞挡边。

脱模吊装工序的主要工作内容为将达到脱模强度的构件从模具中脱模完成，并吊装到成品整体运输架中。人力配置为 2 人。使用工具包含回弹仪、吊具、钢丝绳(带扎头)、吊爪、卸扣、整体运输架、插销、枕木。工序作业流程为：①脱模准备；②翻转操作；③构件脱模；④台车复位；⑤构件存放。

2.3　资源准备

2.3.1　人员准备

PC 构件生产流水线一般需配备生产厂长、副厂长、生产经理、半成品加工主管、物料加工工位长、混凝土加工工位长、钢筋加工工位长、产线线长、清装模工位长、置筋预埋工位长、布振养工位长、脱模吊装工位长等人员，下面介绍各岗位工作职责及能力要求。

1. 生产厂长岗位职责及能力要求

1)运营能力：全面负责工厂的经营管理工作，达成利润目标，对工厂智能制造体系运营负责；

2)年度计划：组织实施工厂年度工作计划和年度财务预算报告；

3)目标达成：配合集团战略发展规划，达成年度经营目标，并做好人才梯队的储备；

4)团队建设能力：全面推动培训考核，包括企业内训工作，培养管理、技术、工匠人才等团队建设；

5)工作推动：积极对接集团平台，导入新的管理和思维模式；

6)绩效指标：对工厂的生产活动进行监管，保证生产顺利进行，以 P(产效)、Q(品质)、C(成本)、D(交期)、S(安全)、M(士气)等关键绩效指标来衡量主要工作业绩；

7)监督各岗位职责、权限和工作质量，协调各部门的良性沟通和合作；

8)公共关系：全面负责与政府职能部门及项目甲方、总包等相关单位的对接工作，并维持良好关系。

2. 生产副厂长岗位职责及能力要求

1)根据项目需求，配合厂长有序组织、协调工厂的生产活动，达成生产指标；

2)对生产执行过程进行进度跟踪、过程检查、方法调整，有效控制产品生产质量、成本和效率；

3)对本部门日常工作进行有效的监督、管理、反馈和调整，保障生产顺利进行；

4)质量管理能力：负责本部门的产品质量管理工作，组织对产品质量进行过程控制和品质改善活动；

5)负责本部门的设备维护管理工作，确保设备的正常运转；

6) 负责本部门 6S 安全文明生产的管理与监督；

7) 监督各岗位职责、权限和工作质量，协调各部门的良性沟通和合作；

8) 制订生产管理部门的应急预案，以便妥善处理工厂内发生的紧急突发事件；

9) 做好团队成员的培训与考核工作，打造优秀的生产管理团队。

3. 生产经理岗位职责及能力要求

1) 组织协调能力：生产经理是工厂车间计划达成、现场管理、交货等的第一负责人；

2) 负责执行和跟进公司给工厂车间的各项指令和要求；

3) 负责内部所需物资的申请、盘点及管理的确认工作；

4) 掌握车间的生产品质情况及客户的有关品质的投诉情况，并组织安排改善措施的实施；

5) 持续推动各项工作效率提升，降低综合生产成本；

6) 负责本部门 6S 安全文明生产的管理与监督；

7) 负责下属员工培训考核工作，建立优秀的生产团队。

4. 半成品加工主管岗位职责及能力要求

1) 全面负责钢筋线、混凝土、PC 物料的生产运营工作，确保达成各项生产指标；

2) 监督钢筋线、混凝土、PC 物料的设备和工具的保养和维护工作，确保其处于正常的状态；

3) 执行能力：负责执行和跟进公司给工厂加工车间的各项指令和要求；

4) 负责加工车间内部所需物资的申请、定期盘点及管理实施；

5) 掌握加工车间的产品品质情况及来自 PC 产线的有关品质的投诉情况，并组织安排改善措施的实施；

6) 持续推动各项工作效率提升，降低综合生产成本；

7) 负责本车间 6S 安全文明生产的管理与监督。

5. 物料加工工位长岗位职责及能力要求

1) 物料加工工位长是确保 PC 物料任务达成、现场管理及产品品质等的第一负责人，并向加工主管汇报工作；

2) 现场管理能力：负责 PC 物料的生产管理工作，确保 PC 物料正常供给及 PC 物料加工达成等各项生产指标；

3) 负责执行和跟进工厂给 PC 物料的各项指令和要求；

4) 负责内部使用物资的申请、盘点及管理的确认工作；

5) 持续推动各项工作效率提升，降低 PC 物料的生产成本；

6) 负责 PC 物料线 6S 安全文明生产的管理与监督；

7) 培训能力：做好员工培训考核工作，建立优秀的生产团队。

6. 混凝土加工工位长岗位职责及能力要求

1) 全面负责搅拌站的日常生产工作，确保搅拌站达成生产指标；

2) 负责搅拌站生产计划的分解、原材料需求计划的提交；

3) 设备维护管理能力：负责搅拌站设备的正常运转和设备的保修保养工作；

4) 负责混凝土搅拌站生产日报表的签核；

5) 收集汇总搅拌站运营数据，进行成本核算和对比分析，设法降低生产运营成本；

6）负责制订本工位人员岗位职责、考核指标等；

7）负责本工位的全体人员、设备安全工作；

8）协调能力：负责与计划、生产、实验室、品管等其他部门的相互协调工作。

7. 钢筋加工工位长岗位职责及能力要求

1）全面负责钢筋线的日常生产工作，确保达成各项生产指标，并向 PC 经理汇报工作；

2）负责钢筋线生产计划的分解、原材料需求计划的提交；

3）负责钢筋线设备的正常运转和设备的维护保养工作；

4）数据管理能力：收集汇总钢筋线运营数据，进行成本核算和对比分析，设法降低生产运营成本；

5）负责制订本工位人员岗位职责、考核指标等；

6）组织协调能力：负责与物料、计划、PC 生产、品管等其他部门的互相协调工作；

7）负责执行和跟进公司给工厂车间的各项指令和要求；

8）执行能力：负责执行和跟进 PC 经理给钢筋线指派的各项工作和要求；

9）掌握钢筋线的产品品质情况，并组织安排改善措施的实施。

8. 产线线长岗位职责及能力要求

1）KPI 管控能力：确保 PC 产线生产计划达成、效率达标、品质达标；

2）执行能力：负责执行和跟进工厂对 PC 产线下达的各项指令和要求；

3）负责内部所需物资的申请、定期盘点及管理实施；

4）持续推动各项工作效率提升，降低 PC 生产的成本；

5）负责本部门 6S 安全文明生产的管理与监督；

6）培训考核能力：做好下属员工培训考核工作，建立优秀的生产团队。

9. 清装模工位长岗位职责及能力要求

1）自我管理能力：严格遵守各项管理制度（含安全操作规程），坚守生产岗位，不迟到、不早退；

2）专业技术能力：熟练使用工具、识图能力强；

3）执行能力：服从工作安排，根据要求按质、按量、按时完成任务；

4）现场管理能力：治具、工具摆放整齐，维护现场环境，保持工作区整齐、清洁；

5）妥善保养设备，使用设备、工器具要珍惜爱护，节约用料；

6）愿意沟通和分享，带领团队成员共同进步；

7）安全意识强，协作精神好。

10. 置筋预理工位长岗位职责及能力要求

1）自我管理能力：严格遵守各项管理制度（含安全操作规程），坚守生产岗位，不迟到、不早退；

2）执行能力：接受工作安排，根据要求按质、按量、按时完成任务；

3）现场管理能力：工器具摆放整齐，下班后打扫场地卫生，保持工作区整齐、清洁；

4）专业技术能力：熟练掌握置筋、预埋岗位专业技能，识图能力强；

5）必须高度集中精神进行生产，生产确保安全，保证质量；

6）愿意沟通和分享，带领团队成员共同进步；

7）安全意识强，协作精神好。

11. 布振养工位长岗位职责及能力要求

1）自我管理能力：严格遵守各项管理制度（含安全操作规程），坚守生产岗位，不迟到、不早退；

2）设备操作能力：熟练掌握布料机、养护窑操作技能；

3）执行能力：服从工作安排，根据要求按质、按量、按时完成任务；

4）现场管理能力：治具、工具摆放整齐，维护现场环境，保持工作区整齐、清洁；

5）妥善保养设备，使用设备、工器具要珍惜爱护，节约用料；

6）愿意沟通和分享，带领团队成员共同进步；

7）安全意识强，协作精神好。

12. 脱模吊装工位长岗位职责及能力要求

1）自我管理能力：严格遵守各项管理制度（含安全操作规程），坚守生产岗位，不迟到、不早退；

2）设备操作能力：熟练掌握翻转台、行车操作技能；

3）执行能力：服从工作安排，根据要求按质、按量、按时完成任务；

4）现场管理能力：治具、工具摆放整齐，维护现场环境，保持工作区整齐、清洁；

5）妥善保养设备，使用设备、工器具要珍惜爱护，节约用料；

6）愿意沟通和分享，带领团队成员共同进步；

7）安全意识强，协作精神好。

13. 流水线重要岗位及骨干人员岗位职责及能力要求

1）自我管理能力：严格遵守各项管理制度（含安全操作规程）；

2）设备操作能力：熟练掌握翻转台、行车、布料机、养护窑中至少1种设备操作；

3）执行能力：服从工作安排，根据要求按质、按量、按时完成本岗位的任务；

4）带领新员工独立完成1~2个岗位的操作；

5）妥善保养设备，使用设备、工器具要珍惜爱护，节约用料；

6）安全意识强，协作精神好。

2.3.2　设备准备

1. 设备分类

PC工业化生产在国内起步较晚，早前生产设备主要依赖进口。近些年来，随着行业的快速发展，国内也随之成长了一批PC工业化生产设备厂商，现在国内PC工厂所使用的设备90%实现了国产化。

PC工业化，就是将PC构件用工业生产的模式制造出来。这个过程所使用的设备品种繁多，从功能上来说主要分为以下几类：混凝土加工设备、混凝土运送设备、PC流水线生产设备、养护窑、钢筋加工设备以及物流运输、起重设备等。其中，混凝土加工设备、钢筋加工设备、养护窑及起重设备等和市面上常见设备并无区别，这里不做赘述。本章只简单介绍几种PC工厂专用设备。

2. 主要生产设备工作原理介绍

PC流水线生产设备是PC工厂最重要也是最关键的一部分，虽然各公司生产设备配置稍有区别，但大都包含布料机、送料系统、液压翻转台、液压运输车和钢轨轮输送线等主要生

PC工厂设备介绍

产设备。

(1)布料机。

布料机由布料系统和振捣系统两部分组成,其中布料系统将搅拌好的混凝土均匀地浇注到事先准备好的 PC 模具里;振捣系统将浇注了混凝土的 PC 模具进行振捣,消除空隙,使 PC 密实度和平整度达到设计要求。

1)布料系统。

布料系统由摊料螺旋、布料螺旋、行走机构、卸料机构组成。初步搅拌的混凝土由送料斗送至布料斗,布料斗中的摊料螺旋和布料螺旋以相对方向旋转,对混凝土进行再次搅拌,能有效防止混凝土结块。操作人员通过控制布料斗上的行走机构及气动布料阀完成布料作业。

摊料螺旋由一台可正反转运行的电机驱动,连接在摊料螺旋轴上的螺旋形排列的耙齿在转动过程中对混凝土进行二次搅拌,防止混凝土结块。在布料作业过程中,摊料螺旋不可停止运行。

布料螺旋由一台可正反转运行的电机驱动,采用变频器进行无级调速,运行方向与摊料螺旋相反,更好地对混凝土进行二次搅拌,同时不断把布料螺旋上部的混凝土送到布料斗底部的卸料口,进行布料作业。

卸料机构由设备自带的空压机提供压缩空气(或集中供气),通过气动阀控制布料斗底部卸料口的开闭,将混凝土均匀浇注在 PC 模具中。布料机在使用前和连续运行超过 2 h 后都需要对布料机的各个轴承进行一次注脂润滑,时间不能少于 1 min,确保轴承正常运行。最新的设备装有自动注脂泵,可以定时自动润滑轴承,操作人员需要做的工作就是定期加注油脂和点检管道,防止缺油或管道堵塞。

行走机构由大车和小车两部分组成,其横向和纵向的运动分别由两套 LDA 驱动机构执行,速度可变频调节。布料过程中通过适当调节大车的运行速度,实现不同厚度的 PC 构件一次浇注。布料系统设备如图 2-32 所示。

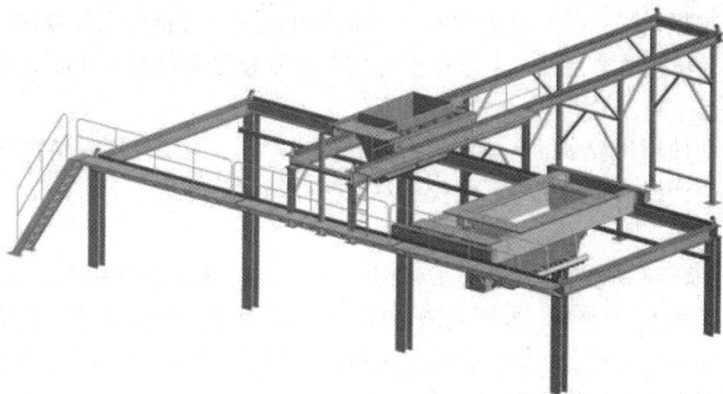

图 2-32 布料系统

2)振捣系统。

振捣系统由振动平台、液压系统和送板机构组成。送板机构与钢轨轮输送线配合使用，将装配有 PC 模具的钢台车送到布料工位，由液压升降装置将钢台车降至振动平台上，并通过夹紧装置使钢台车与振动平台紧贴。布料作业完成后，开启振动电机进行振动作业，振动结束后松开夹紧装置，通过液压升降装置顶起钢台车至流水线输送高度，由送板机构将钢台车送离布料工位。

振动平台是由 4~6 台小型振动台合成构成，每个振动台配有 4 台附着式平板振动器，可根据混凝土的坍落度、骨料大小和保温材料的填充情况对每个振动台振动器的开启数量进行适当调整，达到最佳的振捣效果。必须保证钢台车在下降限位和夹紧的状态下才能启动振动器；同时为了防止保温材料的不正常上浮，振动时间不宜过长。振动台设备如图 2-33 所示。

图 2-33　振动台

振动台液压系统通过电磁阀控制振动平台的升降及夹紧装置的松开和夹紧。设备使用过程中系统压力宜控制为 7~8 MPa。

送板机构根据振动平台的长度配置 4~6 台减速电机，负责钢台车的输送。送板机构电机双向运行，且只有在振动平台处于上限位置并松开夹紧装置的状态下才能启动送板电机。

(2)送料系统。

送料系统目前使用比较多的有送料斗和翻转式送料车，主要作用是将搅拌好的混凝土由搅拌站送到各条生产线的布料机。下面我们对这两种都简单介绍一下。

1)送料斗。

送料斗(如图 2-34 所示)由行走驱动机构、仓门机构、振动机构组成。

行走机构由 2 台 LDA 驱动，采用变频器控制，有高低 2 种运行速度，在接近接料点和卸料点的位置时采用低速运行，其他位置高速运行。送料斗只有在卸料门关闭并检测到关门状态限位信号的情况下才能操作送料斗行走机构运行。

料斗仓门采用液压泵驱动。送料斗的仓门只能在接料点和卸料点才能开启和关闭。

振动器只能在送料斗仓门打开的情况下才能操作。

2）翻转式送料车。

翻转式送料车（如图 2-35 所示）用于工厂 PC 生产线上的混凝土输送，将搅拌好的混凝土从搅拌站送到布料机上。该设备总功率为 5.5 kW，送料斗最大容积为 3.0 m³。环形轨道送料控制系统采用"一主多从"的控制模式，由操作人员在控制室控制多台翻转式送料车在环形轨道上运行，最终实现将搅拌站的混凝土输送给多台布料机的目标。

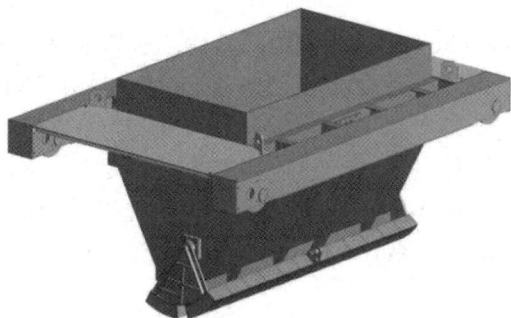

图 2-34　送料斗

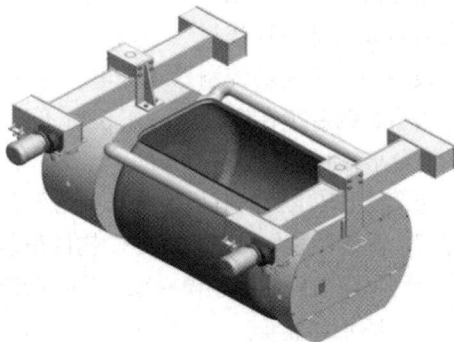

图 2-35　翻转式送料车

控制系统以西门子 S7-200 PLC 和 Weinview 触摸屏为核心，送料车采用相对定位方式实现减速和停车功能。全套控制系统通过无线收发器采用 MODBUS 协议实现主站与从站之间的数据交换，系统采用轮巡方式发送、接收数据。通过主站与触摸屏通信，并在触摸屏上显示每台送料小车在环形轨道上的位置。送料车在环形轨道上循环送料，实现任意生产线停车卸料功能。送料车安装了防撞光电开关，当前面有障碍时小车自动停止运行。

送料车由行走机构、卸料机构组成。行走机构由 2 台 LDA 驱动，通过变频器实现高低 2 种运行速度运行；在接近接料点、卸料点及转弯段时以低速运行，其他位置以高速运行。行走机构只能在卸料口朝上，并检测到非卸料位置开关信号时方可运行。

卸料机构只能在接料位置和卸料位置才能开启，也可在手动模式下操作。

（3）液压翻转台。

翻转台（如图 2-36 所示）用于工厂 PC 生产线上的墙板成品拆模吊装作业。PC 墙板构件在经过养护窑充分养护后送到翻转工位，操作人员在拆除边模后由翻转台将钢台车整体翻转一个角度（与地面夹角为 80°～85°），然后由行车将墙板垂直吊离钢台车，并放置到附近的存放架上。

图 2-36　翻转台

该设备主要由翻转臂、底座、横挡梁及一套液压系统构成，采用操作台和遥控器两种操作模式。翻转台泵站主要实现 PC 件翻转和锁模。其中翻起钢台车时，要求两台翻转油缸同步，否则会造成钢台车扭曲变形，导致 PC 件开裂损坏。下落钢台车时，油缸作用力和台面重力都向下，要求流量较小，下落缓慢平稳，否则流量太大，冲击就会大，造成翻转臂颤抖。锁模油缸顶出，翻转台横梁顶住 PC 件边模，这样翻转钢台车时，PC 件就不会滑落，翻转过程中锁模油缸不能蠕动。翻转台回位后，锁模油缸缩回，钢台车由钢轨轮输送线传送到下个工位。

翻转台通过控制油泵电机的启停和电磁阀的换向，来控制翻转臂的升降和锁模横梁的伸缩。电磁阀的控制都采用点动模式，控制系统只在翻转臂的上升位置设有限位开关，防止过度翻转对设备造成损伤。

设备使用前先给控制系统上电，然后通过选择开关选择是否使用翻转台。假如选择不使用翻转台，钢台车在经过翻转工位时不停止，直接往下一个工位输送。当选择使用翻转功能时，钢台车输送到翻转工位前一个工位时自动停止，此时，点按"进板"按钮，钢台车往翻转工位输送，当翻转工位的有板检测开关检测到有板信号时，翻转工位的输送电机停止运行，钢台车停留在翻转工位等待拆模和 PC 构件吊装作业。在完成拆模和 PC 构件吊装作业以后，将翻转台降到下限位并缩回锁模横梁，此时点按"出板"按钮，钢台车往下一个工位输送。

(4) 液压运输车。

液压运输车(如图 2-37 所示)是用于工厂内转运墙板的设备。当墙板脱模后，用行车将其一块块摆放在整体起吊架，并固定，墙板总重不可超过 45 t，重心尽可能靠近整体起吊架中心。

图 2-37　液压运输车

液压运输车包括 1 个大车，2 个小车，液压系统，低压轨道，电气控制柜、4 个工位架等。每台小车上有 1 台液压泵站，2 台油缸。低压轨道包括 3 个(每 50 m 一个，根据轨道长度设置)地面变压器和 1 个随车变压器。电气控制柜包括操作台和变频器安装柜。生产线墙板拆模段和墙板堆放段各安装 2 个工位架，分别为 1#、2#、3#、4#。

PC 板到翻转台拆模后，由行车吊到 PC 板整体运输架，依次摆放并固定。当 PC 板装满整体起吊架后，液压运输车由地面轨道运行至工位架，由接近开关检测其位置，当工位架轨道和小车轨道对齐时，大车停止，两小车同时从大车上沿着小车轨道和转运工位架轨道横向运行，由接近开关控制小车在转运工位架适当位置停止，由 4 台顶起油缸托起满载的 PC 板整体起吊架，然后沿轨道回到大车，油缸缩回，将整体运输工装放到大车上，然后液压运输车载着满载的 PC 板整体运输工装，沿地面轨道将其运送至成品区堆放区。

（5）钢轨轮输送线。

钢轨轮输送线（如图 2-38 所示）是 PC 生产线的纽带，它贯穿了 PC 构件生产的装模、浇捣、刮平、养护、拆模、吊装等各个工序，使之紧密地衔接在一起，大大提高了 PC 构件的生产效率。

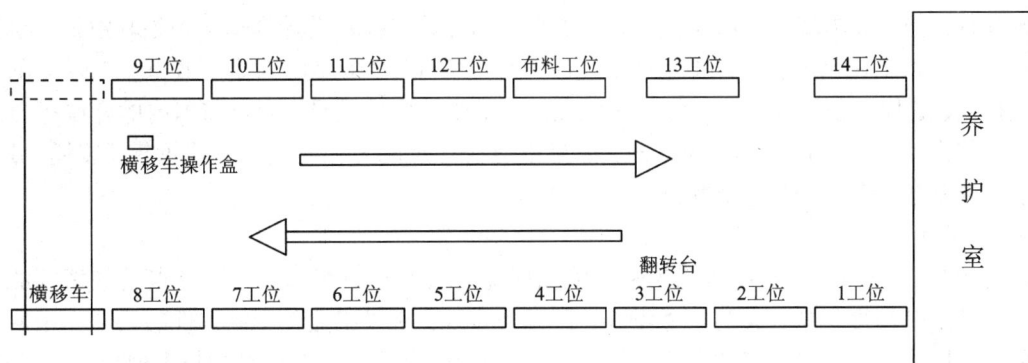

图 2-38　钢轨轮输送线

钢轨轮输送线将依次经过装模、布料、振捣、刮平等工序的 PC 构件送到养护室进行养护，然后将养护完成的 PC 构件从养护室取出，再送到翻转台工位进行脱模和吊装，再将台车送到装模工位进行装模。如此往复，使钢台车循环使用，完成 PC 构件生产的流水作业。

钢轨轮输送线以 PLC 为控制核心，通过各部位的检测传感器实现全自动输送工作。系统通过系统控制柜、横移车操作台、布料机操作台、养护窑操作台上的系统启停按钮实现对输送线的启停控制。在横移车和布料机附近的工位设有自动和手动两种控制模式。

钢轨轮输送线在每个工位都设有位置检测传感器，输送线启动以后，钢台车就会沿着输送线自行向前移动。例如：当 2 号工位的位置检测传感器发出有板信号时，钢台车出窑以后移动到 1 号工位的端点位置，并感应到该工位的位置检测传感器，该工位电机停止运行，钢台车停在 1 号工位。当 2 号工位的钢台车移走，2 号工位位置检测传感器的有板信号消除。1 号工位和 2 号工位的电机同时运行，将钢台车从 1 号工位往 2 号工位输送，在钢台车离开 1 号工位时，1 号工位电机停止运行，2 号工位继续运行，并根据即将流向的 3 号工位的情况（有无钢台车）来判断当钢台车运行到 2 号工位端部时的运行状况。以上积累设备目前工业化 PC 工厂生产线大都已经配置，再匹配合适的搅拌站、养护系统、行车等，基本上一条完整流水线设备就齐整了。

2.3.3　模具准备

在装配式建筑生产过程中，各类构件依托模具在流水线上进行生产，在项目开始生产之前，模具需要提前加工制作，为构件生产做好准备。模具对整个工厂的影响非常深远，下面我们可以从三个角度对模具的重要性进行阐述。

（1）成本。

住宅工业化改变了原有的建筑模式，由传统现浇工法改为预制构件由专业构件厂加工并到现场组装的装配工法。有数据显示采用装配工法的工业化建筑成本中，预制构件生产和安装的费用比为 7：3，而在预制构件的成本组成中，模具的摊销费用占 5%~10%（模具设计优良的前提下），由此可见，模具的费用对于整个工业化建筑成本而言是非常重要的。

（2）效率。

生产效率对于构件厂而言是直接影响预制构件制造成本的关键，生产效率高，预制构件成本就低，反之成本就高。影响生产效率的因素有很多，模具设计合理与否是其中很关键的一个因素。以工业化预制构件中生产工艺最为复杂的外墙板为例，对生产效率影响最大的工序是拆模、装模及预埋件安装，其中就有两道工序涉及构件模具，而目前国内的外墙板自动化生产线设计节拍一般为 20~30 min，如果不能在规定的节拍时间内完成拆模、装模工序，就会导致整条生产线处于停滞状态。

（3）质量。

采用装配工法的工业化建筑较采用传统现浇工法的建筑有一个显著特点就是精度的提升。混凝土是塑性材料，成型完全要依靠模具来实现，所以工业化预制构件的尺寸完全取决于模具的尺寸。无论是即将发布实施的国家行业标准《装配式混凝土结构技术规程》，还是各地方标准，对预制构件的尺寸精度要求都非常高，所以模具设计的好坏将直接影响到预制构件的尺寸精度，特别是随着模具周转次数的增加，这种影响将更明显。

所以无论是从成本角度、生产效率还是构件质量方面考虑，模具设计都是关系到工业化建筑成败的关键因素。下列介绍各类构件的生产模具实例。

1. 外挂墙板模具

该模具用于外挂墙板生产，构件厚度通常为 160 mm，各挡边采用铝型材，悬挑使用方管制作，门窗洞挡边四角采用橡胶件。如图 2-39 所示。

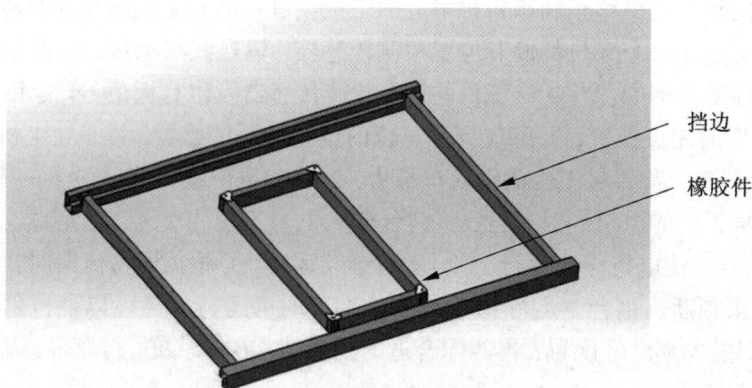

挡边

橡胶件

图 2-39　外挂墙板模具

2. 剪力外墙模具

该模具用于剪力外墙生产，分为上下两层，全部采用钢材加工。上层为构件外叶，根据构件外叶厚度选用模具材料；下层构件内叶为 200 mm 厚剪力墙，可以使用 20# 槽钢。如图 2-40 所示。

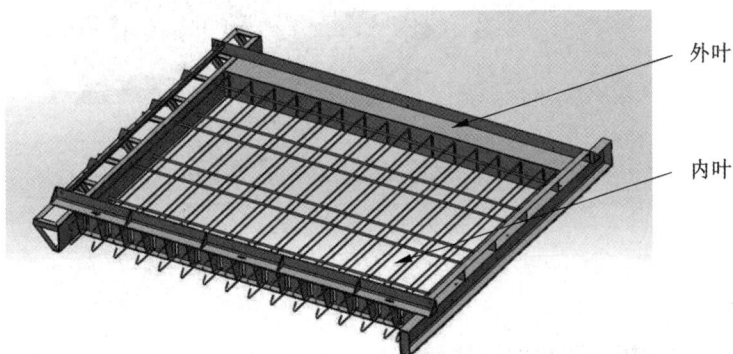

图 2-40　剪力外墙模具

3. 桁架楼板模具

该模具用于桁架楼板生产，采用角铁制作，具体依据构件厚度选用角铁并根据出筋位置进行开槽，挡边采用压铁固定在台车上。如图 2-41 所示。

图 2-41　桁架楼板模具

4. 飘窗模具

飘窗模具相对复杂，由底座、外模、内模三个部分组成，采用钢材制作。在设计过程中，根据构件实际情况以及产线的设备和人员配置，设计合理的脱模方式。如图 2-42 所示。

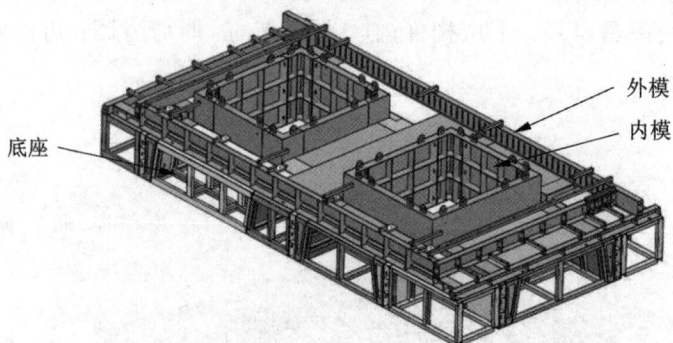

图 2-42 飘窗模具

5. 楼梯模具

楼梯构件多数采用国标图集内构件形式，因此方案相对成熟。它由底座、底板、左右挡边、上下盖板组成，此方案生产的楼梯构件外观平整，整体质量高。如图 2-43 所示。

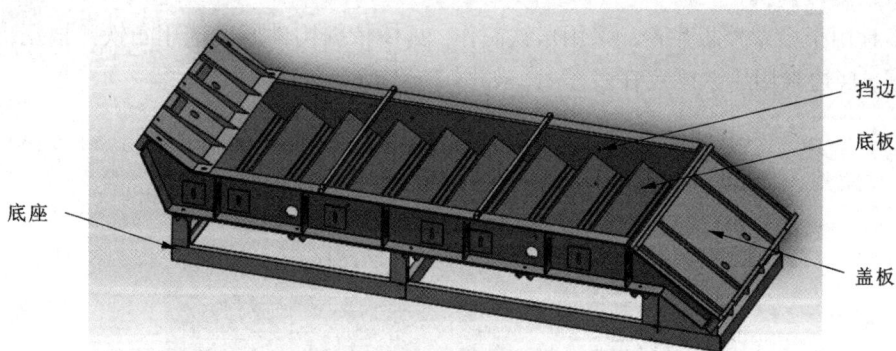

图 2-43 楼梯模具

2.3.4 生产材料准备

混凝土预制构件所使用的材料主要包括混凝土、钢筋、连接件、预埋件以及保温材料等，材料的质量应符合国家及行业相关标准的规定，并按规定进行复检，经检测合格后方可使用。不得使用国家及地方政府明令禁止的材料。

预制构件生产企业可外购商品混凝土，配有混凝土搅拌站的工厂也可在工厂内自拌，此时混凝土作为工厂的过程产品，应准备的混凝土生产用原材料包括水泥、骨料(砂、石)、外加剂、掺和料等。

1. 混凝土

混凝土的主要性能包括拌和物的工作性能与硬化后的力学性能和耐久性能。预制构件用混凝土的工作性能取决于构件浇捣时的生产、施工工艺要求,力学性能和耐久性能应满足设计文件和国家相关标准的要求。对于预制构件生产,为了提高模具和货柜周转率,混凝土除满足设计强度等级的要求外,还应考虑构件特定的养护环境和龄期下达到脱模和出厂所需强度的要求,预应力混凝土构件还要考虑预应力放张强度的要求。

相对于普通的商品混凝土来说,预制构件用混凝土一般具有以下的特点:

(1) 要求有较快的早期强度发展速度。

(2) 对坍落度损失的控制时间较短,由于厂区内的混凝土运输距离短,一般混凝土从出机到浇捣完成在 30 min 内即可完成,坍落度保持时间过长,反而会影响构件的后处理,并对早期强度的发展不利。

(3) 同一强度等级的混凝土,一般需要对不同类型的构件、养护环境和龄期设计不同的配合比。

(4) 普通预制混凝土构件的强度等级不应低于同楼层、同类型现浇混凝土强度且不应低于 C30。预应力混凝土构件的强度等级不应低于同楼层、同类型现浇混凝土强度且不宜低于 C40,预应力筋放张时,混凝土强度应符合设计要求,且同条件养护的混凝土立方体抗压强度不低于设计混凝土强度等级值的 75%。

2. 混凝土原材料

用于拌制混凝土的原材料应符合下列要求:

(1) 水泥宜采用不低于 42.5 级的硅酸盐、普通硅酸盐水泥,质量应符合现行国家标准《通用硅酸盐水泥》(GB 175)的规定。水泥应与所使用的外加剂具有良好的适应性,宜优先选用早期强度高、凝结时间较短的普通硅酸盐水泥。

(2) 砂质量应符合《普通混凝土用砂、石质量及检验方法标准》(JGJ 52)的规定,宜选用 II 区中砂,根据当地砂的来源情况选用河砂、机制砂或者其他砂种。

(3) 石质量应符合《普通混凝土用砂、石质量及检验方法标准》(JGJ 52)的规定,最大公称粒径应符合现行国家标准《混凝土质量控制标准》(GB 50164)的有关规定,宜选用 5~20 mm 连续级配的碎石。

(4) 外加剂宜选用高性能减水剂,其质量应符合现行国家标准《混凝土外加剂》(GB 8076)的规定,并满足工厂混凝土缓凝、早强等要求,外加剂的掺量应经试验确定。

(5) 粉煤灰及其他矿物掺和料应符合《用于水泥和混凝土中的粉煤灰》(GB/T 1596)等国家及行业相关标准规定,宜选用 II 级或优于 II 级的粉煤灰。

(6) 拌和用水应符合现行行业标准《混凝土用水标准》(JGJ 63)的规定。

3. 钢筋和钢材

(1) 预制构件采用的钢筋和钢材应符合现行国家标准《混凝土结构设计规范》(GB 50010)的规定并符合设计要求。

(2) 热轧带肋钢筋和热轧光圆钢筋应分别符合现行国家标准《钢筋混凝土用钢　第 2 部分:热轧带肋钢筋》(GB/T 1499.2)和《钢筋混凝土用钢　第 1 部分:热轧光圆钢筋》(GB/T 1499.1)的规定。

(3) 预应力钢筋应符合现行国家标准《预应力混凝土用螺纹钢筋》(GB/T 20065)、《预应力混凝土用钢丝》(GB/T 5223)和《预应力混凝土用钢绞线》(GB/T 5224)等的要求。

(4)钢筋焊接网片应符合现行国家标准《钢筋混凝土用钢　第3部分：钢筋焊接网》(GB/T 1499.3)及行业标准《钢筋焊接网混凝土结构技术规程》(JGJ 114)的要求。

(5)钢筋桁架应符合现行行业标准《钢筋混凝土用钢筋桁架》(YB/T 4262)的要求。

(6)钢材宜采用 Q235、Q355、Q390、Q420 钢，当有可靠依据时，也可采用其他型号钢材。

(7)吊环应采用未经冷加工的 HPB300 钢筋制作。吊装用内埋式螺母、吊杆及配套吊具，应根据相应的产品标准和设计规定。

4. 钢筋连接材料

钢筋连接材料包括钢筋连接用的灌浆套筒、机械连接套筒、焊接连接用的焊条等。

(1)灌浆套筒及套筒灌浆料。

灌浆套筒是指通过水泥基灌浆料的传力作用将钢筋对连接所用的金属套管，通常采用铸造工艺或机械加工工艺制造。灌浆套筒是 PC 建筑最主要的连接构件，用于纵向受力钢筋的连接。

灌浆套筒按结构形式分为全灌浆套筒和半灌浆套筒，如图 2-44 所示。

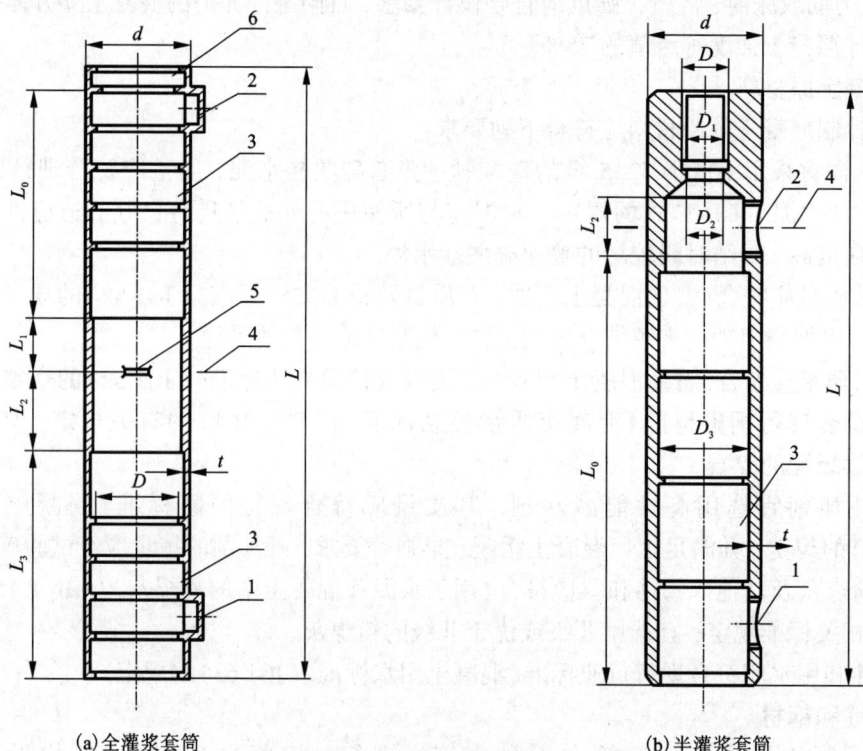

(a)全灌浆套筒　　　　　(b)半灌浆套筒

图 2-44　灌浆套筒示意图

1—灌浆孔；2—排浆孔；3—剪力槽；4—强度验算用截面；5—钢筋限位挡块；6—安装密封垫的结构。

尺寸：L—灌浆套筒总长；L_0—锚固长度；L_1—预制端预留钢筋安装调整长度；L_2—现场装配端预留钢筋安装调整长度；t—灌浆套筒壁厚；d—灌浆套筒外径；D—内螺纹的公称直径；D_1—内螺纹的基本小径；D_2—半灌浆套筒螺纹端与灌浆端连接处的通孔直径；D_3—灌浆套筒锚固段环形突起部分的内径。

灌浆套筒型号由名称代号、分类代号、主参数代号和产品更新变型代号组成。灌浆套筒主参数代号为被连接钢筋的强度等级和直径，灌浆套筒的型号表示如下：

①②③④⑤⑥

①——灌浆套筒名称代号：用 GT 表示；

②——加工方式分类代号：Z 表示铸造灌浆套筒，J 表示机械加工灌浆套筒；

③——结构形式分类代号：Q 表示全灌浆套筒，G 表示直接滚轧直螺纹灌浆套筒，B 表示剥肋滚轧直螺纹灌浆套筒，D 表示镦粗直螺纹灌浆套筒；

④——钢筋强度级别主参数代号：4 表示 400 MPa 及以下级，5 表示 500 MPa 级；

⑤——钢筋直径主参数代号：用"×××/××"表示，前面的"××"表示灌浆端钢筋直径，后面的"××"表示非灌浆端钢筋直径，全灌浆套筒后面的"/××"省略；

⑥——更新、变型代号：用大写英文字母 A、B、C……顺序表示。

灌浆套筒材料性能指标和尺寸允许偏差应符合表 2-1 和表 2-2 的要求，其他性能应符合现行行业标准《钢筋连接用灌浆套筒》(JG/T 398)的相关要求。

表 2-1　套筒材料性能

项目	性能指标	试验方法
抗拉强度/MPa	≥600	JG/T 398
延伸率/%	钢材类≥16	
	球墨铸铁≥3	
屈服强度(钢材类)/MPa	≥355	
球化率(球墨铸铁)/%	≥85	

表 2-2　套筒尺寸允许偏差

项目	铸造套筒	机械加工套筒
长度允许偏差/mm	±(1%×l)	±2.0
外径允许偏差/mm	±1.5	±0.8
壁厚允许偏差/mm	±1.2	±0.8
锚固段环形突起部分的内径允许偏差/mm	±1.5	±1.0
锚固段环形突起部分的内径最小尺寸与钢筋公称直径差值/mm	≥10	≥10
直螺纹精度	—	GB/T 197 中 6H 级

灌浆套筒应与灌浆料匹配使用，钢筋连接用套筒灌浆料应符合现行行业标准《钢筋连接用套筒灌浆料》(JG/T 408)的规定，其性能指标应符合表 2-3 的要求。

表 2-3　套筒灌浆料的技术性能要求

项目		性能指标
流动度/mm	初始	≥300
	30 min	≥260
抗压强度/MPa	1 d	≥35
	3 d	≥60
	28 d	≥85
竖向膨胀率/%	3 h	≥0.02
	24 h 与 3 h 差值	0.02~0.5
氯离子含量/%		≤0.03
泌水率/%		0

（2）浆锚搭接用镀锌金属波纹管与灌浆料。

当纵向钢筋采用浆锚搭接连接时，一般采用镀锌金属波纹管作为成孔材料，预埋于 PC 构件中，形成浆锚孔内壁，如图 2-45 所示。

图 2-45　镀锌金属波纹管用于浆锚搭接连接

用于钢筋浆锚搭接连接的镀锌金属波纹管应符合现行行业标准《预应力混凝土用金属波纹管》(JG/T 225)的有关规定。镀锌金属波纹管的钢带厚度不宜小于 0.3 mm，波纹高度不应小于 2.5 mm。

浆锚搭接连接接头应采用水泥基灌浆料，灌浆料的性能应满足表 2-4 的要求。

机械连接套筒应符合现行行业标准《钢筋机械连接用套筒》(JG/T 163)的规定。连接用焊接材料，螺栓、锚栓等紧固件材料应符合现行国家及行业标准《钢结构设计规范》(GB 50017)、《钢结构焊接规范》(GB 50661)和《钢筋焊接及验收规程》(JGJ 18)的规定。钢筋锚固板应符合现行行业标准《钢筋锚固板应用技术规程》(JGJ 256)的规定。

表 2-4 钢筋浆锚搭接连接接头用灌浆料性能要求

项目		性能指标	试验方法标准
泌水率/%		0	GB/T 50080
流动度 /mm	初始值	≥200	GB/T 50448
	30 min 保留值	≥150	
竖向膨胀率 /%	3 h	≥0.02	GB/T 50448
	24 h 与 3 h 的膨胀率之差	0.02~0.5	
抗压强度 /MPa	1 d	≥35	GB/T 50448
	3 d	≥55	
	28 d	≥80	
氯离子含量/%		≤0.06	GB/T 8077

5. 连接件及预埋件

在夹芯保温外墙板中设置的用于连接保温层和两侧预制混凝土层的连接件(图 2-46)应满足下列要求:

1)连接件受力材料应满足现行国家及行业标准的技术要求;

2)连接件应具有足够的抗拉承载力、抗剪承载力和抗扭承载力以及与混凝土的锚固力,还应具有良好的变形能力和耐久性能;

3)连接件的规格型号应满足设计文件的要求。

图 2-46 玻璃纤维连接件

预埋件应满足下列要求:

1)预埋件的材料、品种、规格、型号应符合国家相关标准规定和设计要求。

2)PVC 线盒、线管和配件质量应符合现行国家和行业标准《建筑排水用硬聚氯乙烯(PVC-U)管材》(GB/T 5836.1)、《建筑排水用硬聚氯乙烯(PVC-U)管件》(GB/T 5836.2)、《给水用硬聚氯乙烯(PVC-U)管材》(GB/T 10002.1)、《电气安装用导管 特殊要求——刚性绝缘材料平导管》(GB/T 14823.2)、《电气安装用阻燃 PVC 塑料平导管通用技术条件》(GA305)、《建筑用绝缘电工套管及配件》(JG3050)等的相关要求,PVC 线盒和内埋式吊钉如图 2-47、图 2-48 所示。

3)KBG/JDG 线盒、线管和配件质量应符合国家现行标准《电气安装用导管系统 第 1 部分:通用要求》(GB/T 20041.1)和《电缆管理用导管系统 第 21 部分:刚性导管系统的特殊要求》(GB/T 20041.21)等的相关规定。

4)预埋件及管线的防腐防锈应满足《工业建筑防腐蚀设计标准》(GB 50046)和《涂装涂料前钢材表面处理 表面清洁度的目视评定 第1部分:未涂覆过的钢材表面和全面清除原有涂层后的钢材表面的锈蚀等级和处理等级》(GB/T 8923.1)的规定。

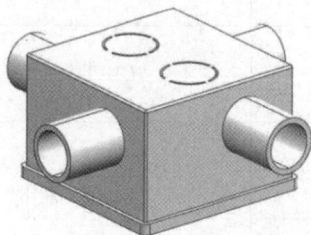

图 2-47 PVC 线盒

图 2-48 内埋式吊钉

5)预埋件锚板用钢材宜采用 Q235 钢、Q355 钢,钢材等级不应低于 B 级;其质量应符合《碳素结构钢》(GB/T 700)和《低合金高强度结构钢》(GB/T 1591)的规定,当采用其他牌号的钢材时,应符合相应标准的规定和要求;预埋件的锚筋应采用未经冷加工的热轧钢筋制作。

6. 门窗框

门窗框应有产品合格证和出厂检验报告,品种、规格、性能、型材壁厚、连接方式等应满足设计要求和现行相关标准要求,铝合金门窗应符合现行国家标准《铝合金门窗》(GB/T 8478)和现行行业标准《铝合金门窗工程技术规范》(JGJ 214)的要求。塑料门窗应符合现行行业标准《塑料门窗工程技术规范》(JGJ 103)的要求。

当门窗框直接安装在预制构件中时,门窗框与混凝土接触面应均匀涂抹一层防腐材料。应在模具上设置限位件进行固定。

7. 保温材料

预制混凝土夹芯保温外墙板宜采用挤塑聚苯板或聚氨酯保温板作为保温材料,保温材料除应符合设计要求外,尚应符合现行国家和地方标准要求。

挤塑聚苯板主要性能指标应符合表 2-5 的要求,其他性能指标应符合现行国家标准《绝热用模塑聚苯乙烯泡沫塑料(EPS)》(GB/T 10801.1)的要求。

表 2-5 挤塑聚苯板性能指标要求

项目	单位	性能指标	试验方法
密度	kg/m³	30~35	GB/T 6343
导热系数	W/(m·K)	≤0.03	GB/T 10294
压缩强度	MPa	≥0.2	GB/T 8813
燃烧性能	级	不低于 B2 级	GB 8624
尺寸稳定性	%	≤2.0	GB/T 8811
吸水率(体积分数)	%	≤1.5	GB/T 8810

聚氨酯保温板主要性能指标应符合表 2-6 的要求，其他性能指标应符合现行行业标准《聚氨酯硬泡复合保温板》(JG/T 314)的要求。

表 2-6　聚氨酯保温板性能指标要求

项目	单位	性能指标	试验方法
表观密度	kg/m³	≥32	GB/T 6343
导热系数	W/(m·K)	≤0.024	GB/T 10294
压缩强度	MPa	≥0.15	GB/T 8813
拉伸强度	MPa	≥0.15	GB 9641
吸水率(体积分数)	%	≤3	GB/T 8810
燃烧性能	级	不低于 B2 级	GB 8624
尺寸稳定性	%	80℃ 48 h≤1.0 −30℃ 48 h≤1.0	GB/T 8811

8. 装饰材料

涂料、石材和面砖等外装饰材料应符合国家及行业技术标准。

当采用面砖饰面时，面砖与混凝土的黏结强度应符合现行行业标准《建筑工程饰面砖黏结强度检验标准》(JGJ/T 110)和《外墙饰面砖工程施工及验收规程》(JGJ 126)的有关规定，宜选用背面带燕尾槽的面砖，燕尾槽尺寸应符合国家及行业技术标准要求。

当采用石材饰面时，石材的质量及连接方法应满足《住宅装饰装修工程施工规范》(GB 50327)的要求，石材背面应进行隔离处理。

其他装饰材料应符合国家及行业技术标准规定。

9. 其他材料

预制构件脱模、翻转、吊装使用内埋式螺母或内埋式吊钉及配套的吊具时，应根据相应的产品标准和应用技术规定选用。

吊装用钢丝绳、吊带、卸扣、吊钩等吊具应经检验合格，并在额定范围内使用，吊具的安全系数应大于等于 1.5。

常见的内埋式吊钉式样如图 2-48 所示，吊钉性能应符合表 2-7 的要求。

表 2-7　吊钉性能要求

项目	检验方法	标准要求
抗拉强度	外测	≥785 MPa
屈服强度		≥590 MPa
断后伸长率		≥10%
均质处理	目视	表面泛蓝

墙板接缝处密封材料应选用耐候性密封胶，密封胶应与混凝土具有相容性，并具有低温柔性、防霉及防水等性能；其最大伸缩变形量、剪切变形等除应满足设计要求外，尚应符合行业现行标准《混凝土建筑接缝用密封胶》(JC/T 881)的规定。

脱模剂应无毒、无刺激性气体，不影响混凝土性能和预制构件表面装饰效果，其质量应符合现行行业标准《混凝土制品用脱模剂》(JC/T 949)的有关规定。

钢纤维和有机合成纤维质量应符合现行行业标准《纤维混凝土应用技术规程》(JGJ/T 221)的有关规定。

2.3.5　材料采购及加工计划

材料采购及加工计划的目的是准备工厂生产所需的原材料及半成品配件，通过 BOM 清单及生产计划制订原材料采购计划，通过半成品清单、半成品加工图纸及生产计划制订材料加工计划，以实现生产线生产的顺利进行。同时需对材料采购计划及材料加工计划进行定期的进度确认。如果只重视计划的编制，而不重视对计划实施进度进行必要的检查与调整，则计划无法得到有效的实施。为了保证生产的顺利进行，材料采购计划及材料加工计划的编制也应随生产计划的变动而变动，是不断检查和调整的过程。

材料采购及加工计划主要包括材料采购计划及材料加工计划两个方面。制订材料采购计划及材料加工计划须结合 BOM 清单及生产计划，BOM 是英文 bill of material 的缩写，意思为物料清单。BOM 清单属于产品技术文件，由产品设计部门出具，包含 4 大类清单：

1）成品捆包清单：成品以整装货柜、托盘等载其进行打包的清单；

2）成品装车清单：成品出货装车的清单；

3）物料打包清单：半成品加工好之后，按构件进行打包的清单；

4）领料加工清单：原材料以层为单位进行领料及加工的清单。

图 2-49 为 BOM 清单图。

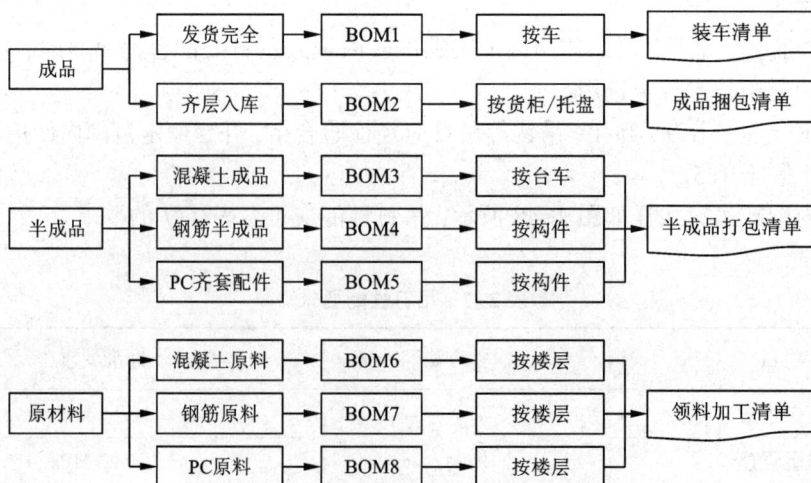

图 2-49　BOM 清单图

　　参与原材料采购计划的主要部门有资材部、采购部、物流部，由资材部根据 BOM 清单及生产计划，计算出材料需求数量，减去工厂物流部的库存，减去采购的在途量，加上安全库存水位，结合 MOQ(minimum order quantity，最小订货量)展开成"项目材料需求计划表"，如表 2-8 所示。

表 2-8　项目材料需求计划表

编号：CLXQ-×××

序号	材料类别	材料编码	品名	规格	单位	项目需求数量	工厂库存	采购在途	安全库存	本次计划采购量
1	钢筋	×××	盘螺	HRB400φ6	kg	60	10	10	30	70
...										

　　采购需求计算公式为：

　　计划采购量=项目需求量-工厂库存-采购在途+安全库存

　　结合采购单价，制订"项目材料采购预算表"，如表 2-9 所示。

　　采购预算计算公式为：

$$预算总金额=计划采购量×预算单价(元)$$

钢筋采购注意事项

表 2-9　项目材料采购预算表

编号：CLCG-×××

序号	材料类别	材料编码	品名	规格	单位	本次计划采购量	预算单价/元	预算金额/元
1	钢筋	×××	盘螺	HRB400φ6	kg	70	4	280
...								
本次采购预算总金额/元								

　　将"项目材料需求计划表"及"项目材料采购预算表"提交审批后提供给采购部做物料采购准备，提供给物流部做仓储空间准备。物料采买是汇总采买的，但结合仓储场地、库存占用资金、物料 LOT(生产批号)等因素，在实际到货过程中，采取的是分周通知到货，WDN 模式(周到货通知)，由资材部编制"周到货通知单"，如表 2-10 所示。其中包含项目名称、对应的采购计划单号、材料编码、品名、规格、单位、项目总需求、已到库、现库存、本次到货量、到货时间、预算单价、预算金额等信息。

表 2-10   周到货通知单

编号：WDN-×××

序号	项目名称	计划单号	材料编码	品名	规格	单位	项目总需求	已到库	现库存	本次到货量	到货时间	预算单价/元	预算金额/元
1	滨江佳苑	CLXQ-×××	×××	盘螺	HRB 400φ6	kg	70	0	30	30	×××	4	120
...													
本次到货金额合计/元													

采购根据"周到货通知单"中的规格、数量通知供应商送货，物流部依供应商"送货单"及"周到货通知单"中的规格、数量收货。为了保证物料的采买能够保障生产的顺利进行，避免因为物料缺料而停线待料的状况发生，需要设置缺料预警机制，制作缺料预警报表，结合生产需求及到货状况及时进行物料预警，起到管理库存的作用，通过生产需求及库存管控信息，结合通知到货日期及计划未到货量进行缺料预警，由计划部编制"原材料缺料预警表"（如表2-11所示），对采购到货状况进行追踪。

表 2-11   原材料缺料预警表

日期：××××年××月××日

序号	材料编码	品名	规格	单位	实际库存	产线日需求	可用天数/天	缺料日期	预计到货日期	到货量	是否缺料
1	×××	盘螺	HRB400φ6	kg	30	5	6	4月16日	4月15日	30	否
...											

在实际原材料的采买过程中，会由于设计变更、图纸与现场生产不符、生产异常导致耗料升高等，而存在比较小的概率需要我们对材料采购计划进行调整，在工艺、品管、财务审核后，由资材部门发起材料采购计划调整需求，并注明调整原因，且由资材部编制"材料采购计划调整单"（如表2-12所示）。

模具采购，在生产工艺出具模具设计图纸及模具材料清单并且确定模具套数后，由资材部根据模具材料需求清单结合模具套数制作成"项目PC模具材料计划"（如表2-13所示），并下达请购需求给采购部，采购部寻找供应商进行模具材料的采购及外协加工。在"项目PC模具材料计划"当中，包含以下信息：模具类别、材料编码、品名、规格、单位、单层用量、损耗率、合计用量、预算单价、预算金额、备注信息。

表 2-12 材料采购计划调整单

日期：××××年××月××日

序号	材料编码	品名	单位	原计划				调整后				调整原因
				规格	采购量	预算单价/元	预算总价/元	规格	采购量	预算单价/元	预算总价/元	
1	×××	盘螺	kg	HRB400φ6	70	4	280	HRB400φ6	70	4	280	
…												
调整前预算总金额/元								调整后预算总金额/元				
金额异动值/元												

表 2-13 项目 PC 模具材料计划

日期：××××年××月××日

序号	模具类别	材料编码	品名	规格	单位	单层用量	损耗率	合计用量	预算单价/元	预算金额/元	备注信息
1	铝型材	×××	槽钢	12#A L=6 m	t	30	1%	30.3	10000	303000	
…											
模具材料总金额/元											

辅料采购由各部门提交辅料请购需求至资材部门汇总后，由资材部门将各部门所需辅料汇总成月度辅料采购计划，并按需求部门类别详细分类，结合现有库存确定实际采买量，乘以采购单价得出预算采购金额。汇总完成并走完既定的审批流程后，由资材部统一提交至采购部门，进行月度辅料的采买并留底。采买入库后，按需求留底进行辅料的发放。提交辅料采购申请后，资材部门需对采购部门采购执行情况进行追踪，并对追踪的相关情况进行记录，具体内容包含采购申请单号、物料编码、物料名称、规格型号、单位、采购数量、具体采购订单单据编号、订单数量、对应的入库单单据编号、入库数量、未到计划量、预估到货日期。

进行 PC 线生产之前，有三种半成品需要进行加工：钢筋半成品、PC 配件半成品、混凝土半成品。

其中钢筋半成品需要由采购回来的盘螺钢和直条钢加工成生产 PC 构件所需的各种类型的钢筋，如直条筋、弯箍筋、钢筋笼、网片、桁架等。在 PC 生产前，由资材部门根据构件加工清单，制订钢筋加工指令单，下达到钢筋生产线；同时较为复杂的钢筋加工需要由生产工艺人员出具相应的加工大样图纸，指导钢筋线进行加工。

PC 配件半成品由资材部门根据生产计划制订 PC 配件加工计划，包含填充材料、线管、线盒、吊钉、套筒等，资材部下达 PC 配件加工计划至半成品加工中心对 PC 配件原材料进行加工。

混凝土半成品加工需在 PC 生产浇捣工位前进行，由资材部门根据 PC 构件日生产计划，结合 BOM 内混凝土需求等级及方量，制订混凝土日生产指令单，由工厂内搅拌站人员结合实验室规定的混凝土等级配方，按混凝土日生产指令单结合混凝土配比选取水泥、砂石、添加剂的相应用量进行混凝土生产，并进行完工汇报，结合生产线具体台车需求用轨道送料小车进行送料。混凝土日生产指令单下达后，搅拌站工作人员根据混凝土日生产指令单中的相应配比的混凝土需求量进行混凝土生产，并将相对应的配方记录在混凝土日生产报表中。完成生产与配送后，将送料至产线的送料时间、实际送料方量等记录在混凝土日生产报表中，最终将混凝土日生产报表交原材料库，原材料库做混凝土原材料(水泥、砂石、添加剂等配方内的原材料)的材料出库数据核对，核对完成后进行原材料出库、混凝土半成品入库、混凝土半成品出库的账务处理。

2.4　生产平面布置

2.4.1　工厂规划

装配式建筑工业化工厂规划主要包含选址及厂区整体规划两个部分。

1.选址

PC 工厂的规划，首先考虑工厂市场布局，在当地是否有装配式建筑的市场前景，然后考虑工厂产品特性，选择合适的建厂地址。地理位置：一是考虑市场布局，因为运输费用在成本中所占比例不低，需要综合权衡目标市场，选取合理区域；二是考虑产品特性属于预制混凝土构件，钢筋、水泥、粉煤灰、砂、卵石或碎石占原材料比例的 85% 以上，成品是大型、重型构件，出入都是大型载重货车，出入频次非常高，所以选址处必须为交通便利、交通管制又相对较少的地方。

2.厂区整体规划

厂区的规划设计，要确定工厂的功能分区。工厂分为办公区、生活区、生产区域。在功能分区设计时，主要考虑因素有：

1)地块形状；

2)工厂当前及以后发展规划；

3)内部物流道路规划；

4)外部道路交通条件；

5)外部市政管网情况(水、电、气等)；

6)地质情况；

7)风向；

8)其他。

综合考虑各种因素，合理完成厂区规划。规划时须将各功能区分开并预留发展空间；物流与人流分开，小车与大车有各自的停车场，设置 2 个以上的大门，厂区道路规划为循环道路，通过各个大门与外面道路衔接；生活区、办公区在规划时需要考虑市政管网接入方便，且须设置在生产区域的上风位，以创造良好的生活、办公环境。某厂区鸟瞰图如图 2-50 所示。

图 2-50　某厂区鸟瞰图

2.4.2　生产区域布局

生产区域规划设计的主要参考条件为生产组织模式及生产组织规模。PC 工厂生产功能模块主要有生产流水线(含养护窑)、成品库区、混凝土加工区(含混凝土原材料存放区)、钢筋加工区(含钢筋原材料存放区)、半成品加工区、配送区、原材料仓库、展示区及外围堆场等。在进行生产区域规划设计时要综合考虑,使布局能有序、安全、经济地组织生产流、物流、人流。

图 2-51 为某工业化 PC 工厂的车间生产布局平面图,最上面依次为产品展示区、半成品配送区、半成品加工区及仓库,从图中我们能清晰地看出其设计综合考虑了车间物流通道规划、人流通道规划、成品构件存储区域及运输规划、车间水电气供应点及接入点规划、车间网络及视频监控规划、车间照明及安全应急设施规划等。

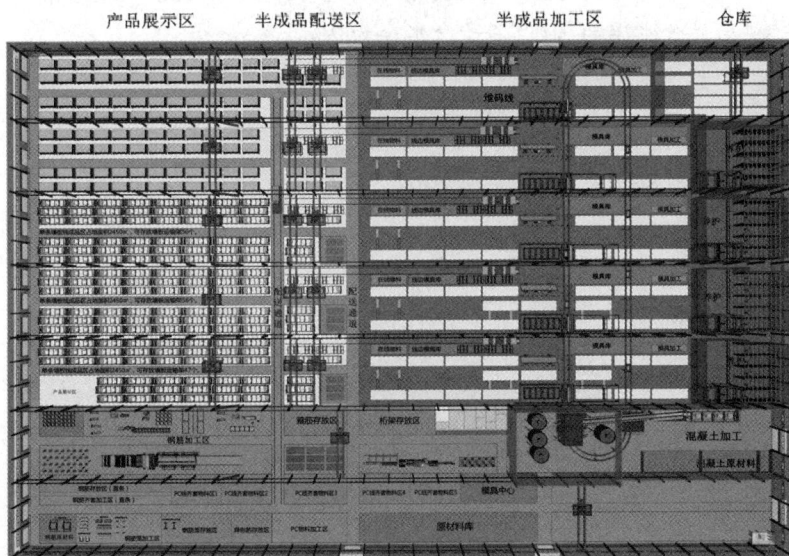

图 2-51　某车间布局图

课后习题

一、填空题

1. 单向板采用＿＿＿＿＿＿＿＿＿＿＿＿＿，双向板采用＿＿＿＿＿＿＿＿＿＿＿＿。

2. PC 构件生产流水线分为＿＿＿＿＿＿和＿＿＿＿＿＿。制造段可分为＿＿＿＿＿＿＿＿、

＿＿＿＿＿＿＿＿、＿＿＿＿＿＿＿＿、＿＿＿＿＿＿＿＿、＿＿＿＿＿＿＿＿、＿＿＿＿＿＿＿＿、

＿＿＿＿＿＿＿＿、＿＿＿＿＿＿＿＿。养护段为＿＿＿＿＿＿＿＿。

二、选择题

1. (单选)下面哪个不是夹芯保温外墙板的组成部分?(　　　)

A. 保温层　　　　　　　　　　　　B. 内叶板

C. 密封胶　　　　　　　　　　　　D. 外叶板

2. (多选)下列关于叠合梁、说法正确的是(　　　)。

A. 抗震等级为二级的建筑可采用组合封闭箍筋

B. 预制叠合梁端需设置键槽成粗糙面

C. 预制叠合矩形截面梁可在叠合面设置凹口,以增强框架梁整体性

D. 组合封闭箍筋操作方便,但整体抗震性能差

三、简答题

1. 简述 PC 构件生产流水线的内容。

2. 简述材料采购及加工计划的内容。

[1+X 习题]

计算 15G365-1 中内叶板 WQC1-3328-1214 原材料。已知工程结构抗震等级为二级,标准层层高为 2800 mm,内叶板厚度为 200 mm,建筑面层为 50 mm,混凝土设计强度为 C40,使用强度等级为 42.5 级的普通硅酸盐水泥,设计配合比为 1∶1.38∶2.7∶0.53(其中水泥用量为 430 kg),现场砂含水率为 3%,石子含水率为 2%。

第 3 章

混凝土预制构件生产工艺流程

3.1　模具设计

3.1.1　模具布局

项目导入期间，前端 PC 构件设计初步完成之后，应考虑施工现场构件需求，即吊装顺序、吊装时间等吊装计划，以及实际生产线体、生产效率、构件存放等各项因素，从而对构件的模具进行生产排序，称为模具布局设计。模具布局设计流程如图 3-1 所示。

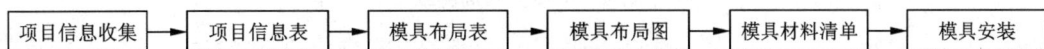

| 项目信息收集 | → | 项目信息表 | → | 模具布局表 | → | 模具布局图 | → | 模具材料清单 | → | 模具安装 |

图 3-1　模具布局设计流程

模具布局设计的基本原则如下：
(1) 构件需求决定吊装顺序，吊装顺序决定模具布局顺序；
(2) 最大化利用台车；
(3) 同类项目、同类构件方可布置在同一个台车上；
(4) 合理预留员工操作空间和设备运行空间。
模具布局图纸如图 3-2 所示。
远大住工第五代外挂体系下有外挂墙板、内墙、隔墙、楼板、梁、楼梯、阳台板等构件，如图 3-3 所示。
远大住工第六代剪力墙体系有剪力墙、内墙、隔墙、楼板、楼梯、阳台板等构件，如图 3-4 所示。
模具布局不仅需要进行模具排序，同时还需要出具模具材料 BOM 清单。继而采购部门按照模具材料 BOM 清单进行原材料购买，装模部门按 PC 构件 BOM 清单进行领料。最终进行模具安装。
图 3-5 所示为梁模具安装，图 3-6 所示为墙板模具安装。

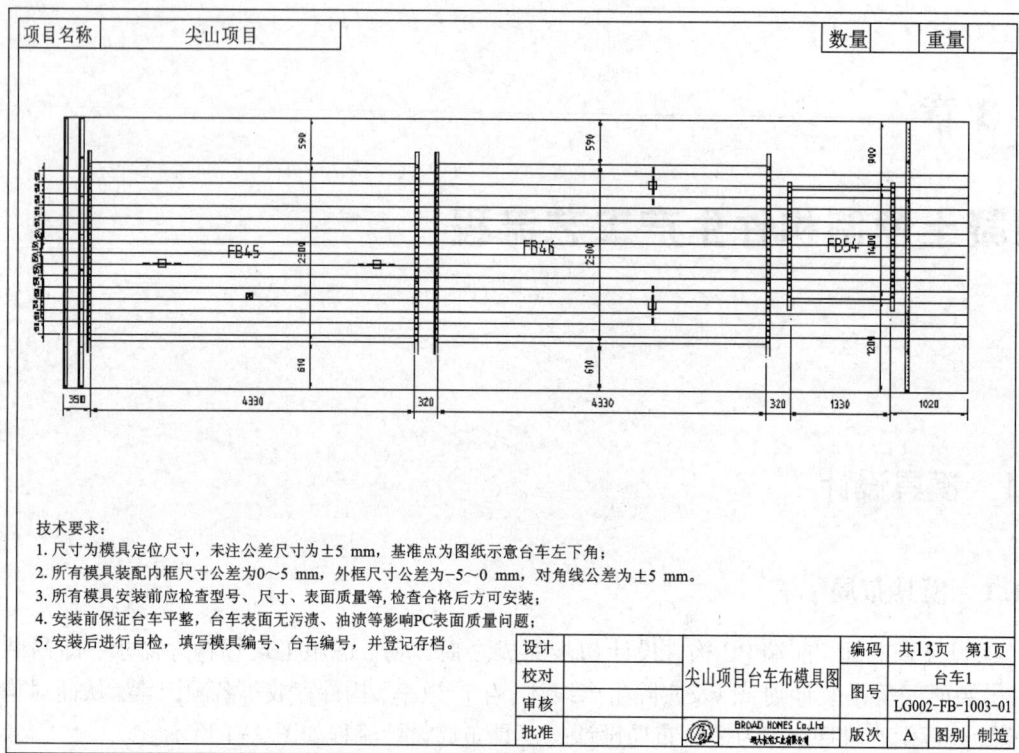

| 项目名称 | 尖山项目 | | | | 数量 | | 重量 | |

技术要求：
1. 尺寸为模具定位尺寸，未注公差尺寸为±5 mm，基准点为图纸示意台车左下角；
2. 所有模具装配前内框尺寸公差为0～5 mm，外框尺寸公差为-5～0 mm，对角线公差为±5 mm。
3. 所有模具安装前应检查型号、尺寸、表面质量等，检查合格后方可安装；
4. 安装前保证台车平整，台车表面无污渍、油渍等影响PC表面质量问题；
5. 安装后进行自检，填写模具编号、台车编号，并登记存档。

设计		尖山项目台车布模具图	编码	共13页 第1页
校对			图号	台车1
审核				LG002-FB-1003-01
批准		BROAD HOMES Co.,Ltd	版次	A	图别	制造

图 3-2　模具布局图纸

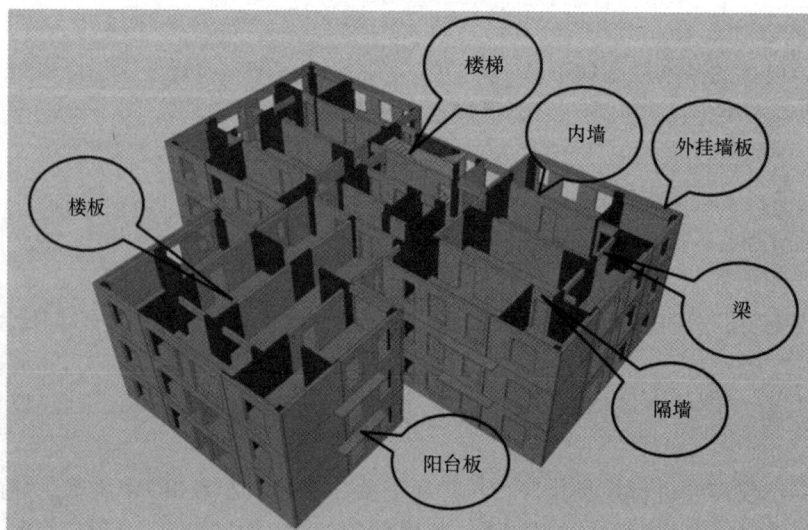

图 3-3　第五代外挂体系

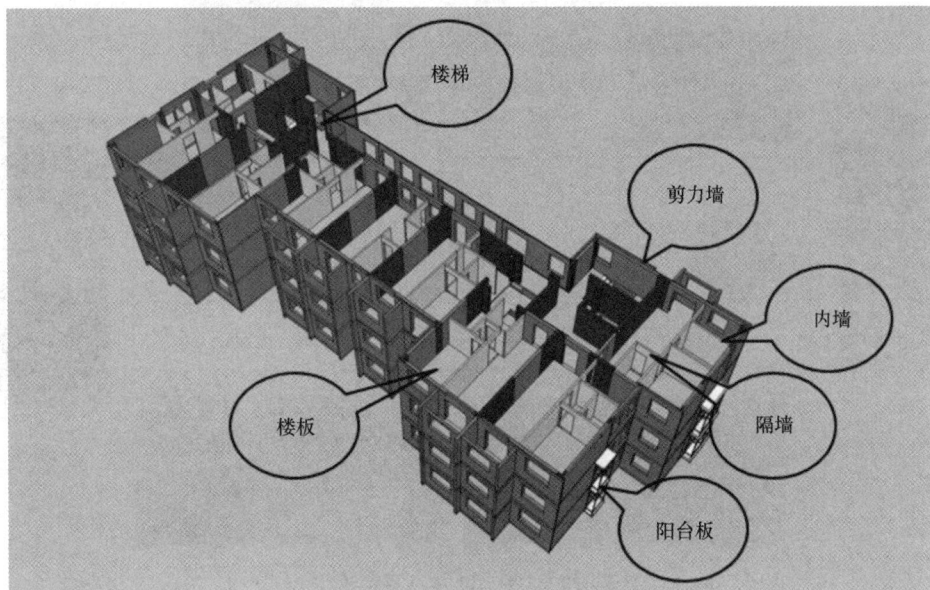

图 3-4　第六代剪力墙体系

图 3-5　梁模具安装

图 3-6　墙板模具安装

　　模具布局是装配式建筑生产工艺岗位最基础的工作。合理的模具布局方案不仅要遵循基本的模具布局原则，而且要考虑到不同项目、不同构件外形所产生的变化。布模时要注意考虑实际工厂的各项设备参数。标准的装配式制造工厂包含制造装备六大系统，分别是循环系统、运输系统、钢筋系统、布料系统、脱模系统、养护系统，如图 3-7 所示。

　　如台车尺寸、布料机布料高度和布料范围、养护窑窑口尺寸、养护窑窑内的各项参数。常用的台车尺寸规格为 3.5 m×12 m，最大可生产构件尺寸为 11.84 m×3.34 m；布料机布料高度为 750 mm，布料范围涵盖整个台车；养护窑上层钢轨轮距下层钢台车面 350 mm，横向距离 150 mm 左右；养护窑内上层台车距离下层台车面 660 mm，超过此高度的不能入窑。

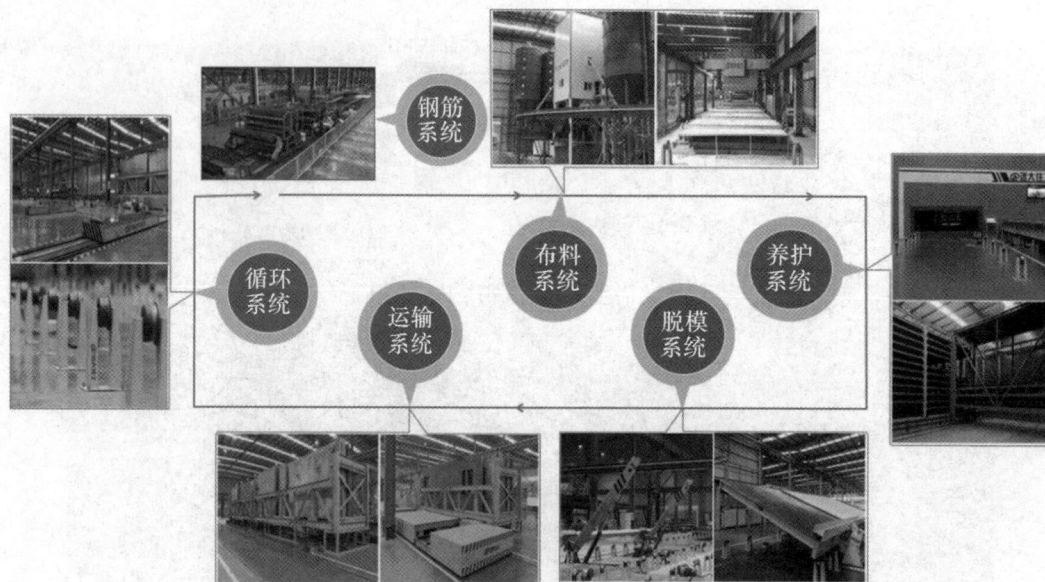

图 3-7　制造装备六大系统

1. 模具布局影响因素

（1）布料机（如图 3-8 所示）。

布料机是为满足当今装配式集成建筑的需求，将建筑物的楼板、墙板等预制件预先集中在工厂车间里以生产线的形式生产，同时参照国内外同类设备的先进技术而设计开发的混凝土浇注布料设备。这种布料设备完全能够高效、优质地生产出现代装配式集成建筑所需的各种预制构件，并能满足需求量。

规格：

1）布料斗宽度：3 m；

2）下料阀口：15 个；

3）钢台车面高度：0.7 m。

设备参数：

1）有效布料宽度：3300 mm；

2）有效布料厚度：1000 mm；

3）布料大车行程：12~16 m；

4）布料大车速度：0.5~10 m/min；

5）布料斗容量：3 m³；

6）布料斗宽度：2500~3100 mm；

7）布料斗离地高度：1790 mm；

8）布料电机功率：30 kW；

9）搅动电机功率：7.5 kW。

（2）振动台（如图 3-9 所示）。

图 3-8　布料机

在布料机完成布料工作以后，开启振动台的振动电机进行振动作业，振动结束以后松开夹紧装置，并通过升降装置使钢台车脱离振动平台，最后由送板机构将钢台车送离布料工位。将布料机摊铺在台车上模具内的混凝土进行振捣，充分保证混凝土的内部结构密实，达到设计强度。

规格：

1）宽度：3.5 m；

2）长度：12 m。

设备参数：

1）最大载荷：25 t；

2）激振力：110~270 kW；

3）工作电源：AC 380 V/DC 24 V，50 Hz；

4）振动频率：50 Hz；

5）额定电流：120 A；

6）额定功率：55 kW。

（3）养护窑（如图 3-10 所示）。

图 3-9　振动台

养护窑用于 PC 构件的恒温养护，可以自动进板和出板。整个养护过程为自动化生产，自动化程度高，养护窑内部结构为框架多层摆放，可节省场地，提高产线效率。

事项：钢台车平台排模时，因考虑养护窑出料口距离（钢台车面距离养护窑出料口 740 mm），模具不能高于进、出料口以及养护窑上下层钢轨轮的间距（钢台车面距离上层钢台车底部高度 650 mm，钢轨轮间距 350 mm，钢轨轮距离台车边 150 mm）。为了避免发生干涉，模具上下挡边与台车边的距离控制在 150 mm 范围外，最大可生产构件尺寸 11.5 m×3.3 m，超过此高度不能入窑。严禁非操作人员进入工作区域。

规格：

1）单体式立体养护窑外形尺寸：26.5 m×21.4 m×11.34 m；

2）进出口尺寸：3.8 m×1.1 m。

设备参数：

1）养护架容量：50 个；

2）单柜尺寸：12250 mm×3570 mm×850 mm；

3）移动车平移功率：2×7.5 kW；

4）移动车平移速度：0.2~15 m/min；

5）移动车提升速度：0~5.2 m/min；

6）起升电机功率：45 kW；

7）钩板机行程：1100 mm；

8）钢板动作次数：1~2 次（可选择）。

图 3-10　养护窑

2. 模具布局原则

模具布局主要包括两大类构件——墙板(竖直构件)和楼板(水平构件)。

其中由于墙板平面面积大、构造复杂参与结构受力等原因,模具布局时要注意以下原则(图3-11):

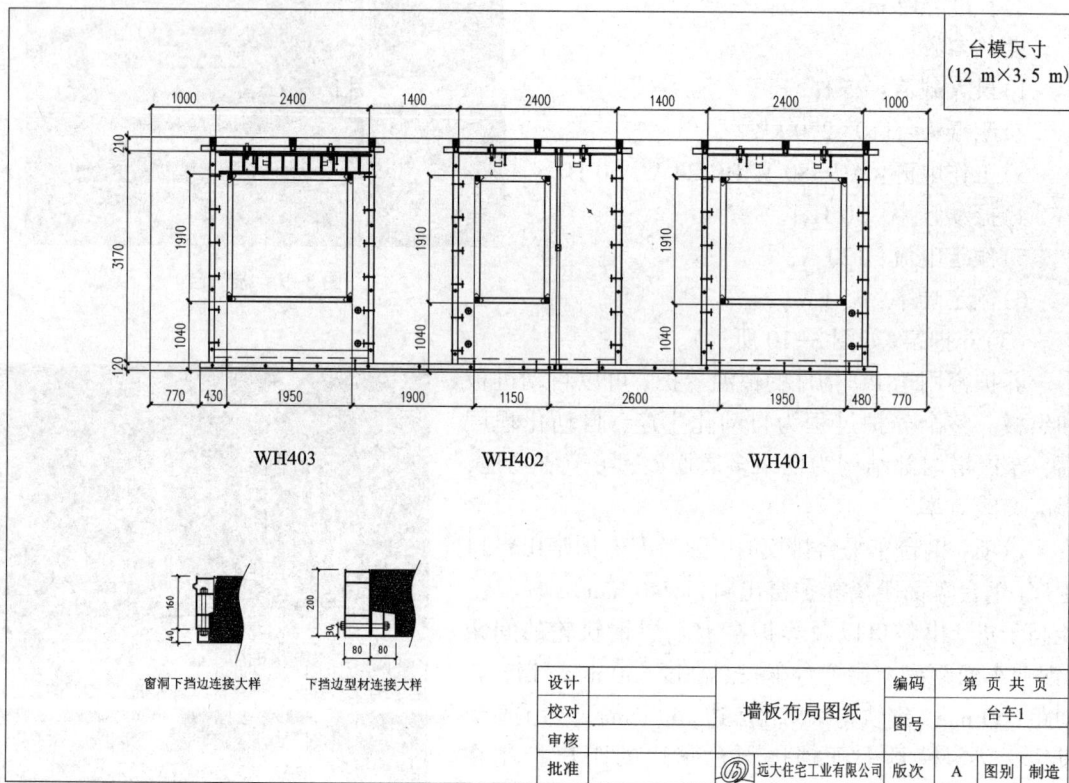

图 3-11　墙板布局图纸

1)墙板按照车次(单个整体运输架)并结合台车利用率设计布模,不同车次的构件不要放在同一个台车上(只允许2车转换时1个台车上2车的构件都有);

2)模具配比1:1与1:N的不要放在同一个台车上,共模时只能采用整车共模的方式;不同台车上的窗洞、门洞数量基本相同;

3)水电预埋难易程度基本一致,不要将水电预埋多且复杂的构件排在同一个台车上;同一台车上的PC板数量为(脱模吊装)行车的整数倍,不要让某次翻转时有行车闲置(如某条线有2台行车脱模,尽量控制单个台车上的PC板数量为2或者4,尽量不要为3或者大于4,非翻转脱模可不遵从此原则);

4)模具可拆性,提高台车周转率(说明:模具布局时,台车1和台车2上PC构件完全相同,出现台车紧张时可将台车1的模具拆掉,台车2生产2轮来完成生产)。完成模具布局之后要出具《模具安装清单》,模具材料计算统计装模所需的模具型材、辅材(橡胶块)、工装夹具和螺栓螺帽等,并完成《模具材料采购清单》。每个台车的《模具安装清单》如表3-1所示,再将项目每个模具安装需采购好材料汇总,形成墙板总模具材料采购清单如表3-2所示。

表 3-1　某项目墙板模具安装清单

序号	产品编号	名称	图号/规格	长度/mm	数量/件	备注
1		上挡边	160 带企口型材	5160	1	
2		左右挡边	160 单边带倒角铝型材	2880	2	
3	WH103	下挡边悬挑型材	80 带斜边型材	4760	1	切斜口并封堵
4		窗户左右挡边	160 单边带倒角铝型材	1290	4	
5		窗户上下挡边	160 窗户型材	1240	4	
6		上挡边	160 带企口型材	6160	1	
7	WV701	左右挡边	160 单边带倒角铝型材	2880	2	
8		下挡边悬挑型材	80 带斜边型材	5760	1	切斜口并封堵
9		下挡边(共用)	160 单边带倒角铝型材	6000+6000	1	
10		$H=160$ 窗洞下沿带斜角橡胶块	GY-BZ-FJ-0033	160×80×80	10	
11		$H=160$ 窗洞上沿橡胶块	GY-BZ-FJ-0002	160×80×80	10	
12		$H=160$ 窗洞橡胶块	GY-BZ-FJ-0006	160×80×80	—	
13	其他	吊钉补偿橡胶块	GY-BZ-FJ-0031	—	8	
14		企口堵塞橡胶件	GY-BZ-FJ-0038	—	4	
15		反面套筒预埋钢板	外协件	140×50×5	5	
16		标准压铁 08	GY-BZ-MJGZ-0001-8	—	8	
17		标准压铁 01	GY-BZ-MJGZ-0001-1	—	9	

表 3-2　某项目墙板模具材料采购清单

序号	物料编码	材料名称	规格/mm	图号	单位	数量	备注
1	400090210118	企口堵塞橡胶块		GY-BZ-FJ-0038	个	110	
2	400090210125	86 线盒定位块		GY-BZ-FJ-0009	个	40	
3	400090210159	$H=160$ 窗洞上沿橡胶块	160×80×80	GY-BZ-FJ-0002	个	80	
4	4000902769	$H=160$ 窗洞下沿带斜边橡胶块	160×80×80	GY-BZ-FJ-0033	个	80	
5	400090210158	波胶补偿橡胶块		GY-BZ-FJ-0031	个	220	
6	400090210026	单线管圆形橡胶块(节点1)	48×40	GY-BZ-FJ-0008	个	20	
7	4000305241	波胶			个	200	丝杠长度 200 mm
8	3000202990	标准压铁 01		GY-BZ-FJ-0008	个	260	
9	4000302760	标准压铁 08			个	500	
10	4000308750	十字盘头自攻钉	ST4.2×19		个	600	
11	4000308042	螺母	M16		个	100	
12	4000309422	50 垫片	? 50		个	2000	
13	4000308257	螺栓	M16×200		个	100	全丝、8.8级
14	3000202051	方钢	40×4		米	100	

楼板模具布局类似墙板模具布局,如图3-12所示。相对墙板而言,楼板单个构件重量轻,外形宽薄,楼板模具布局时,要注意以下原则。

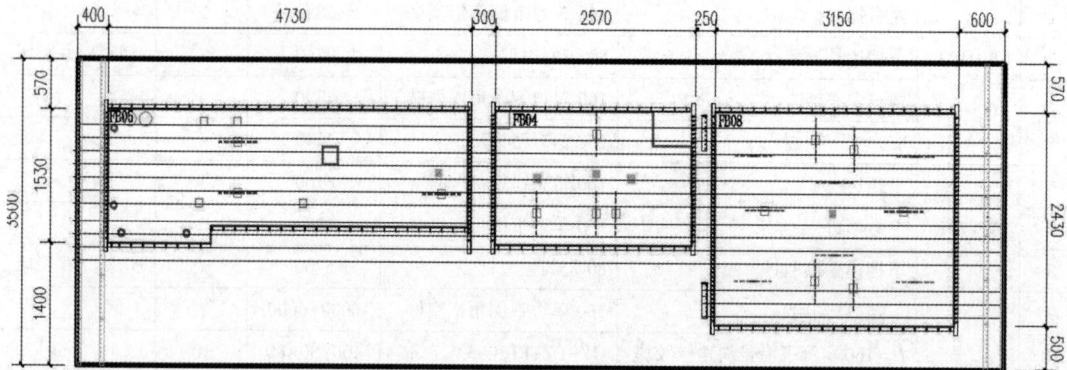

图3-12 楼板布局图纸

楼板模具布局时需注意以下原则:

1)楼板按照车次、结合台车利用率设计布模,不同车次的构件不要放在同一个台车上;

2)脱模过程中满足楼板堆叠顺序;

3)模具配比1:1与1:N的不要放在同一个台车上,共模时只能按照整叠共模的方式进行;

4)模具可拆,提高台车周转率(说明:模具布局时,台车1和台车2上PC构件完全相同,出现台车紧张时可将台车1的模具拆掉,台车2生产2轮来完成生产)。统计楼板装模所需的模具型材、辅材(橡胶块)、工装夹具和螺栓螺帽等,并完成《模具安装清单》和《模具材料采购清单》如表3-3和表3-4所示。

表3-3 某项目楼板模具安装清单

序号	产品编号	名称	图号/规格	长度/mm	数量/件	备注
1	FB02	上下挡边	50带斜边型材	5680	2	
2		左右挡边	50角铁	2900	2	外协
3	FB07	上下挡边	50带斜边型材	4980	2	
4		左右挡边	50角铁	2900	2	外协
5	其他	张拉角铁	63×63×8角铁	3400	3	
6		$D=100$方形预埋橡胶块	GY-BZ-FJ-0019	100×80	8	
7		86线盒定位块(厚楼板使用)		71×25	9	
8		$D=160$圆形预埋橡胶块	GY-BZ-FJ-0035	φ170×80	5	
9		$D=110$圆形预埋橡胶块	GY-BZ-FJ-0034	φ120×80	4	

表 3-4 某项目楼板模具材料采购清单

序号	物料编码	材料名称	规格/mm	图号	单位	数量	备注
1	4000901385	86线盒定位块(厚楼板使用)			个	120	
2	30002020990	标准压铁01		GY-BZ-FJ-0008	个	300	
3	4000308042	螺母	M16		个	100	
4	4000308257	螺栓	M16×200		个	100	全丝、8.8级
5	4000902153	堵浆件	165×18	GY-BZ-FJ-0023	个	3000	
6	4000902180	通孔专用橡胶块	$\phi75×90×80$(锥形)	GY-BZ-FJ-0020	个	30	
7	400090210112	通孔专用橡胶块	$\phi100×100×80$(方形)	GY-BZ-FJ-0028	个	20	
8	4000603666	固定锚具			个	1000	标准件
9	4000309422	50垫片	$\phi50$		个	2000	
10	4000308249	胶—中性硅酮结构胶			支	20	

3.1.2 模具原理

模具设计主要针对装配式建筑构件的生产模具进行,依照构件详图,分析选用模具材料。常用模具材料包括钢材、铝型材、塑料件等。

模具设计过程中,整体的设计流程如图 3-13 所示。

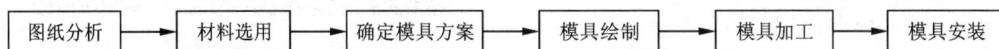

图纸分析 → 材料选用 → 确定模具方案 → 模具绘制 → 模具加工 → 模具安装

图 3-13 模具设计流程

1)图纸分析:在收到设计院出具的最终版设计图之后,对构件图纸进行生产可行性分析,并对图纸进行再次校对。图纸分析侧重于构件外形构造是否合理,钢筋与预埋是否干涉,各类节点大样是否适合,模具制造和生产困难度如何等。

2)材料选用:依据构件图纸的外形尺寸、构造节点以及工厂生产条件等要求,对模具材料进行选择。材料分钢材、铝型材、塑料制品等。

3)确定模具方案:针对图纸内各类构件的构造节点、构造外形,确定统一的模具方案节点,使得模具相对统一、有效。而方案节点确定同类构件的模具设计理念,如窗洞模具、构件挡边的连接方式、脱模方式等。

4)模具绘制:模具方案确定之后,依据图纸结构和规范要求,严格按照规定的出图标准,同时也是以机械制图标准为基础进行绘制。

5)模具加工:使用传统机械加工设备,加工部门按照设计的模具图,加工出模。模具加工时,首件需打样。样件由工厂工艺进行审查,确定最终模具方案后,再进行批量生产。

6)模具安装:将加工完成的模具按照模具布局图在台车上进行定位、连接、固定。

以上就是模具设计整体流程,一共六道工序。其中,最核心的是确定模具方案,有效合理的方案能大大降低生产难度,提高生产效率,从而为构件品质打下坚实的基础。

常规产品的模具方案如图 3-14、图 3-15、图 3-16 所示。

图 3-14 楼梯模具

图 3-15 梁模具

在装配式建筑构件模具设计的六个重要设计步骤中，需要遵守模具设计原理。针对行业的特殊性，模具设计原理又衍生出三大原则和五个设计要点。

1. 模具设计的三大原则

1）成本：模具的设计、加工、运输和安装所耗费的费用指标。可以根据模具的每吨价格乘以整个项目的模具重量，核算出整个项目的模具价格，这就是模具的成本。

2）效率：假如一个模具设计周期为 15 天，在模具设计周期内有效地完成模具设计工作。落实到具体项目时，这个时间会有上下浮动，因此效率也会有所调整。

3）质量：模具设计的优劣程度。模具的质量好坏与模具的设计水平息息相关。优化设计可以有效控制质量。

质量水平的高低会影响生产制造成本，成本费用与效率的高低相连；质量水平与效率指标也相关。成本与效率则成反比关系，即效率越高，成本越低。因此，模具设计关系着整个项目的利润。模具设计原则如图 3-17 所示。

2. 模具的设计要点（图 3-18）

1）使用寿命。

模具的使用寿命将直接影响构件的制造成本，所以在模具设计时就要考虑到给模具赋予一个合理的刚度，增大模具周转次数。这样就可以保证在某个项目中不会因为模具刚度不够而导致二次追加模具或增加模具的维修费用。

2）通用性。

模具设计人员还要考虑如何实现模具的通用性，也就是增大模具的重复利用率。构件厂

图 3-16 墙板模具

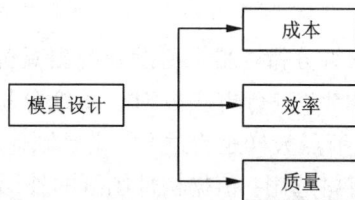

图 3-17 模具设计原则

给甲方的报价中甲方并不是完全支付模具费用，而是要从模具总的制作费用中扣除一部分残值，一般为 25%～30%，这部分是考虑工程结束后将模具作为废铁变卖的价格。大家知道采购模具和废铁的单价相差数倍，一旦作为废铁变卖，无论对构件厂还是对甲方都是极大的浪费。所以设计人员在设计之初就应该考虑如何实现模具的通用性。

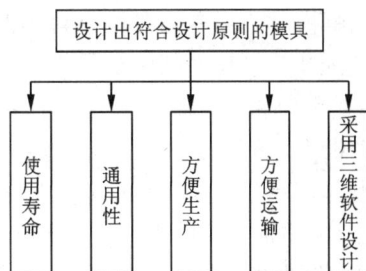

图 3-18　模具的设计要点图

3）方便生产。

模具最终是为构件厂生产服务的，所以模具设计人员一定要懂得构件生产工艺，如不懂得生产工艺技术，实力再强的机械加工厂也不能很好地完成模具设计，即使考虑到模具强度和外形尺寸，也不一定能符合构件生产工艺。模具影响生产效率主要体现在组模和拆模两道工序上，所以在模具设计时必须要考虑到如何在保证模具精度的前提下减少模具组装时间，还有就是在保证拆模过程中不损坏构件的前提下方便工人操作拆卸模板。比如说在不影响预制构件结构受力的前提下适当设计模具脱模角度。这些都是在充分掌握构件生产工艺的前提下才能完成的。

4）方便运输。

运输是指在车间内部对构件进行周转运输，在自动化生产线上模具是要跟着工序动的，所以就涉及模具运输问题。设计模具时充分考虑这点，就是在保证模具刚度和周转次数的基础上，通过受力计算尽可能地降低模板重量，达到不靠吊车、只需 2 名工人就可以实现模具运输工作。

5）采用三维软件设计。

造型复杂的构件，特别是三明治外墙板构件，存在企口造型、灌浆套筒开口及大量的外露筋等设计要素，我们通常采用工业三维软件进行设计，使整套模具设计更直观、精准。

如图 3-19 所示为楼梯模具三维图。

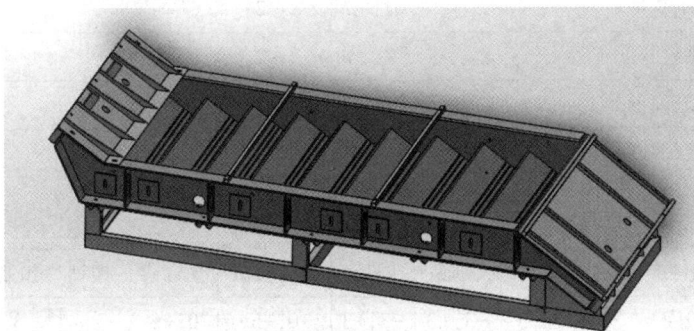

图 3-19　楼梯模具三维图

3. 模具的加工要点

先了解模具的基本结构和功能，以及制作模具时的工艺要求。

1）装配式建筑构件制作模具的设备大多数分为：激光切割机、剪板机、折弯机、铣边机、锯床、火焰切割机、气保焊接机、角磨机、各种型号的磁铁钻台钻、行车、攻丝机以及各种型号的电动扳手、开口扳手、C 形夹等；

2）制作模具的工序：第一步，依据模具零件图的加工尺寸、加工要求和加工工艺进行加工；第二步，将加工好的零件依据装配要求进行组装；第三步，将整套模具预拼装，检验加工精度，对问题点进行修正；第四步，模具打包、分装、编号；

3）模具的连接孔：模板与模板之间，模板与平台之间连接孔采用的是螺纹孔 M16 或 M14，通孔 ϕ18 mm 或 ϕ16 mm；销钉孔 ϕ11 mm。

4. 模具的运输质量要点

1）模具按图加工；

2）在模具醒目位置标识项目名称、栋号、构件编号、模具编号，以方便识别、安装。如：JH8#—PCTC1—01；

3）模具按构件打包，属于同一构件的模具应打包成捆（门窗洞挡边模具另外拼装好打包）；

4）打捆模具的钢丝（或圆钢）直径必须大于等于 6 mm，绑扎牢固，做防松脱措施；

5）门窗框模具尺寸公差为 0~5 mm，同时，按图纸的尺寸公差要求完成加工；

6）依照图纸进行抽检，检验模具外形尺寸、孔洞槽口位置尺寸、悬挑工装是否合格等情况，如有严重影响构件的加工错误，进行退货处理。

模具的使用质量要求如表 3-5 所示。

表 3-5　模具质量要求

检验项目	检验内容	标准要求（单位：mm）							检验方法
模具工装	锈蚀	无明显生锈							目测
	固定方式	依据 PC 工厂标准模具及辅助工装篇							目测
	安装垂直度	≤2							尺量
	模具拼缝宽度	≤2							尺量
	模具拼缝高低差	≤2							尺量
	模具直线度	≤2							拉线
	平整度	≤2							2 m 靠尺和塞尺检
外形尺寸	PC 构件类型	外墙板	内墙	隔墙	叠合楼板	叠合梁	楼梯	预制柱	—
	长度	0,+3	-3,+3	-3,+3	0,+5	0,+5	-3,+3	-3,+3	尺量
	宽度	0,+3	-3,+3	-3,+0	-3,+3	-3,+0	-3,+3	-3,+3	尺量
	厚度	0, +3							尺量
	双层模具	上下层相对位置≤5							尺量
	对角线差	≤5							尺量

5. 模具的人性化

模具设计理念说明了模具设计的基本要求,也会遇到一些不确定的因素,如客户要求、建筑体系以及作业环境等,为满足这些要求,要求设计人员考虑周全。

作业环境分为室外作业和室内作业。受作业环境影响,我们先考虑模具在拼装与拆卸的时候有无机械辅助(如行车、叉车搬运)。在有机械辅助的情况下,尽量减少模具分段,以避免模具的垂直度和直线度受到影响;在无机械辅助的情况下,模具应按 100 kg 左右重量进行分段。为保证垂直度和直线度,在模板的背面以及顶面要进行加固。

在模具拼装过程中,为保证不出现各种部件混乱用错的情况,可以在模具指定位置用不同油漆做好区分(如符号或字母),以便现场工人在组装时不易拿错。注意:模具标识位置不可在模板与构件接触面或易触碰的地方。

6. 模具的节点

无论是在室外或室内作业,还是在固定台模上或流水线上作业,模具的作业内容所包括的都是固定方式、连接方式、脱模方式以及工人的操作方式。

1)模具的固定方式。

模具的固定方式分为螺栓销钉固定和磁盒固定,如图 3-20 和图 3-21 所示。模具在制作的过程中,需考虑到模具的固定强度,以及模具拆装的效率和便捷性。螺栓销钉固定是使用螺栓固定压铁,然后压铁压住模具挡边的固定方式。螺栓销钉固定是工厂最普遍、最经济实惠的方式。一般采用 M16 的螺栓螺母,同时,使用电动或气动的扳手来固定和拆卸,效率更高。磁盒固定方式是新工艺,它将螺栓和压铁合二为一。将磁盒吸附在台车上,进而压住模具。磁盒固定的优点为快速拆卸、安装无须定位、操作便捷、作用广泛。

图 3-20　螺栓销钉固定

图 3-21　磁盒固定

2)模具的连接方式。

模具的连接分为上下边包左右边或左右边包上下边,这两种方式的决定因素有:

产线要求:客户依照自己的内部作业顺序、作业习惯或类似项目改模需求;

构件的形状及兼容:构件的形状及兼容影响着模具分段的位置和脱模的顺序,而合理的包边方式可以提高作业效率。

3）模具的脱模方式。

模具的脱模方式分为水平向外脱模、向上脱模、中间分层脱模。脱模方向取决于构件的形状，以及构件与模板接触面的节点特征。

当模具接触面有剪力槽、企口、预埋件等时，这些节点使得模具挡边在向上方向脱模受阻，最后，考虑水平向后脱模，或者将剪力键和模具挡边分离，模具挡边向上脱出，剪力键脱模后脱出。

当构件出筋位置较多或伸出构件的钢筋较长，可以考虑此处的模具向上脱。出筋的位置设计成梳子状的长形腰孔。如果此接触面还有剪力槽、企口，需要用螺栓将这些节点固定在模具上。

当在有机械辅助脱模的情况下，可以向上脱模。如果受环境、设备的影响只能手工搬运，需考虑从模具中间分段脱模。在正常情况下，不建议使用这种方法。因为分段脱模使得模具的加强筋不能形成整体，进而导致模具刚性不够，最终导致在制作和现场施工时，模具容易变形。

4）工人的操作方式。

不同工厂的工人操作模具的方式不同。而从模具的综合效率考虑上看，工人是其中重要的一环。听取现场工人的经验，可以帮助我们优化模具。在条件允许的情况下，尽可能多地了解多方面的技术要求，是合格工艺人员的基本职业素养。

模具实例：

构件类型决定了模具类型，如：预制叠合楼板、预制阳台、预制墙板（剪力墙+外挂墙+飘窗）、预制梁柱、预制楼梯、预制空调板等。

图 3-22 至图 3-26 所示为部分模具设计三维图。

图 3-22 桁架楼板模具

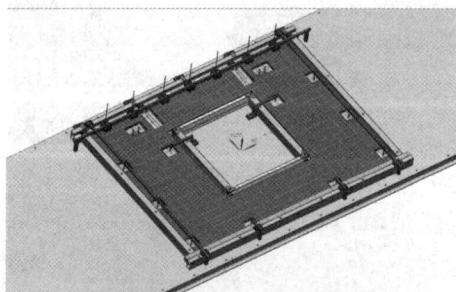

图 3-23 外挂墙板模具

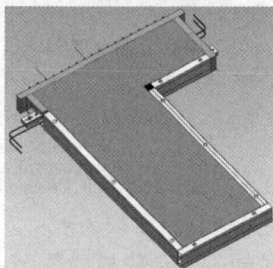

图 3-24 剪力内墙模具

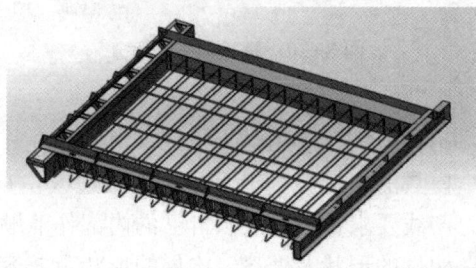

图 3-25 剪力外墙模具

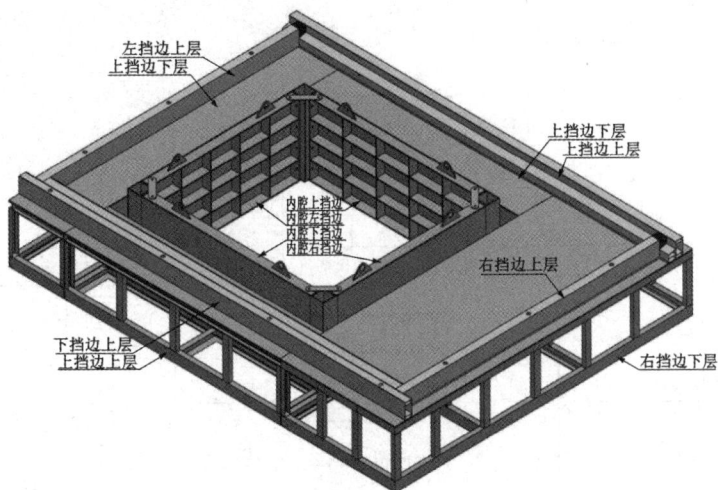

图 3-26　飘窗模具

生产工艺项目设计导入①

生产工艺项目设计导入②

3.2　PC 构件生产工艺流程

　　预制构件按照产品种类分为预制外墙板、内墙板、叠合板、楼梯、阳台板、梁和柱等。无论是哪种形式的预制构件，其生产主流程都基本相同，包括：清模、装模、涂脱模剂、置筋预埋、浇捣振动、后处理、进窑养护、出窑拆模、成品检验、吊装入库。

　　下面对几种主要构件的具体生产工艺流程进行介绍。

　　1）外挂墙板；

　　2）剪力外墙反打；

　　3）叠合楼板；

　　4）叠合梁；

　　5）楼梯。

3.2.1 外挂墙板

外挂墙板的生产工艺流程如图 3-27 所示。

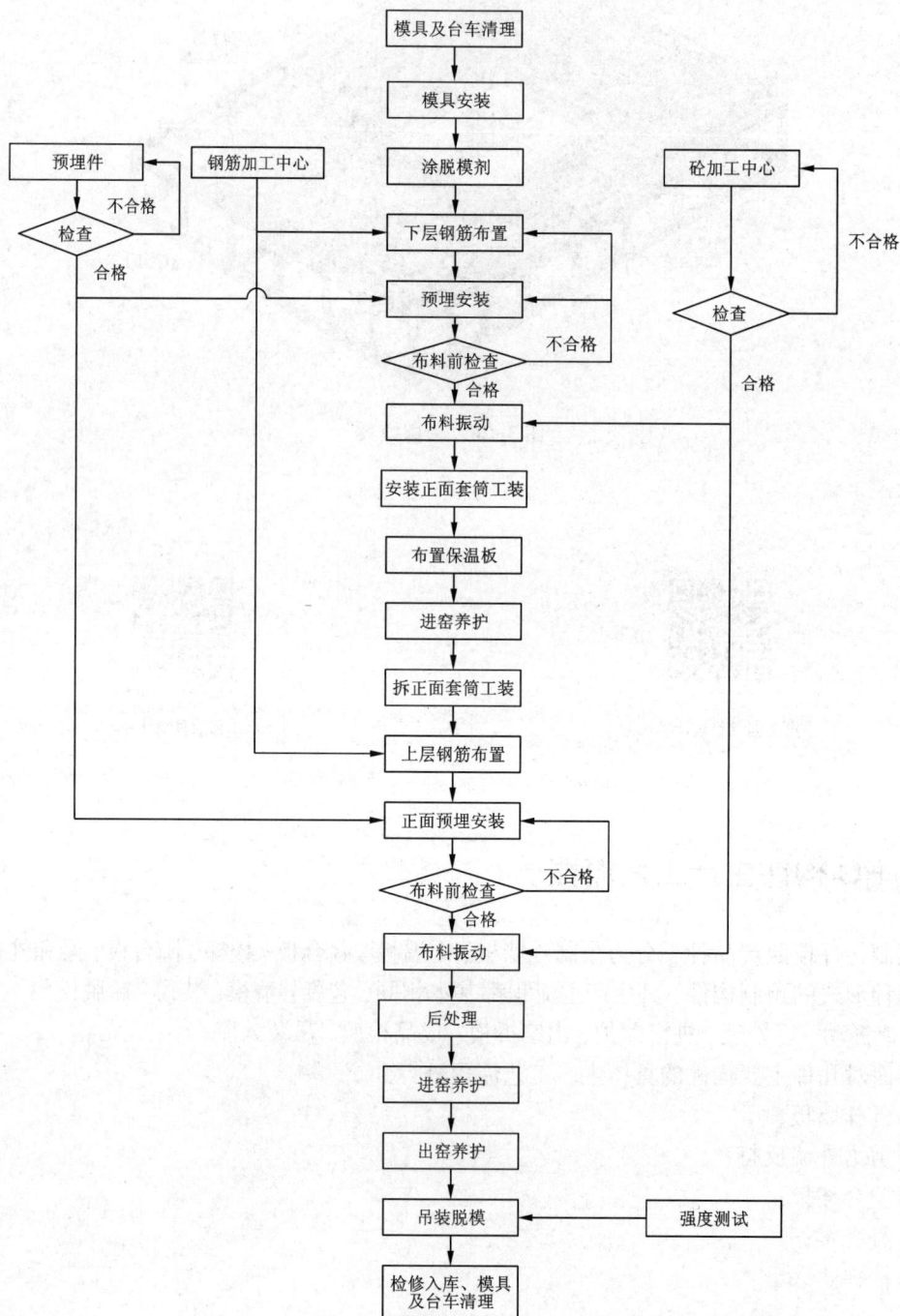

图 3-27 外挂墙板的生产工艺流程

3.2.2　剪力外墙反打

剪力外墙反打的生产工艺流程如图 3-28 所示。

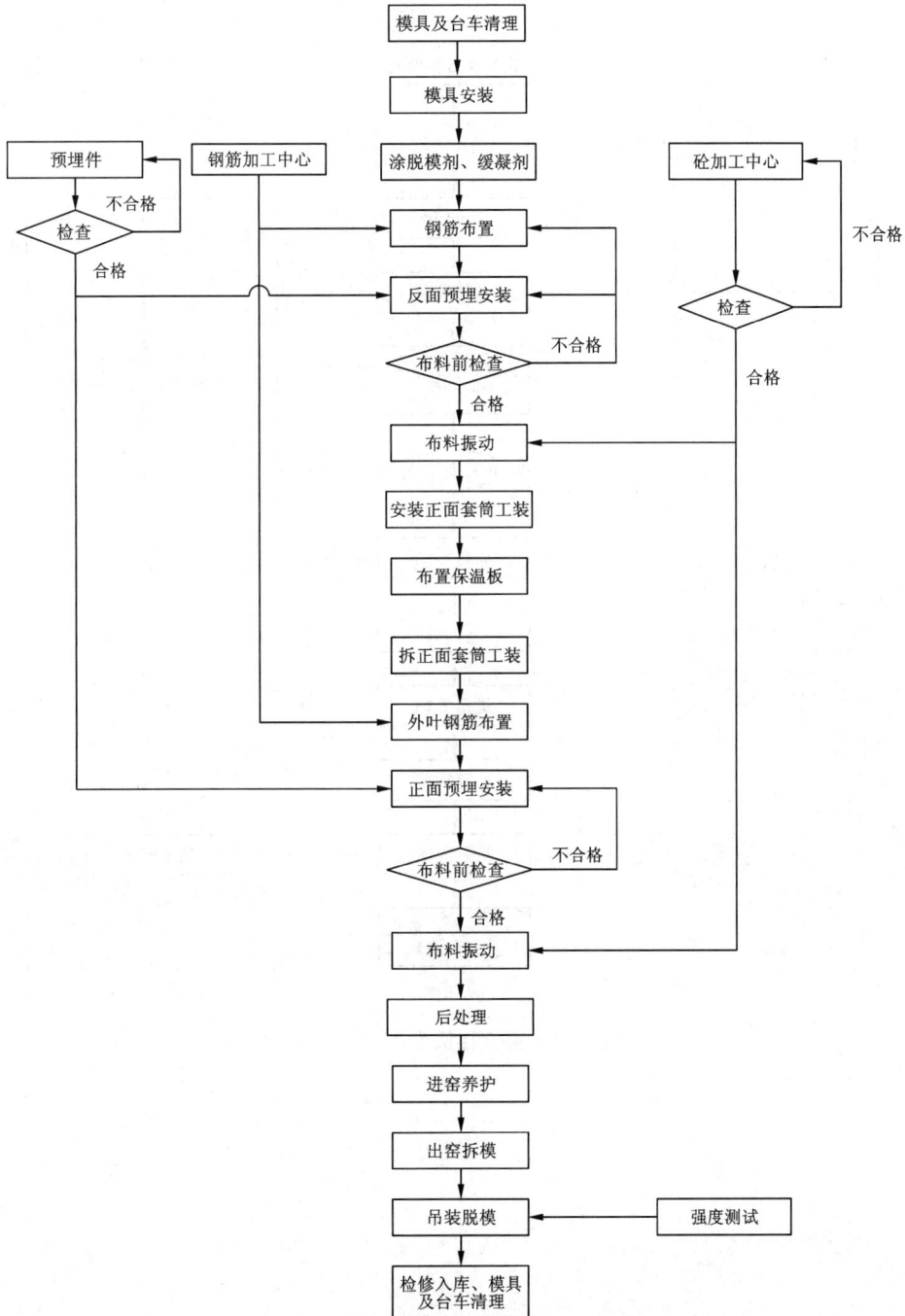

图 3-28　剪力外墙生产工艺流程(反打)

3.2.3　叠合楼板

叠合楼板的生产工艺流程如图 3-29 所示。

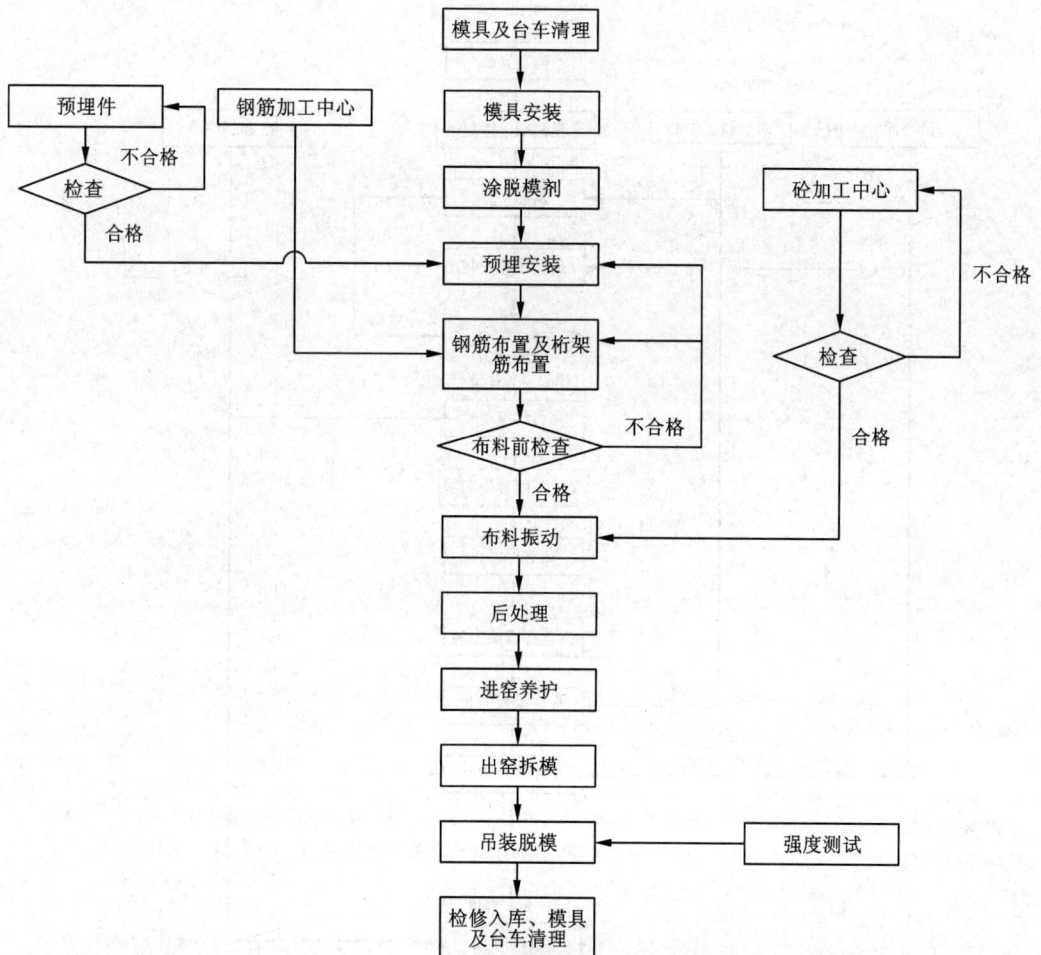

图 3-29　叠合楼板生产工艺流程

3.2.4　叠合梁

叠合梁生产工艺流程如图 3-30 所示。

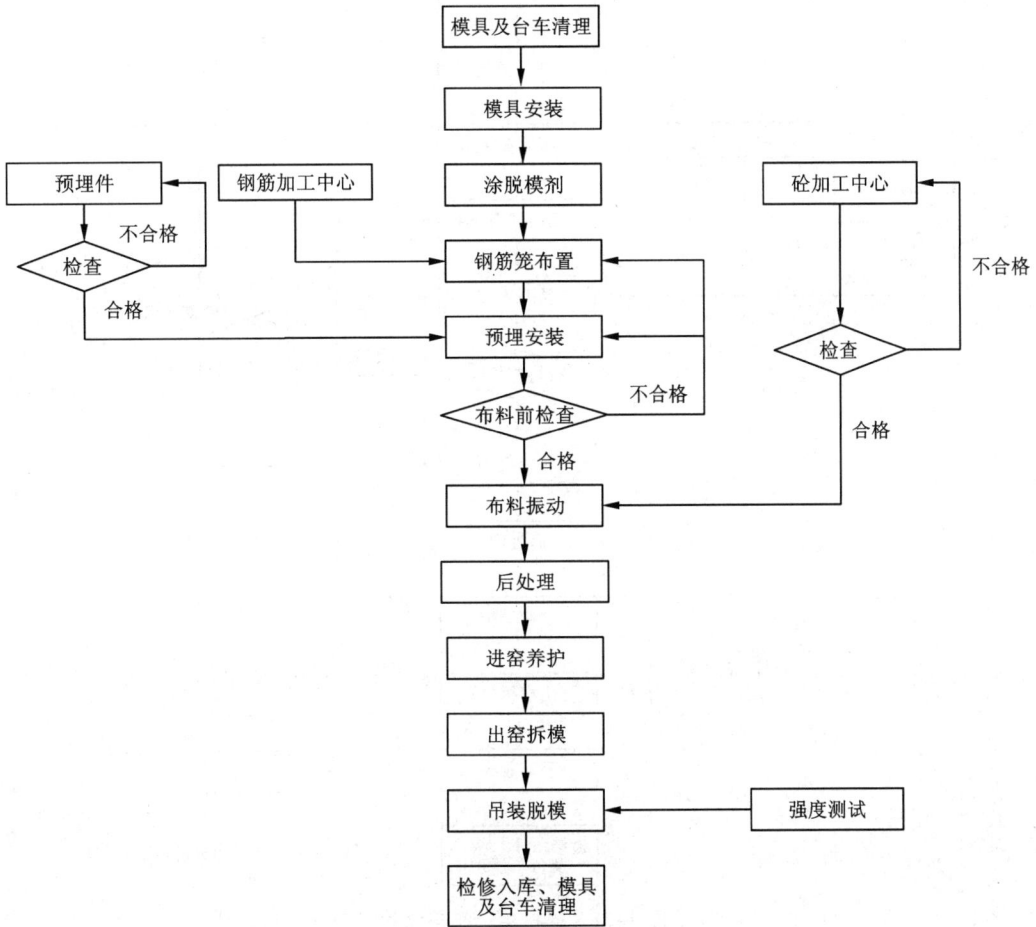

图 3-30　叠合梁生产工艺流程

3.2.5 楼梯

楼梯的生产工艺流程如图3-31所示。

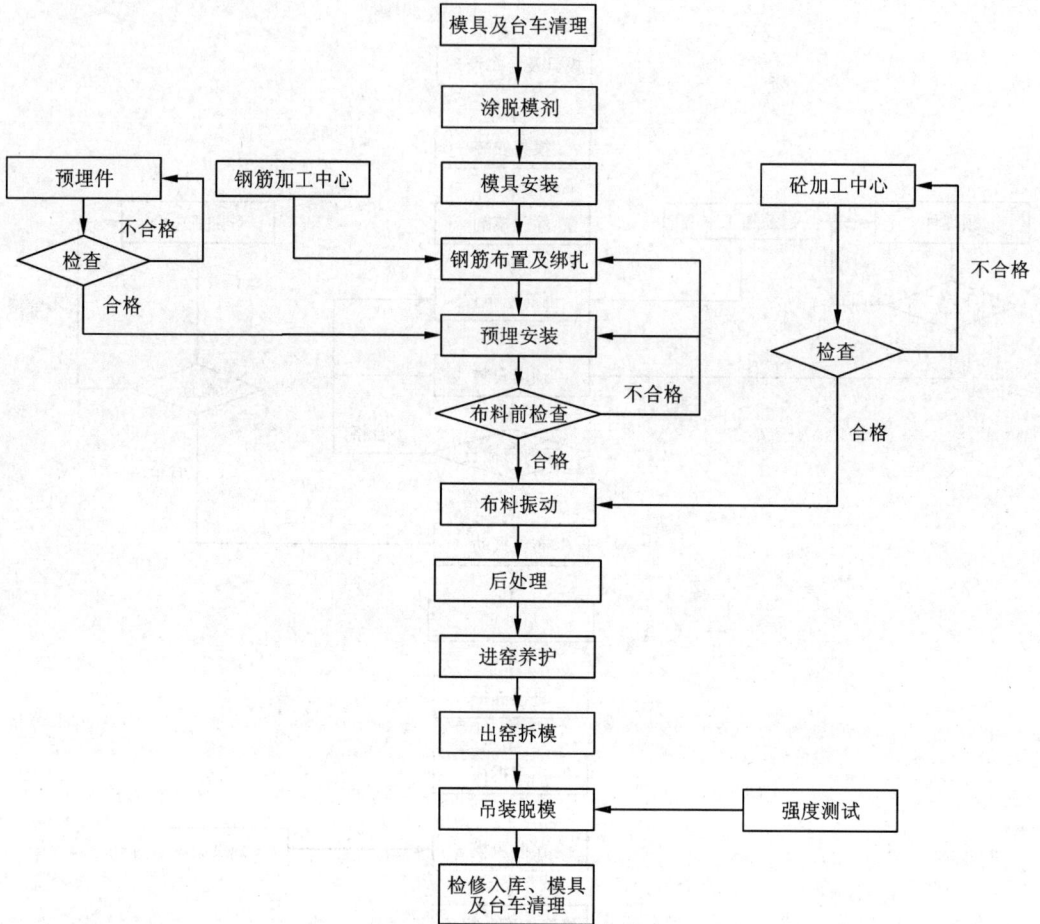

图3-31 楼梯生产工艺流程

3.3　PC 构件生产工艺要点

上一节我们对几种主要预制构件的具体生产工艺流程进行了介绍，包括外挂墙板、剪力外墙、楼板、叠合梁和楼梯，而这些具体的工艺流程都是从基本的生产工艺流程衍生出来的。本节我们就基本的生产工艺要点作一个详细的解读。预制构件基本生产流程包括：清模、装模、涂脱模剂、置筋预埋、浇捣振动、后处理、进窑养护、出窑拆模、成品检验、吊装入库。

3.3.1　清模

以墙板为例进行说明。

1. 内模清理

（1）清理顺序。

1）清理型材底、顶面；

2）清理型材左、右侧表面；

3）清理型材端头面；

4）清理压铁工装；

5）清理橡胶件；

6）清理掉落砼渣。

（2）清理规范。

模具清理工序

砼渣使用铁铲清除，使铁铲与清理面呈 45°夹角斜铲，如图 3-32、图 3-33 所示；按照由近到远的方向；尽量一次性清除完毕，清理完成后，使用毛刷去除粉尘。注意砼渣清除过程中，不得损坏模具表面，避免砼渣溅射伤害眼睛。

图 3-32　铁铲（短）

图 3-33　铁铲（长）

2. 预埋件清理

（1）清理顺序。

1）套筒预埋工装；

2）线盒预埋工装；

3）孔洞预埋工装 A；

4）孔洞预埋工装 B；

5）清理吊钉预埋。

（2）清理规范。

用铁铲清理橡胶块表面砼渣，用尖细铁件清除橡胶块孔洞内砼渣。清理完成后，用毛刷去除粉尘。砼渣清除过程中不得损坏橡胶件。如图 3-34 所示。

图 3-34　预埋件清理

3. 外模清理

（1）清理顺序。

1）清理型材底、顶表面；

2）清理型材左、右侧表面；

3）清理型材端头面；

4）清理掉落砼渣。

（2）清理规范。

用铁铲清除，使铁铲与清理面呈 45°夹角斜铲，按照由近到远的方向尽量一次性清除完毕。清理完成后，使用毛刷去除粉尘。

4. 钢台车清理

（1）清理顺序。

1）清理挡边放置位置；

2）清理定位螺丝位置；

3）清扫砼渣以及残留物；

4）拖台车表面。

（2）清理规范。

用加长型铁铲清除，使铁铲与清理面呈 45°夹角斜铲，按照由近到远顺时针方向，尽量一次性清除完毕。如图 3-35 所示。

图 3-35　钢台车清理

5. 清模工艺要求

1）铁铲与模具成 45°夹角斜铲，并沿顺时针方向推进，保证面上砼渣残留物一次性铲掉，如图 3-36 所示；

图 3-36　楼板清模简图

2）外模的清理重点在底面、外侧面和端面；

3）清理挡边模具时要避免锤子重击；

4）发现模具变形时，应当立刻校正或更换；

5）清理完成后，台车表面露出模具、台车底色；

6）清理完成后，型材表面露出模具型材底色；

7）清理完成后，将型材挡边以及工装夹具摆放整齐。

3.3.2　装模

以墙板为例进行说明，如图 3-37 所示。

模具安装工序

1. 安装门窗洞

（1）安装作业顺序：

1）挡边检查；

2）挡边定位；

3）压铁安装；

4）自检确认。

（2）安装规范。

目测并判定各门窗洞挡边是否发生变形，确认挡边是否紧靠定位点。同时，检查挡边表面是否有砼渣残留；将内模下层模具放置在对应位置，安放后，在模具四角放置橡胶块，用卷尺测量尺寸；接着安放成品窗框，最后放置上层挡边模具。（安装前，台车上挡边放置区需涂好脱模剂）如图 3-37 所示，先将螺杆与台车定位螺母拧

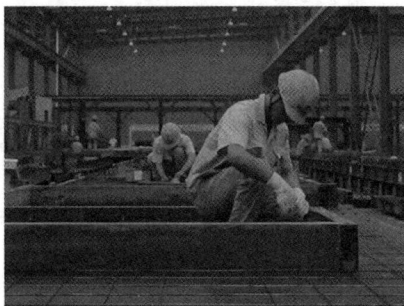

图 3-37　装模

紧，再将螺杆上螺母拧紧，使得方管压实模具挡边。参照图纸上尺寸，用卷尺对挡边的位置尺寸进行测量自检。长宽允许公差 0~5 mm；对角线允许公差 0~5 mm；挡边与台车面贴合尺寸允许公差贴合间隙小于 2 mm。

2. 安装外框挡边

（1）安装作业顺序：

1）挡边检查；

2）挡边定位；

3）压铁安装；

4）自检确认。

（2）安装规范。

目测并判定挡边是否发生变形，参照图纸，测量挡边尺寸是否正确。同时，检查挡边表面是否有砼渣残留，使挡边内侧及端面紧靠台车上点焊的定位点（钢筋头/螺母）。压铁紧靠挡边，将其安装在台车定位螺母上，敲击压铁端部，使挡边紧贴限位钢筋头，拧紧螺母，压实压铁，再拧紧 7 型压板螺母，压实挡边。参照图纸尺寸，用卷尺对挡边的位置尺寸进行测量自检，需取 2~3 个测量点，如图 3-38 所示。上挡边与下挡边相对距离尺寸允许公差为 -5~0 mm；挡边弯曲变形允许弯曲度公差小于 3 mm，挡边与台车面贴合尺寸允许公差小于 2 mm。

(a)挡边安装　　　　　　　　　(b)尺寸自检

图 3-38　安装外框挡边

3. 装模工艺要求

1)挡边位置尺寸允许公差为：-5~0 mm；

2)挡边弯曲变形允许公差为：弯曲度<3 mm；

3)各挡边与台车面贴合尺寸允许公差为：贴合间隙小于 2 mm；

4)对角尺寸 A 与对角尺寸 B 差值≤5 mm；

5)窗框长宽尺寸公差为：0~5 mm；

6)窗框位置尺寸公差为：±5 mm；

7)各挡边无弯曲变形等异常状况；

8)各挡边表面无砼渣残留；

9)各挡边及各压铁工装锁紧无松动。

3.3.3　涂脱模剂

1. 内模挡边涂脱模剂

（1）涂抹顺序：

1)台车面内模放置位置涂脱模剂；

2)内模挡边上面涂脱模剂；

3)内模挡边两侧面涂脱模剂。

（2）涂抹作业。

在内模挡边安装前进行。在台车面内模挡边安装位置，用毛刷蘸脱模剂，按顺时针方向涂抹 2 遍；在内模挡边上部，用毛刷蘸脱模剂，按顺时针方向涂抹 2 遍；内模安装完成后，用毛刷蘸脱模剂，按顺时针方向涂抹挡边内侧面 2 遍。涂抹需均匀，不能积液，不留死角，特别注意内模挡边内侧面的涂抹效果，如图 3-39 所示。

图 3-39　内模挡边涂脱模剂

2. 外模挡边涂脱模剂

（1）涂抹顺序。

1）外模活动挡边台车面安装位置涂脱模剂；

2）外模挡边上面涂油性脱模剂；

3）外模挡边侧面涂水性脱模剂。

（2）涂抹作业。

于台车面外模活动挡边安装位置，按顺
时针方向，用毛刷涂 2 遍脱模剂，包括所有外
模挡边顶面和外模顶面橡胶定位块之间。外
模活动挡边安装完成后，其内侧面按顺时针
方向也涂抹 2 遍，如图 3-40 所示。

3. 预埋涂脱模剂

在预埋件安装完成之后，进行此工序
工作。

（1）涂抹顺序。

1）反面线盒定位块涂脱模剂；

2）橡胶块涂脱模剂；

3）波胶和企口补偿橡胶块涂脱模剂。

（2）涂抹内容。

图 3-40　外模挡边涂脱模剂

按顺时针方向，在线盒定位块侧面及上面，涂抹 2 遍脱模剂，包括：①内模挡边角部橡
胶块；②外模缺口角部橡胶块；③波胶安装前，波胶底面和与底面接触的模具面；④波胶安
装后，企口补偿橡胶块以及线盒定位块外露表面（如图 3-41，图 3-42 所示）。

图 3-41　楼板模具涂脱模剂

图 3-42　楼板预埋件涂脱模剂

4. 台车面涂脱模剂

（1）涂抹顺序。

1）台车模具框内构件区域；

2）于外模外侧大于 50 mm 台车面区域。

（2）涂抹内容。

先用喷雾器均匀喷洒脱模剂，然后用布拖把摊平，再用海绵拖把抹匀。也可直接用毛刷均匀，如图 3-43 所示。

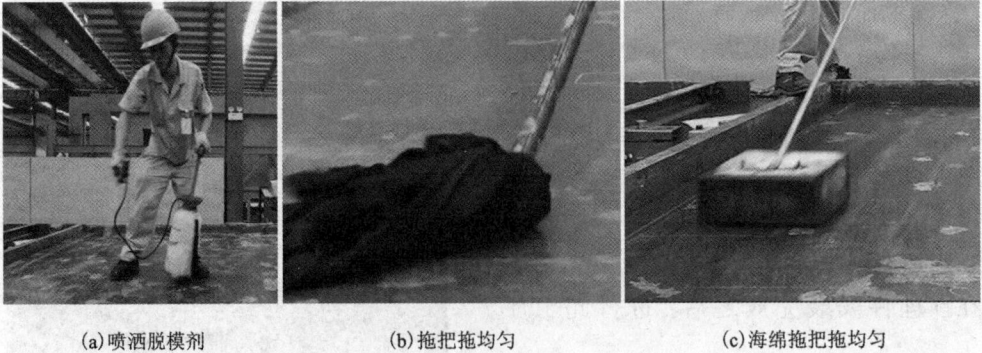

(a)喷洒脱模剂　　　　　　(b)拖把拖均匀　　　　　　(c)海绵拖把拖均匀

图 3-43　台车面涂抹脱模剂

5. 涂脱模剂工艺要求

1）脱模剂涂抹不可留死角；

2）脱模剂涂抹要均匀，不可积液；

3）与 PC 构件接触的模具面，每生产一次涂一次；

4）全部使用稀释后的水性脱模剂，水∶原液＝3∶1，由物料部门严格按比例配制好后供生产部门领用。

3.3.4　置筋预埋

钢筋布置工序

1. 置筋工序

1）置网片；

2）置加强筋；

3）置抗裂钢筋；

4）置吊钉加强筋、连接筋。

2. 置筋内容

先将放置好的钢筋网片和加强筋的钢筋端头，必须与内、外边模保持 2～2.5 cm 的间距，然后将墙四周加强筋及门窗洞口加强筋绑扎在网片上。网片与网片之间搭接，至少需要重叠 300 mm 或一格网片。扎丝绑扎至少绕 4 圈以上，绑扎要牢固但不能绕断扎丝，扎丝头的方向要求统一朝内侧。如图 3-44、图 3-45 所示。

3. 置筋工艺要求

1）钢筋的品种、等级及规格等要符合文件要求；

2）钢筋端头必须与内、外边模保持 2～2.5 cm 的间距，作为保护层；

3）扎头和钢筋朝下不可接触台车底模，朝上不可高于模具水平面；

4）检查马凳放置平稳，不能倾倒。

4. 预埋工序

（1）预埋顺序：

1）套筒预埋；

2）吊环预埋；

3）孔洞预留治具安装；

预埋安装工序

(a) 墙板置网片　　　　　　　　　　(b) 楼板置网片

图 3-44　置筋作业

(a) 置吊环　　　　　　　　　　(b) 置桁架钢筋

图 3-45　楼板置筋简图

4）水电预埋。

（2）预埋内容。

预埋前，确保治具砼渣清理干净，预埋件与治具安装需定位牢固。预埋后，对照图纸检查预埋件有无缺漏，位置是否正确。预埋作业结束后，清理台车，检查有无多余工具、治具等遗留在台车或构件内，如图 3-46、图 3-47 所示。

(a)预留线盒　　　　　　(b)预留爬架套筒　　　　　　(c)预留通孔

图3-46　预埋作业

5.预埋工艺要求

1)套筒预埋位置公差：爬架套筒为±2 mm，其余套筒为±5 mm，预埋套筒定位牢靠无歪斜；

2)爬架套筒、拉模套筒为双横杆套筒，其余为单横杆；

3)吊钉方向安装正确(注：吊钉两头结构不一样)，吊钉加强筋与钢筋网片绑扎牢固；

4)线盒预埋位置公差±3 mm，预留孔洞位置公差±5 mm；

5)一般 H50 mm 线盒用于墙板正、反面预埋，H50 mm 以上用于楼板预埋；

6)KBG/JDG 线盒、线管用于消防接线预埋；

7)窗框预埋时注意安装滴水线方向及防水斜坡方向由带斜边铝型材斜边实现。

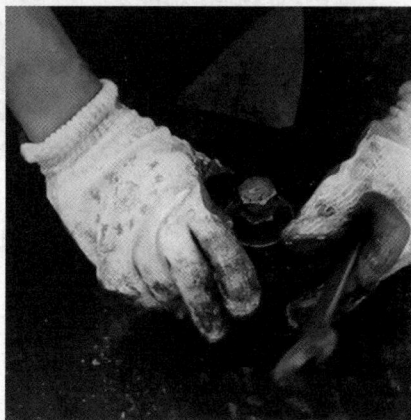

图3-47　楼板预埋件安装

3.3.5　浇捣振动

1.浇捣振动顺序

1)报单上板；

2)卸料；

3)布料、耙料；

4)振动。

2.浇捣振动内容

报单前，要看清图纸，确认型号标示与图纸的实际型号相符。接料小车必须在布料小车的正上方，以感应指示灯为准，目测加以确认。布料要做到一次到位，饱满均匀。下板启动时，注意台车上或周围的人员流动或其他障碍物，确保安全，如图 3-48 所示。每日生产的第一炉料要适当加量报单(10%)，且坍落度要适当放大。连续性生产时，接料小车卸料完毕后及时送回接料，同时报单为下一模具做准备。

浇捣振动工序

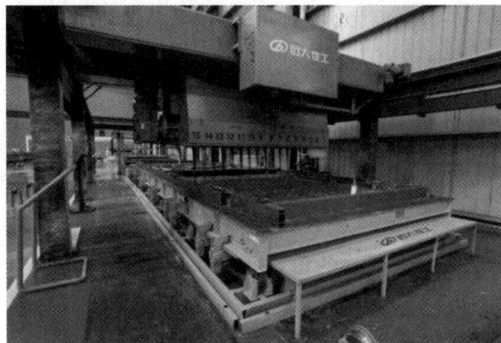

图 3-48　浇捣振动作业

3. 浇捣振动工艺要求

1）依照先远后近、先窄后宽的要求进行布料；

2）布料时不要太靠近外边模（5 cm 的距离），以免混凝土外泄到模具上和模具外；

3）当小车移到模具端头时，需倒退 10 cm 左右后再关闭出料门；

4）振动台振动时间一般控制为 5~10 s，使混凝土表面达到平坦、无气泡的状态。

3.3.6　后处理

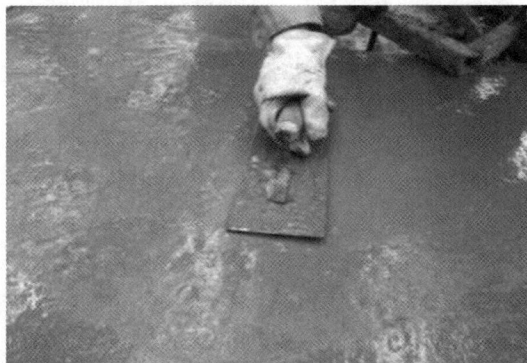

后处理工序

1. 后处理顺序

1）表面检查；

2）抹面处理；

3）拉毛处理；

4）清理台车。

2. 后处理内容

1）目视检查构件表面，混凝土浇捣后平面必须与模具上平面平齐，构件表面不允许有钢筋露出，若出现上述问题，使用抹泥板进行抹平处理，如图 3-49 所示。

2）目视检查预埋件是否有移位和倾斜现象，若出现上述现象，手动调整预埋件位置。

图 3-49　后处理作业

3)目视检查套筒是否被混凝土完全覆盖，若未完全覆盖，手动调整套筒位置。

4)使用抹泥板对构件表面进行抹面处理；

5)检查表面是否有骨料(石子)等凸起物，若有则进行清理；

6)使用棕毛刷对构件表面进行第一次拉毛，从构件表面的一边开始，方向为从上至下、从左至右；

7)第一次拉毛完成后，使用棕毛刷对构件表面进行第二次拉毛，从构件表面的另一边开始，与第一次呈反方向进行；

8)使用铲刀清理布料时散落在台车、模具、夹具等部位的砼料；

9)将清理下来的杂物置于垃圾箱内。

3. 后处理工艺要求

1)用抹子将表面做抹平，其平整度控制在 3 mm 以内，抹面处理须保证的是整个构件的平整度，而不是局部的平整和光洁；

2)抹光、震动平整后，尽快完成第一次抹面，待混凝土失去部分流动性能后，进行第二次抹面；

3)抹光完成后，混凝土将近失去流动性，根据拉毛要求拉细毛或粗毛，拉毛需无间断、均匀、美观；

4)注意保持现场的整理、整顿、安全等 6S 要求，拉毛过程中须保证覆盖全表面。

由于各构件存在差异性，不同构件的后处理的方式也有差异，部分主要构件的后处理差异如图 3-50 至图 3-52 所示。

图 3-50　外挂板第一次浇捣后处理工序

图 3-51　外挂板第二次浇捣后处理工序

图 3-52　楼板后处理工序

3.3.7　进窑养护

养护工序

1. 进窑准备

1)打开养护控制系统;

2)检查台车周围及窑内提升机周围有无障碍物;

3)检查提升机前后感应器是否有效;

4)检查提升机钢丝绳、刹车好坏;

5)检查台车是否滑出窑口;

6)确认台车编号、模具型号、入窑时间,选定入窑位置并记录。

2. 进窑

1)在养护控制系统中选定自动进库模式,再选定 PC 进库位置,选定完成后,按进库按钮,台车待进库;

2)将流水线进库开关旋转到"开",将台车送进窑内,用提升机将其送到指定的位置。

3. 养护

1)养护时,要做好定期的现场检查、巡视工作;

2)按规定的时间周期,检查养护系统测试的窑内温度、湿度,并做好检查记录。

4. 进窑养护工艺要求

1)进窑前确认台车编号、模具型号、入窑时间,选定入窑位置后做好记录;

2)进窑前检查台车周围及窑内提升机周围有无障碍物;

3)在蒸养的状态下,养护时间为 8~12 h,出窑后混凝土强度应不低于 15 MPa。

3.3.8　出窑拆模

以墙板为例进行说明。

1. 出窑准备

1)检查台车周围及窑内提升机周围有无障碍物;

2)确认台车编号、模具型号、入窑时间,选定入窑位置并记录。

2. 出窑

1)在养护控制系统中,选定自动出库模式,再选定 PC 出库位置,选定完成后按出库按钮,台车进行出库;

2)若在自动模式运行下出现异常,在控制系统中切换至半自动模式及手动模式进行操作;

吊装脱模

3)将流水线出库开关旋转到"开",将台车从窑内送至流水线上。

3. 拆模

(1)拆门窗洞螺栓。

拆门、窗洞螺栓时,使用电动扳手逆时针旋转松开螺栓。如图 3-53 所示。

(2)拆预埋孔治具。

用电动扳手拧下全丝螺杆,取出盖板,清理后随车流转使用。如图 3-54 所示。

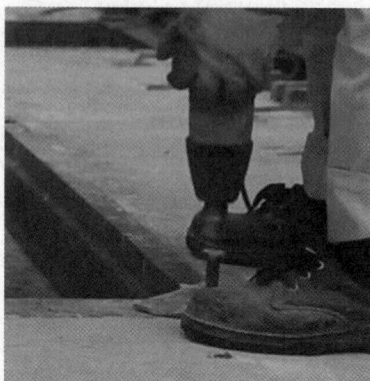

图 3-53　拆门窗洞螺栓

图 3-54　拆压铁

（3）拆压铁。

使用电动扳手逆时针旋转松开螺栓。

（4）拆方管悬挑压槽或预埋。

戳断预埋扎丝，再用撬棍伸入方管与构件上表面缝隙，取出方管悬挑工装。松开预埋螺栓后，如图 3-55 所示，用锤子将预埋件敲出，如图 3-56 所示。

图 3-55　松预埋件螺栓

图 3-56　预埋件拆除

（5）清理材料。

清理材料时，将各个类型的材料区分放置，以便其他工序使用。

（6）拆上挡边模具。

1）用扳手拆卸上挡边夹具、螺栓及螺母，将其放入周转箱内，如图 3-57 所示；

2）用橡胶锤敲松边模，再用撬棍将上边模撬开，如图 3-58 所示；

3）将上挡边模就近放置。

（7）拆卸内模。

用橡胶锤敲松内边模，使其与构件松动脱离，再用撬棍撬开，清理拆模产生的砼渣。

图 3-57　松螺栓

图 3-58　拆上挡边

（8）清理。

清理台车和吊钉周围浆料。

4. 脱模

（1）启动翻转台前，先检查吊具、钢丝是否完好，完好后安装吊爪，将吊爪卡入吊钉端头，确认牢固（如图 3-59 所示）。

（2）翻转台车时，同时开启行车，将吊具顺着翻转的方向上提，翻转台约翻转到 85°时，按"翻转停止"按钮，停止翻转（如图 3-60 所示）。

（3）起吊脱模时，吊具开始沿翻转台的角度缓慢提升一定高度（500~600 mm）后，启动行车，横向进行脱模，并将构件吊至地面（如图 3-61 所示）。

吊装脱模工序

图 3-59　安装吊爪

图 3-60　提升翻转

图 3-61　起吊脱模

（4）清理清扫。

1）清除爬架套筒上的塑料纸及砼渣；

2）拆除暗梁侧挡边；

3）清除固定线盒的扎丝；

4）清除预制孔洞模具及夹具内杂物；

5）清除 PC 件飞边、砼渣、定位挤塑板、塑料等杂物，倒入垃圾箱内；

6）用扫把、撮箕清扫小推车上散落的砼渣等垃圾，倒入垃圾箱内；

7）清扫地面砼渣等其他垃圾，倒入垃圾箱内。

3.3.9　成品检验

1. 检测、修补

检测定位套筒的螺纹是否完整以及 PC 件的棱角是否有崩角等缺陷，针对相关的缺陷进行修补，如图 3-61 所示。

2. 检验、贴标

每件 PC 件生产完成后，都需由专业的检测人员进行检测。对合格产品粘贴"准用证"的同时，将"准用证"内的信息扫入电脑保存，如图 3-62 所示。

图 3-62　检测修补

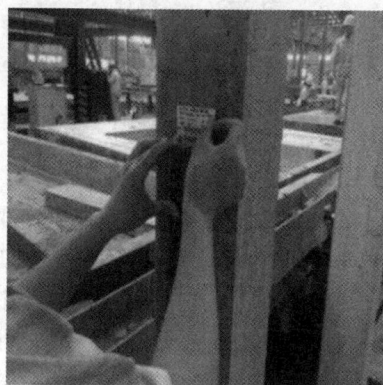

图 3-63　检验贴标

3. 台车复位

1）将台车翻转复位。按"放平启动"按钮将翻转台放下，然后按"后退"按钮，最后按"主机停止"按钮，完成翻转台的复位。

2）模具归位。将小推车上的模具、夹具、螺栓、螺母等放回台车上。将所有的工具、图纸、文档等清离台车，台车流入下一工位。

3）流入下一工位。选择上板"关"和卸板"开"，将台车流入下一工位。

4. 成品检验工艺要求

1）确认标签编号、构件尺寸重量、生产日期等信息正确无误，如图 3-64 所示；

2）标签粘贴位置要求一致（一般位于墙板侧边，高度 1.4 m）。

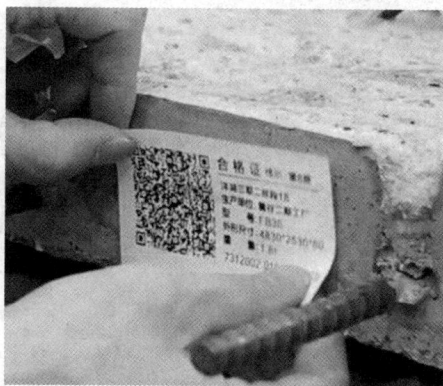

图 3-64　楼板检验简图

3.3.10　吊装入库

1. 构件转运

用行车将 PC 件起吊、转运至线边存放架区域。

2. 解开销子

用铁锤将存放架上的固定销子敲松，然后，根据吊入的 PC 构件厚度调整销子位置宽度。

3. 起吊

起吊 PC 构件至存放架上方，并移动到放置位置。

4. 定位 PC 构件

将 PC 构件缓慢吊入存放架。

5. 固定销子

将 PC 构件吊到放置位置后，调整销子位置宽度，再用铁锤敲紧销子。放置墙板时，必须先锁紧固定销，再拆除吊具锁扣，保证墙板垂直放置在运输架上。

6. 周转货架

存放架左右两边配重≤500 kg，保证两边重量相近，且墙板总重不超过存放架极限荷载，当线边货架装满时，将其周转至成品库存区域（图 3-65、图 3-66）。

吊装工序

图 3-65　墙板入库

图 3-66　楼板入库

3.4　PC 构件生产组织

3.4.1　生产计划

PC 工厂的生产计划是指，从市场部接单到工厂的首层生产与量产过程，由工厂资材部门进行统筹规划，确保订单的准时交付。从 PC 工厂计划管理的首层生产与量产角度看，从接单到首层生产阶段的侧重点是项目预制管理，而量产阶段更侧重生产计划的实施。

1. 项目预制管理

项目预制管理是 PC 工厂资材工作的核心内容，项目预制管理流程如图 3-67 所示。市场部接到项目订单后，将项目信息传递到工厂后，将由资材部门组织厂长、资材经理、用户中心经理到项目现场进行实地确认。实地确认后，工厂针对项目的运作分两条线并行展开：第一条是计划线，由资材部门编制项目总排程，也就是将项目体量在项目吊装周期内进行排布，这是对项目体量的计划，其次编制项目推进计划，这是对项目导入计划时间节点的管控；第二条线是产品线，围绕产品生产的准备工作而展开，首先，设计部门进行项目的深化设计，向工厂工艺部门提供构件详图、设计清单、吊装顺序等，其次，工艺部门依据吊装顺序等设计装车与排模方案，依据工艺详图等进行模具设计，向资材部门提供模具清单等，然后由资材部门依据设计清单、模具清单等组织物料的采购，最后在资材部门计划的统筹下，由生产部门组织首层生产，首层确认后，再组织量产。

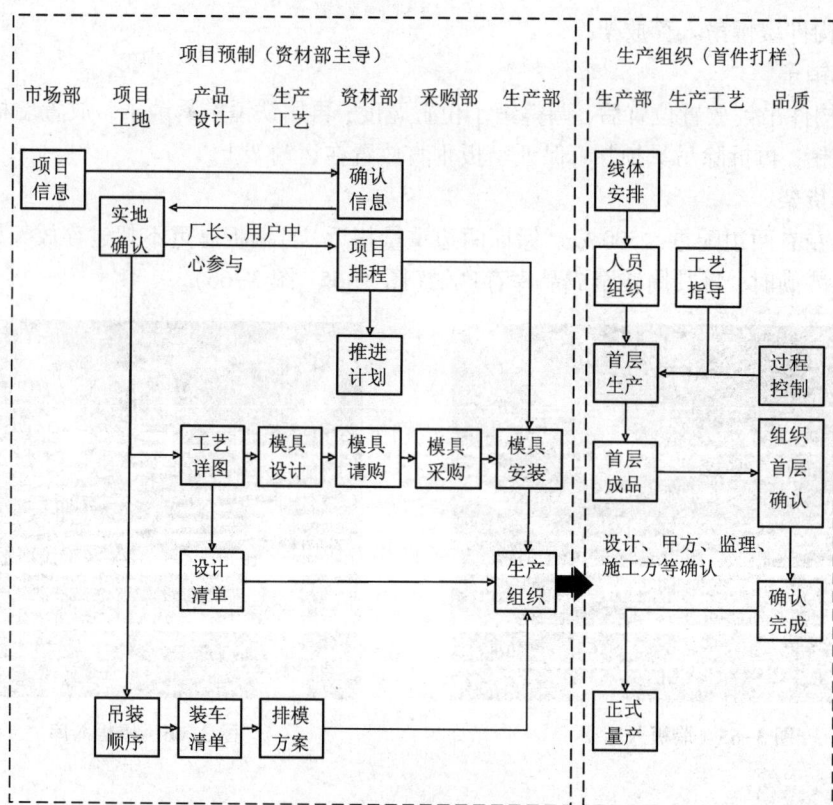

图3-67　项目预制流程图

在接到项目订单信息后，编订项目总排程之前，需搜集项目信息，项目信息主要分为五部分：

(1)项目的总面积。

包含项目的总建筑面积、需要预制的 PC 构件面积。

(2)栋数、户型、项目所需模具套数。

1)项目的总栋数；

2)户型数量、户型组成；

3)根据户型相同程度预估项目所需要的模具套数。

(3)项目吊装施工方案。

主要包含塔吊数量、施工班组、同时开吊栋数等要素。

(4)项目施工周期、起始吊装节点。

主要包含项目的吊装计划、起始吊装节点。

(5)预制件类型、各预制件面积、体积。

主要包含项目预制构件种类及各种类的体量。

在多项目同时导入的情况下，为了便于对项目的信息进行管理，便于后续的项目预制工作顺利开展，需要将项目信息转换为项目生产订单明细(表 3-6)。其中包括项目名称、栋数、层数、户型、标准层建筑面积(m²)、建筑总面积(m²)、PC 构件立方量(m³)、吊装时间、PC 模具图纸到位时间、PC 工艺图纸到位时间、PC BOM 清单到位时间及其他备注信息。并将以上信息进行汇总，记录在项目生产订单明细中，便于后续的项目预制管理使用。

表 3-6　项目生产订单信息明细表

序号	项目名称	栋号	层数	户型	标准层建筑面积/m²	建筑总面积/m²	PC 构件立方量/m³	吊装时间	预计时间			备注
									PC 模具图纸到位时间	PC 工艺图纸到位时间	PC BOM 清单到位时间	
1												
…												

在进行项目总排程之前，需要对项目的生产订单信息进行转换，转换成具体的按月份分布的产能需求，结合工厂已经在投产的项目，一同做竖向汇总，得出工厂整体的实际产能需求状况，并以此为依据进行项目总排程。

项目总排程的定义：按照项目总量和项目的吊装周期，结合工厂的生产产能排配出相对最合适的产能排配。

项目总排程的作用：通过排配项目总排程，可以对工厂现有的产能情况能否满足项目的需求做出综合评估，提前对富余或差异产能进行调整，协调资源，避免资源浪费。

编制项目总排程的步骤为：通过项目总量及项目完工周期，计算出项目周平均需求产能，再结合标准周产能计算出需求线体及人力，并根据产能爬坡系数，输出项目总排程，项目总排程步骤如图 3-68 所示。

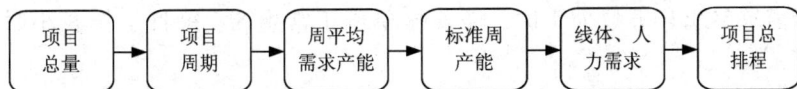

项目总量 → 项目周期 → 周平均需求产能 → 标准周产能 → 线体、人力需求 → 项目总排程

图 3-68　项目总排程步骤图

（1）项目总量。

项目总量是指需要工厂端进行生产的总量，是各个 PC 预制构件的面积之和，是工厂的订单总额。

（2）项目完工周期。

从项目开始吊装到项目结束吊装的时间周期，通常可以通过以下方式获得项目完工周期：

1）要求项目吊装施工方排配各个栋号的项目吊装计划表；

2）了解项目方的施工方案、吊装节点。

（3）周平均需求产能。

周平均需求产能是指项目在一个标准周所需求的构件量。

计算公式为：

$$周平均需求产能 = 项目总量 ÷ 项目周期（周）$$

（4）标准人力与产能。

标准人力与产能是指 PC 工厂单线单班所需求的人员数量，及标准的生产能力。

以装配式建筑行业常见构件类型为例，进行标准人力与产能（表 3-7）的统计，仅供参考。

表 3-7　标准人力与产能表

序号	构件类型	单班人数/人	节拍/min	工作时数/h	标准产能/台车	台车利用率	台车有效面积（PC m²）	标准单班日产能（PC m²）	标准单班周产能/m²
1	外挂墙	22	30	8	16	50%	21	336	1680
2	三明治剪力外墙	36	30	8	16	50%	21	336	1680
3	剪力内墙	28	20	8	24	50%	21	504	2520
4	叠合楼板	18	15	8	32	50%	21	672	3360
5	异形件	28	45	8	11	50%	21	224	1120

（5）线体、人力需求。

线体、人力需求是指根据项目的需求及项目的周期，结合标准人力及产能，得出的能够满足项目需求的人员数量。

在计算线体、人力需求时，周平均需求产能除以标准产能会得出一个需求单线开班数，通过将需求单线开班数与标准工作时间安排表（表 3-8）比对后，可得出每周需要的工作天数、每天的工作时数，计算公式如下：

$$需求单线开班数 = 周平均需求产能 ÷ 标准产能$$

例如：当需求单线开班数为 1 时，需安排单班正常生产，每日工作 8 小时，每周工作 5 天。

当需求单线开班数为 1.75 时，需安排单班加班生产，每日工作 10 小时，每周工作 7 天。

当需求单线开班数为 2.4 时，需安排双班加班生产，每日工作 8 小时，每周工作 6 天。

表 3-8　标准工作时间安排表

日/小时	8 h	10 h	11 h
5	1	10/8 = 1.25	11/8 = 1.375
6	1×6/5 = 1.2	1.25×6/5 = 1.5	1.375×6/5 = 1.65
7	1×7/5 = 1.4	1.25×7/5 = 1.75	1.375×7/5 = 1.925

项目总排程是对项目量所需工厂资源的规划与安排，没有对项目推进的时间节点进行安排，是故在制订项目总排程的同时，还要对项目推进的时间节点进行规划与控制，需制订出项目推进计划（表 3-9），结合项目导入标准周期需 45 天，对工厂内的项目预制工作进行合理安排，并且定期组织进度检讨会议，确认各事项责任部门与责任人是否按计划节点完成工作，确保项目能够按期交付。

表 3-9　项目推进计划表

序号	工作事项	计划开始日期	计划结束日期	区间天数	责任部门	责任人	实际完成进度
1	工艺图纸下发						
2	生产组织模式确定						
3	PC 模具设计						
4	PC 件 BOM 表编制、预算、采购计划						
5	辅材，常用料提前备料						
6	模具采购						
7	PC 模具生产线模具拼装						
8	各线设备运转正常						
9	编制 PC 板生产计划、生产指令、齐层领料						
10	PC 板生产						
11	发货（含发运清单）						

2. 工厂生产计划

（1）计划流程。

PC 构件生产计划流程如图 3-69 所示，首先结合 MPS 与项目订单信息编制项目生产总排程，然后基于项目总排程，在产能评估的基础上编制月度生产计划与外协加工计划，综合考虑模具、物料、场地等因素后制订周计划，基于各项目的实际吊装与生产进度下达日浇捣计划。日浇捣生产报工后，进行生产达成对比分析来跟进日实际完工状况，并组织召开达成分析会议，对未达成的计划进行日清与周结管理。

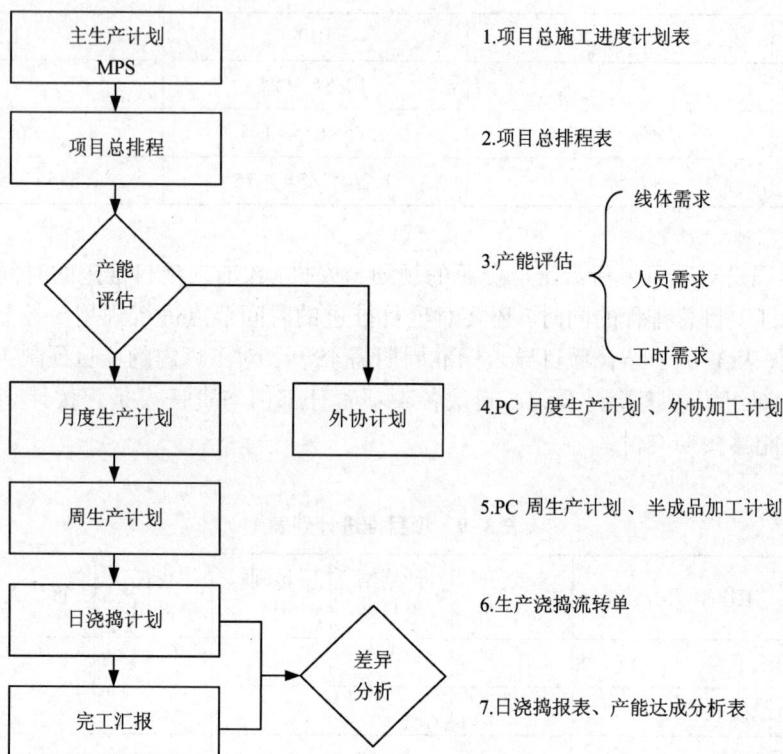

图 3-69　生产计划流程图

（2）计划流程说明。

1）月度生产计划。

资材部首先根据项目订单信息、项目吊装周期、工厂资源情况等编制项目总排程，然后在项目总排程的基础上，通过对工厂资源进行综合平衡后制订月度生产计划，它是项目月需求与工厂资源匹配的统筹计划。月度生产计划不仅是工厂月度成品组装生产周、日计划的基本依据，也是月度材料采购计划的关键输入参数，同时还是工厂线体开线数量、人力需求配置以及生产天数与开班需求确定的基本依据。

2）周、日生产计划。

周生产计划是基于月度 PC 构件的生产计划，对生产线体当周生产任务进一步细化而编制的更加具体的指令式生产计划，它是短期的交付与工厂产能匹配的统筹计划，与月度生产计划不同的是，周生产计划排配精确到××栋××层的××构件的具体生产面、体积信息，周生产计划不仅可以指导当周生产计划的实施，同时也是周材料到货计划的关键输入参数。

日生产计划是根据成品构件齐层要货的紧急程度以及车间的生产资源情况，将成品组装生产任务以具体的浇捣作业指令的形式下达给具体产线的计划，它不仅是产线作业的直接指令，同时也是给产线配送生产物料的指令。

3）计划达成分析。

资材部在产线进行生产完工汇报、提交日浇捣报表及日吊装入库报表后，需对当日的生产完工情况进行记录，并在每周进行汇总，与当周的周生产计划进行比对分析，并填写在周生产计划达成统计分析报表内，对未达成的计划需备注清楚具体原因。统计分析内容可以包含：线体、项目名称、构件类型、已齐层生产数、单层数据（块数、台车数、PC 板面积）、计划生产层数、计划生产块数、计划总台车数、工地平均吊装速度、目标栋号层次、项目完成面积、是否按项目计划达成、是否影响安全库存与发货、面积达成率、未达成原因及备注分析。

在周生产达成状况及统计分析的基础上进行汇总，制订出工厂月度生产达成状况及生产计划达成对比分析表，对工厂整个月度的生产达成状况进行分析，并召开检讨会议，确定出上月影响生产达成的因素，进行检讨分析，并制订改善对策及责任人、完成时间对其进行改善追踪，为次月的生产计划达成提前做准备。

4）计划变更。

在生产计划实际执行过程中，可能会因为各种因素导致生产未达成，例如物料缺料、设备故障、人员不足、品质异常等，同时也可能出现设计变更、需求变更等，导致生产计划与生产实际不符。这时必须对生产计划进行及时调整，确保生产现场的生产指令明确、清晰，具备可实施的指导性，避免因生产实际与生产计划不符，而导致生产人员无法执行或错误执行任务，同时也是为了确保客户的确切需求能得到满足。

5）临时任务计划。

工厂临时任务属于工厂内非生产计划内计件工资的事务派工，例如模具的安装、设计变更、返修等非生产线上的直接产出，该类工作会实施临时任务流程。当有临时任务计划需开立临时任务单时，由计划人员提前 1~2 天开具临时任务计划单，交管理部门参照临时任务管理规定审核定价、定材、定时后交厂长审批后，方可由计划人员下达临时任务指令至执行部门，执行部门完成任务后汇报至计划人员，由计划人员确认后留底登记。每月由计划人员对当月的临时任务费用进行汇总，并按照成本类型制订工厂临时任务费用分类汇总表，对成本归属进行分类汇总后提交系统进行结算，其中成本类型分为工装模具费用、直接人工费用、制作费用、管理费用、质保金、研发费用、其他费用。

3.4.2　生产节拍

生产节拍一词在德语中的意思是指挥，用以调节演奏的节奏，节拍时间 T/T（takt time）是可满足客户需求的生产节拍，故又称客户需求周期或产距时间，是指在一定时长内，客户需求数量与总有效生产时间的比值，是客户需求一件产品的市场必要时间。生产周期时间 C/T（cycle time）是指生产线体实际周期或产距时间。

节拍对生产的作用首先体现为对生产的调节控制，通过节拍和生产周期的比较分析，在市场稳定的情况下，可以明确需要改进的环节，从而采取针对性的措施进行调整。如当生产节拍大于生产周期时，生产能力相应过剩。如果按照实际生产能力安排生产就会造成生产过剩，导致大量中间产品积压，引起库存成本上升、场地使用紧张等问题。如果按照生产节拍安排生产，就会导致设备闲置、劳动力等工等现象，造成生产能力浪费。在生产节拍小于生产周期的情况下，生产能力不能满足生产需要，这时就会出现加班、提前安排生产、分段储存加大等问题。因此，生产周期大于或小于生产节拍都会对生产造成不良影响。生产管理改进的目的就是要尽可能地缩小生产周期和生产节拍的差距，通过二者的对比分析安排生产经营活动。建立标准生产周期的目的就是要通过不断的改进使生产周期与市场需要的生产节拍相适应，从而保证均衡有序的生产。如果市场需求能够稳定，年产量为一固定值，那么节拍就比较稳定，这种节拍就可以作为提高生产周期的一个标杆，进而组织相关资源进行改进。

节拍应用的另一个作用是能够有效防止生产过剩造成的浪费和生产过迟造成的分段供应不连续问题，并确定工序间的标准生产品数量。经济学的常识告诉我们，成本和产量间存在一种函数关系，当产量过剩时，成本就会增加，当产量不足时单位产品的成本同样处于较高水平，因此从成本的角度出发，生产过剩和不足都是一种浪费，应用生产节拍就是为了解决这个问题。应用生产节拍就要改变生产越多越好的观念，建立起适量生产的观念。为保证生产中分段连续供应，必要的、合理的分段贮备在实际生产中也是必需的，因此在平衡生产节奏的同时，通过工序能力的分析就可以建立起各工序间必要的生产分段数量，避免分段库存过多造成的严重浪费。

节拍的使用将会使生产现场的作业规律化，达到生产活动的稳定，实现定置管理，并作为现场生产效率改善的依据。接下来将以 PC 工厂的实际运件为背景，举例说明节拍生产在 PC 工厂生产管理中的应用。

1. 工作中心

一条完整的流水线主要分为四个工作中心，包括清装模工作中心、置筋预埋工作中心、布振养工作中心、拆脱模工作中心。每个中心我们用不同的颜色来区分，如清装模工作中心用红色的胶带标识区分，置筋预埋工作中心用蓝色的胶带标识区分，布振养工作中心用黄色的胶带标识区分，拆脱模工作中心用白色的胶带标识区分，各中心对应岗位的员工胸前需要挂对应的岗位标识名牌，工作中心颜色划分如图 3-70 所示。

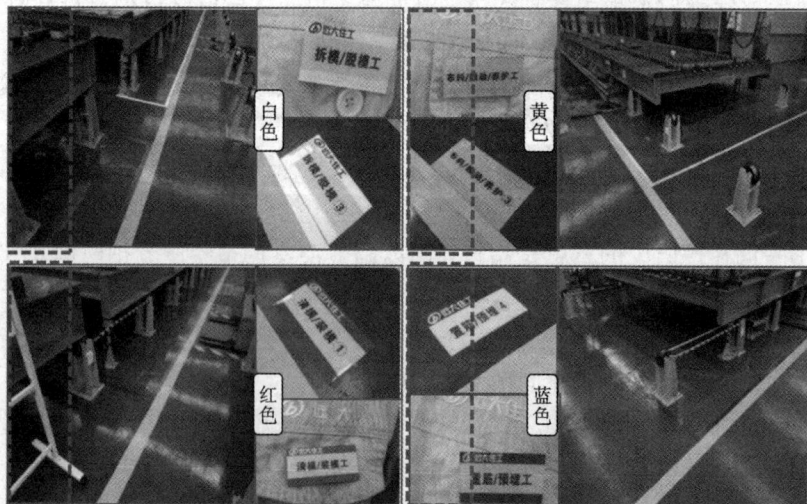

图 3-70　工作中心颜色划分示意图

一条完整的流水线，除了有必要的场地、区域、设备外，还必须有一定的人力，才能组织生产，PC 生产线也是一样，有标准的人员分工。表 3-10 所示是以远大住工 PC 构件生产过程为例，仅供参考，具体每一条线的布局和设计，可以根据实际情况进行编制。

表 3-10　工序分工表

1	队长	1 人
2	脱模吊装	5 组×2 人＝10 人
3	清模、装模	4 组×2 人＝8 人
4	置筋、预埋	5 组×3 人＝15 人
5	布料、后处理	4 人
6	养护	1 人
	总计	39 人

1）传统流水线生产模式工作中心分布如图 3-71 所示。

各工作中心人力配置如下：拆脱模工作中心 4 人，清装模工作中心 4 人，置筋预埋工作中心 11 人，布振养工作中心 3 人。

此生产模式主要适用于单一项目批量生产。

优点：

（1）定人定岗后，人员技能专一化，新人学习曲线短，单个岗位效率提升快；

（2）分工明确，人员管理相对明确，管理难度小。

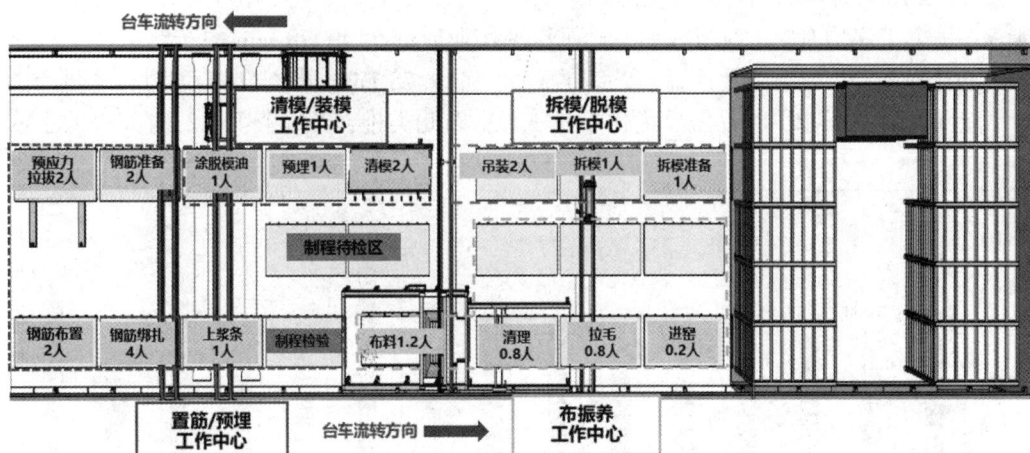

生产工具准备

图 3-71　产线工作中心分布

缺点：

（1）岗位细分化，新人学习期易产生假性瓶颈，生产效益依赖变化的单个工序；

（2）多样化项目生产，岗位内容变化，工序间平衡率损失大、效率低。

2）我们以远大住工构件生产工厂单元生产方式为例，各工作中心人力配置如下：

拆脱模工作中心 10 人，清装模工作中心 8 人，置筋预埋工作中心 15 人，布振养工作中心 5 人。

此生产模式主要适用于多样化项目，其生产优点如下：

（1）单元团队操作，人员技能全面，能更好适应多样化项目变化；

（2）生产体系自发培养多能工，更有利于应对季节性人员流失。

同样这种生产模式也存在一定缺点：

（1）构件差异导致 C/T 时间不均衡，加大了管理难度；

（2）多能工需求多，相对学习曲线长。

2. 五定原则

通常在车间的 5S 管理中提倡的是三定原则，但在 PC 生产线我们讲究的是五定原则：

1）定人：节拍式生产线固定作业人员，避免频繁换人对生产节拍的影响，将固定人员操作熟练度发挥到极致。

2）定岗：将人员固定于某个岗位，即工作中心的某个作业工序，重复操作步骤，熟能生巧。

3）定责：责任人及生产线上的所有人对生产效率和产品质量负责。

4）定量：节拍式生产线定量分派任务，每个工作中心都分配有规定量的任务，人人头上有指标。

5）定法：固定生产线标准作业手法、人员作业手法，并依据人体工程学优化作业方法，提高效率，缩短生产节拍。

3. 墙板生产节拍

案例说明：以第 6 代外墙为例，PC 工厂要求的标准节拍为 30 min。

图 3-72 所示为外墙板各岗位实际测量工时，可以看出第 6 代外墙生产制程可拆分为 15 个工序，每个工序均有它的标准工时，显而易见作业时间为 49.78 min 的布料工序是该条外墙产线的瓶颈工位，也就是此产品在此线的 C/T 为 49.78 min，当 C/T>T/T 时，说明产能不足，不能满足客户需求，所以需要优化瓶颈工位。以此类推，当每个工序的时间都低于或等

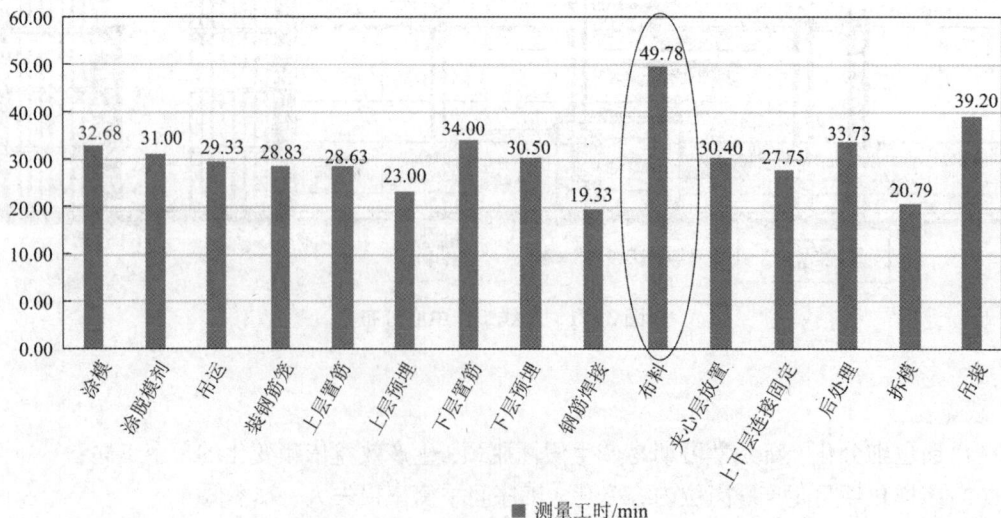

图 3-72　外墙板各岗位实际测量工时

于 30 min 时,则可以按需求节拍生产保障按时交付。

假设生产节拍时间是 30 min,那产能是多少呢? 表 3-11 所示为墙板产能分析表,供大家参考。

表 3-11 墙板产能分析表

标准工时(外墙板)	30 min
小时产量(台车)	2 台
小时产量(面积)	42 m²(21 m²/台×2 台)
8 h 产能	16 台 = 236 m²
10 h 产能	20 台 = 420 m²
总人力	36 人(线上 33 人+线外 2 人+工位长 1 人)
8 h 人均	9.43 m²
10 h 人均	11.67 m²

4. 楼板生产节拍

PC 工厂目前生产的楼板主要分为桁架楼板和预应力楼板两种,下面以远大住工 PC 工厂为例,其楼板生产标准节拍为 15 min,如图 3-73 所示,楼板各岗位实际测量工时,主要工站名称、人力、标准工时的具体数据详见楼板各岗位数据汇总表(表 3-12)。

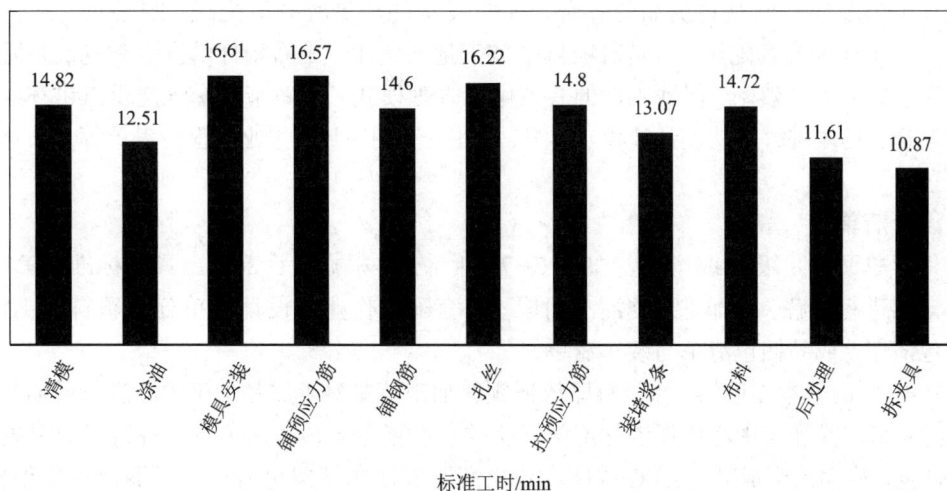

图 3-73 楼板各岗位实际测量工时

从图 3-73 楼板各岗位实际测量工时可以看出:模具安装、铺预应力筋、扎丝 3 个工位的工时是超过节拍时间的。如果要达成产能,就要优先从这 3 个工位进行优化,当这 3 个工位的标准工时低于 15 min 时,才能满足客户需求。

表 3-12 楼板各岗位数据汇总表

工位名	人力	测量工时/min	宽放	标准工时/min	工位产能/(台/h)	目标工时/min
清模	2	14	6%	14.82	4	15
涂油	1	11.8	6%	12.51	4.7	15
模具安装	2	15.7	6%	16.61	3.5	15
铺预应力筋	2	15.6	6%	16.57	3.5	15
铺钢筋	2	13.8	6%	14.6	4	15
扎丝	3	15.3	6%	16.22	3.6	15
拉预应力筋	1	14.5	6%	14.8	3.8	15
装堵浆条	2	12.3	6%	13.07	4.5	15
预埋	1	12.8	15%	14.72	4	15
后处理	1	11	6%	11.61	5.1	15
拆夹具	1	10.3	6%	10.87	5.4	15

3.4.3 齐套配送

装配式建筑行业 PC 制造工厂的齐套配送是指从原材料的齐套领料出库与配送、半成品的齐套加工与配送、PC 构件成品的齐套入库与发货的全流程齐套配送，既是对工厂内部制造环节下一工序的齐套配送，也是对项目吊装工地所需 PC 成品构件的齐套配送，是降低内外部库存、提高生产效率、保证工期的有效生产管理模式。本章节齐套配送重点讲述半成品的齐套配送，具体讲解将从设计清单、组织、分工、车间布局、作业流程与表单等多方面进行全面阐述。

1. 设计清单

设计清单又称 8 级 BOM 清单，如图 3-74 所示，是根据设计部门出具的标准 BOM 清单与构件详图进行分解、匹配、归类汇总而成。齐套配送作业的设计清单分为领料加工清单、物料打包清单、成品捆包清单与装车清单。

8 级 BOM 的基本作用为：原材料库依据领料加工清单对半成品加工中心进行所需物料的齐套配送；半成品加工中心依据资材部门下达的生产指令与领料加工清单进行半成品的齐套加工、打包、协助入半成品库；PC 构件成品脱模后依据成品捆包清单进行捆包入货柜作业；PC 构件成品出货装车以装车清单为依据进行。显然，设计清单是齐套配送的最重要的作业清单，其准确性将直接影响齐套配送的实施效果。

2. 齐套配送组织

工厂中参与齐套配送的主要部门为资材部与生产部，其中直接参与半成品齐套配送作业的职能部门有资材模块的原材料库、半成品库；生产模块的半成品加工中心、产线在线物流区，具体如图 3-75 所示，这也是 PC 工厂分段式管理的职能分布图。半成品的齐套配送分为四大模块：模具配送、钢筋配送、PC 材料配送、混凝土配送。

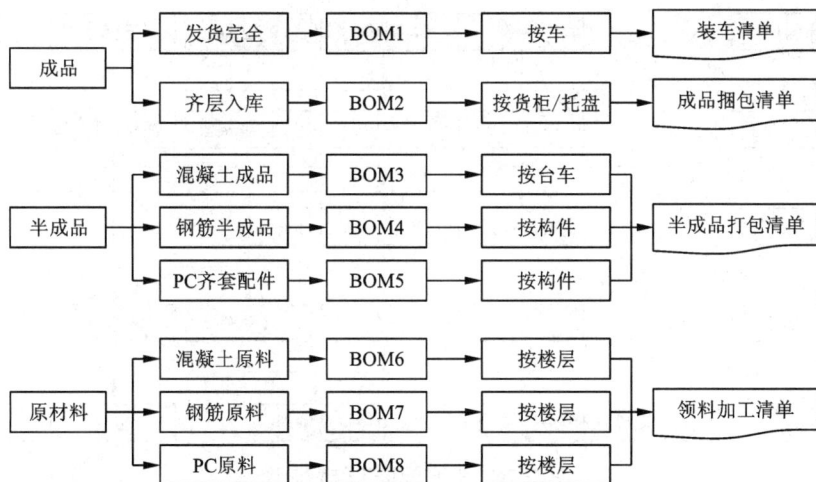

图 3-74　8 级 BOM 清单图

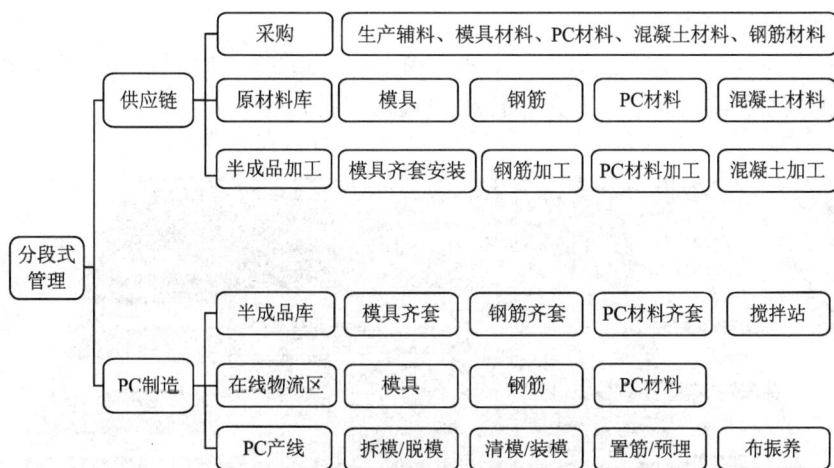

图 3-75　齐套配送生产组织图

3. 齐套配送工作划分

齐套配送基本流程为：①原材料库依据计划指令，将所需物料齐套配送至半成品加工中心；②半成品加工中心依据加工指令与半成品加工清单进行齐层加工、按构件打包、装盘并标识后，由半成品库工作人员核准后进行入库；③半成品库依据产线生产指令，将所需的按构件打包的半成品物料配送到产线的在线物流区；④产线作业员确认接收与使用半成品物料进行构件生产的置筋预埋作业。

如图 3-76 所示，齐套配送工作划分整理如下：

1) 生产部负责半成品加工：按层齐套加工，按构件打包，按索引表装盘；

2) 资材部负责半成品的出入库管理：齐套半成品的确认入库，按产线日需求送料至对应在线物流区。

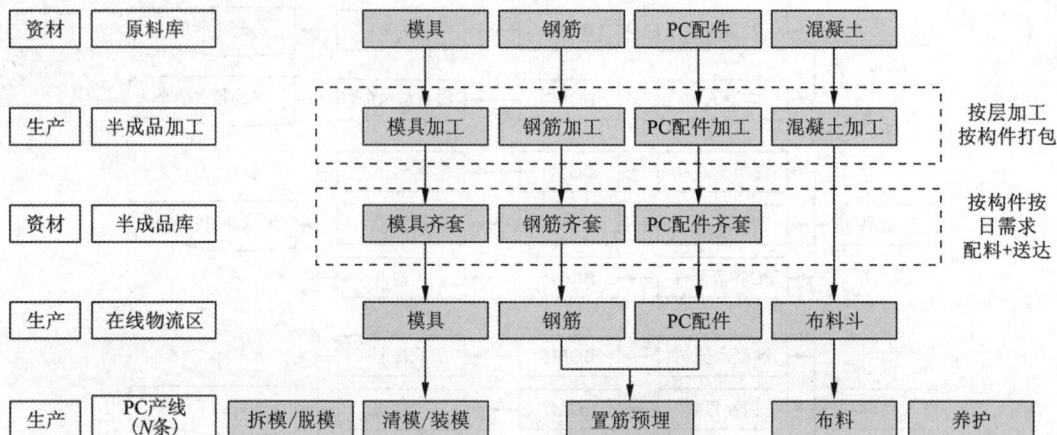

图 3-76　齐套配送工作划分图

4. 齐套配送车间布局

1）齐套配送车间整体布局。

以"5+1"标准工厂的齐套配送生产车间布局为例，如图 3-77 所示，齐套配送车间整体布局图中，从上到下，依次为第一跨到第七跨，具体说明如下：

图 3-77　齐套配送车间整体布局图

第一跨包含：搅拌站(混凝土库)，钢筋原材料库，钢筋半成品加工区。

第二跨包含：PC 柔性生产 1 线，成品库。

第三跨包含：PC 柔性生产 2 线，成品库。

第四跨包含：PC 柔性生产 3 线，成品库。

第五跨包含：PC 柔性生产 4 线，成品库。

第六跨包含：PC 柔性生产 5 线，成品库。

第七跨包含：PC 原材料库，PC 半成品加工区，钢筋半成品整理区，钢筋笼加工区，半成品齐套库。

其中第七跨为齐套配送的主要半成品加工及齐套区域。

2）齐套配送车间局部放大图。

第七跨是齐套配送的核心区域，如图 3-78 所示，将图 3-77 中的第六跨与第七跨局部放大来看，物流动线为：

PC 原材料库→半成品加工→半成品库→产线在线物流区。

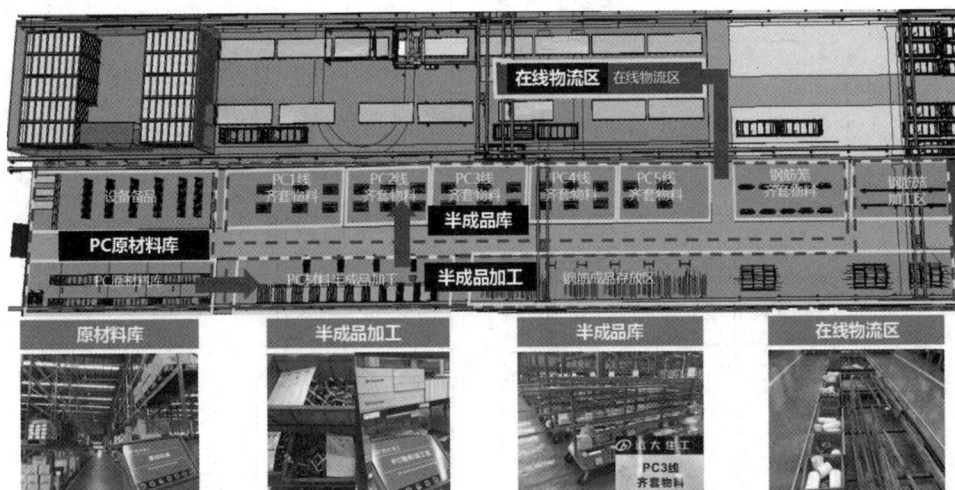

图 3-77　齐套配送车间局部放大图

PC 原材料库的主要功能为：将 PC 原材料按规格型号区分摆放，依据齐层领料清单，按层齐套发料至 PC 半成品加工区。

半成品加工区的主要功能为：接收原材料库的齐套配送物料，按齐层加工清单完成加工作业。

将钢筋线加工完成的钢筋按构件打包进行整理后，与 PC 半成品按构件打包后的物料一同齐套放置在半成品齐套托盘中，准备入半成品齐套库。

半成品齐套库的主要功能为：一是核准半成品加工区待入库物料，进行入库操作，其次是根据入库的半成品托盘和托盘上的构件打包物料，以及产线的日生产需求，在半成品齐套库中挑选出生产所需要的对应托盘半成品物料，送货至 PC 产线在线物流区，由产线物料员接收后使用。

产线在线物流区的主要功能为：依据生产日需求，接收半成品齐套库配送的按构件打包半成品物料，并根据生产顺序上料至对应的生产台车，完成半成品齐套配送最后环节。

5. 齐套配送作业流程

通过前面关于齐套配送的学习，我们可以获悉齐套配送实际上就是物料流和信息流的匹配过程，如图 3-79 所示。

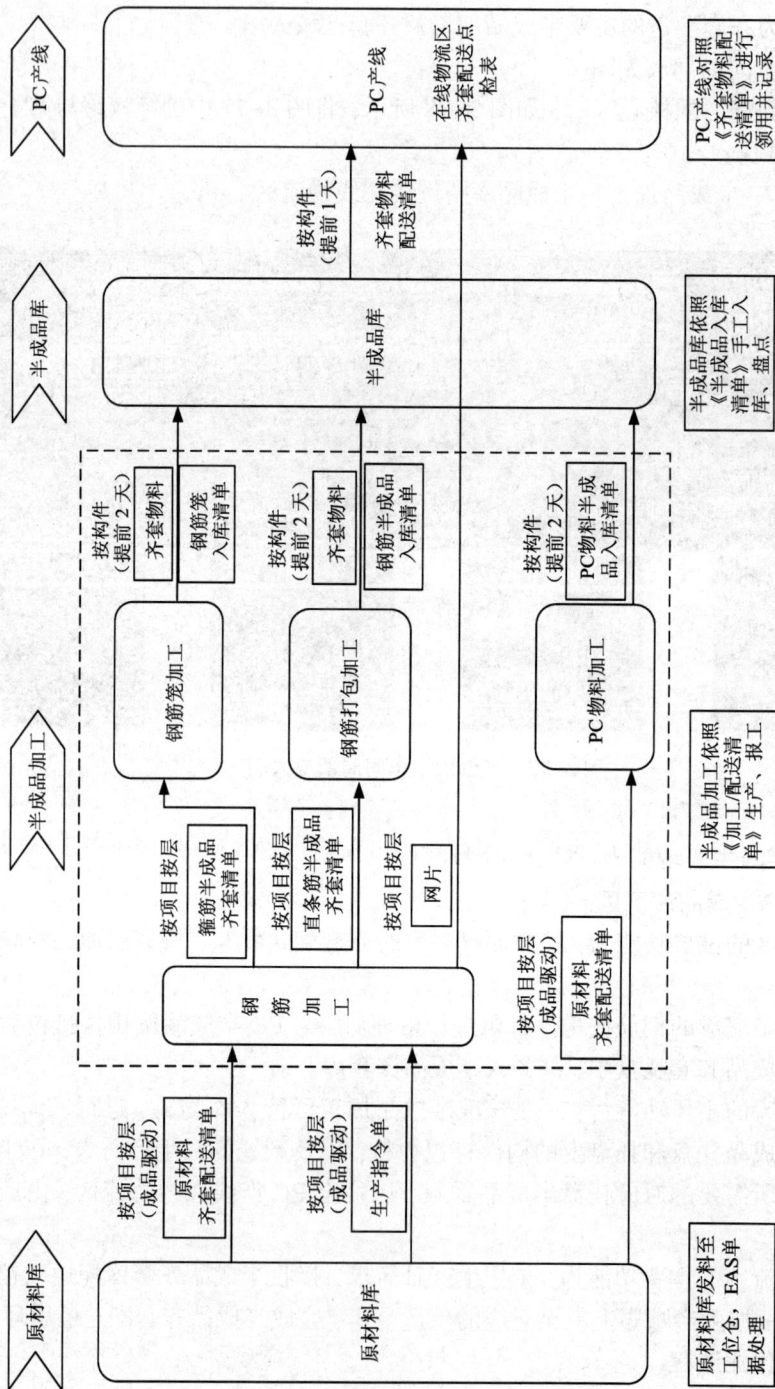

图3-79　齐套配送作业流程图

　　信息流指的是由客户成品吊装需求拉动 PC 工厂成品生产，再往前拉动半成品的加工与配送以及原材料的齐层准备需求，而这个需求信息是由资材进行统筹，在实际管控中转化为工厂的成品日生产计划、半成品加工计划与原材料齐套配送计划。

　　物料流指的是基于信息流的拉动，依据资材下达的原材料齐套配送计划，原材料由原材料库出库，配送至半成品加工中心，半成品加工中心在资材下达的半成品加工计划驱动下，按层加工结束后，按索引表装盘，继而由半成品库进行确认后入到半成品库，最后再按 PC 产线的日生产需求配送指定物料到 PC 产线的在线物流区，至此便完成了半成品的齐套配送。

6. 齐套配送作业步骤

　　PC 工厂从原材料库到 PC 产线段的半成品齐套配送作业可分为四步：一是原材料齐套发放，二是半成品的按层加工，三是半成品按构件打包与装盘，四是齐套半成品的入库与配送至 PC 产线在线物流区。具体详情如图 3-80 所示。

7. 齐套配送动作

　　通过前面的学习，我们可以将齐套配送的核心作业总结为四个字：加、打、配、送，具体作业场景如图 3-81 所示。其中"加"，指的是半成品加工中心按层进行加工；"打"，指的是半成品加工中心按构件进行打包。"配"，指的是半成品加工中心按索引表将按构件打包好的物料配料至托盘；"送"，指的是半成品库按 PC 产线日生产计划提前送料至 PC 产线的在线物流区。

8. PC 配件齐套配送流程及表单

（1）PC 配件配送流程。

PC 配件配送流程主要按材料类型分为四大类：

1）需加工预埋件；

2）不需加工预埋件；

3）扎丝、垫块等散料类；

4）液体消耗类。

　　其中第 1）类需要按照图纸按层进行加工后，再依清单按构件打包入半成品库；第 2）类不需要加工，直接依清单打包入半成品库；第 3）类为特殊类物料，一般按层或按指定批量领用，不需入到半成品库；第 4）类液体消耗品直接按需领用，采用容器对调的方式操作，详细流程如图 3-82 所示。

（2）PC 配件配送表单。

　　PC 配件配送流程当中会用到齐层领料单、加工清单、图纸、构件材料清单、PC 物料标签、日生产需求单等，详情请参照 PC 物料配送表单范例（表 3-13）。

　　齐层领料单：使用环节是原材料库发料至半成品加工的环节，是发料的依据，其来源为 BOM8，下发部门为资材部。

　　加工清单或图纸：使用环节是半成品加工进行加工作业的指导依据，图纸来源为产品工艺部，加工清单来源为 BOM8。

　　构件 PC 材料清单：使用环节是半成品加工进行按构件打包作业的依据，其来源为标准 BOM5，下发部门为产品工艺部。

　　日生产需求：使用环节为半成品库送料时使用，与日生产计划匹配，精确到生产所需的构件，下发部门为资材部。

作业步骤	PC原材料按层齐套发放	PC物料半成品加工	PC半成品按构件打包	PC半成品装盘	入半成品齐套库
作业内容	原材料库按层齐套发放PC物料到半成品加工中心	线管、线盒、套筒、吊钉等加工	加工好PC半成品配件后依据构件材料清单按构件进行打包	打包好的构件半成品材料粘贴构件标识并装盘至对应托盘	标准物料完成入库作业
支撑表单	原材料齐套配送清单	半成品生产指令单（层）、加工图纸	构件材料打包清单、PC物料标签（构件）	半成品入库索引表	半成品入库索引表
图例	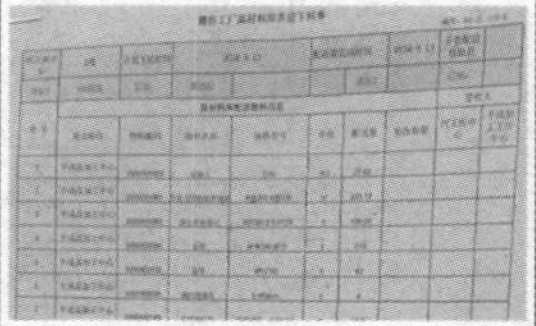				
作业步骤	钢筋原材料齐层发放	钢筋半成品加工	钢筋半成品按构件打包	④钢筋半成品装盘	⑤入半成品齐套库
作业内容	钢筋原材料的调直、弯曲加工	直条、网片、弯箍、钢筋笼的加工	将钢筋半成品按构件进行打包	打包好的构件钢筋粘贴构件标识码并装盘至半成品对应托盘	核准物料，确认入库
支撑表单	钢筋齐层领料单（下料单）	钢筋齐层领料单（下料单）、加工图纸	构件钢筋打包清单、钢筋物料标签（构件）	半成品入库索引表	半成品入库索引表
图例					

图3-80　齐套配送作业步骤图

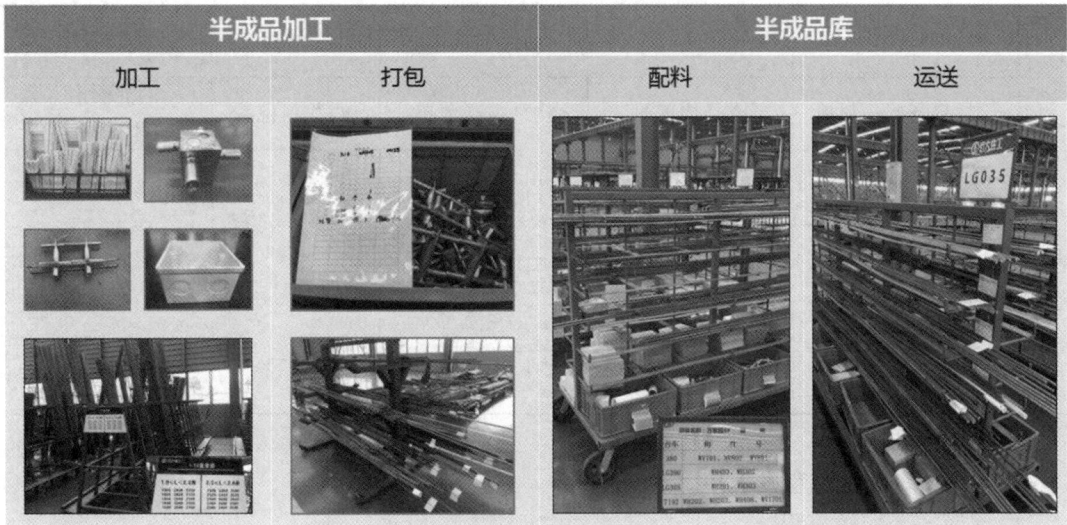

图 3-81　齐套配送作业场景

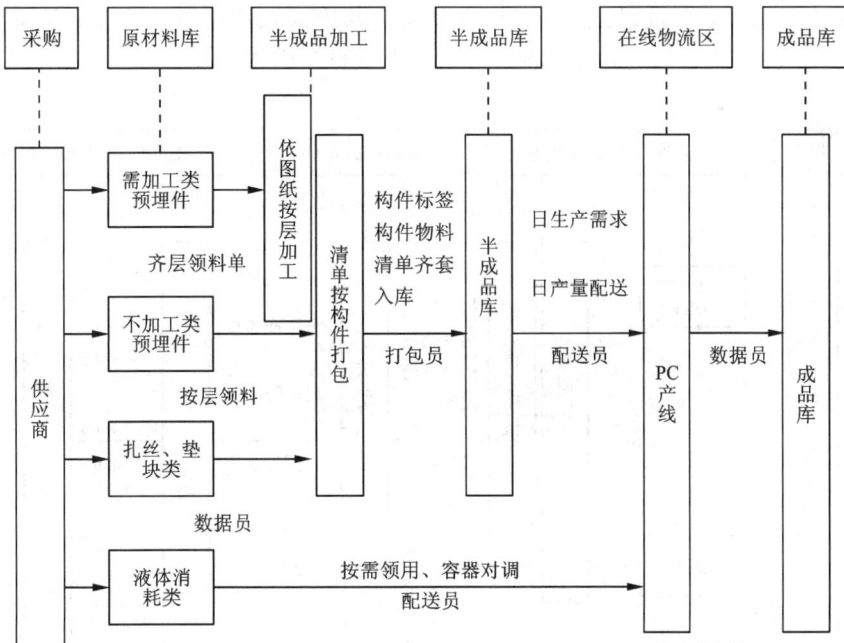

图 3-82　PC 配件配送流程图

表 3-13　PC 物料配送表单范例

提供部门	资材部	工艺部	工艺部	资材部	资材部
表单名称	原材料齐层领料单	半成品加工图纸	构件材料清单	PC 物料标签	混凝土 日生产指令单
表单范例				四大住工　合格证（PC物料） 项目名称：洋湖16栋 层数：第13层 构件名称：FB07 台车号：303 生产线：PC4线	

9. 钢筋齐套配送流程及表单

1）钢筋齐套配送流程。

如图 3-83 所示，钢筋齐套配送流程主要按材料类型分为三大类：①需加工的直条及弯箍筋；②自制的网片及桁架；③外购的网片及桁架。其中第①类需要按照图纸进行加工后，再依清单按构件打包入半成品库；第②类按图纸进行加工后，不需要打包，直接发放至产线；第③类不需加工也不需要打包，直接发放至产线。其中需要说明的一点是，少量通用类物，如吊环等，不需要按构件打包入半成品库，而是批量直接送达产线。

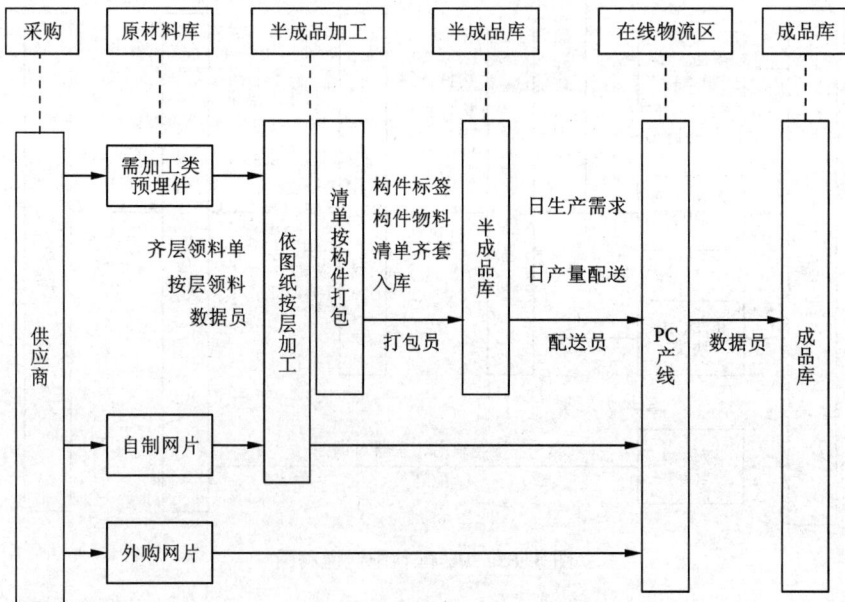

图 3-83　钢筋齐套配送流程图

2）钢筋配送表单。

钢筋配送流程当中会用到钢筋齐层下料单、加工图纸、构件钢筋清单、钢筋物料标签、日生产需求单等。

　　钢筋齐层下料单：使用于原材料库发料至钢筋半成品加工的环节，是发料的依据，其来源为 BOM7，下发部门为资材部。

　　加工图纸：是半成品加工进行加工作业的指导依据，图纸来源为产品工艺部，下发部门为产品工艺部。

　　构件钢筋清单：是半成品加工进行按构件打包作业的依据，其来源为 BOM4，下发部门为产品工艺部，具体可参照钢筋配送清单范例（表 3-14）。

　　钢筋物料标签：使用环节是半成品加工完成后，对按构件打包好的钢筋进行标识，下发部门为资材部。

　　日生产需求：使用环节为半成品库配料时，与日生产计划匹配，精确到生产所需的构件，下发部门为资材部。

齐套配送图集

　　详见表 3-14 钢筋配送清单范例。

表 3-14　钢筋配送清单范例

序号	项目号	栋号	层数	物料名称	台车编号	规格	尺寸	数量	钢筋图形	备注
1	麓谷小镇住宅	幼儿园	1F	LHM101	T1	12	5580	4		钢筋笼
				LHM101	T1	20	6830	3	50 600 5630 600 50	脱模后弯折
				LHM101	T1	8	1760	38	250 / 550	钢筋笼
				LHM101	T1	6	400	28	250 R10 75 75	
2	麓谷小镇住宅	幼儿园	1F	LHM102	T1	12	5580	4		钢筋笼
				LHM102	T1	20	6830	2	50 300 5330 600 50 / 300 300	脱模后弯折
				LHM102	T1	8	1760	38	250 / 550	钢筋笼
				LHM102	T1	6	400	28	250 R10 75 75	
3	麓谷小镇住宅	幼儿园	1F	LHM201	T1	10	5580	2		钢筋笼
				LHM201	T1	22	6890	3	50 300 5330 600 50 / 300 300	钢筋笼
				LHM201	T1	8	1560	36	250 / 550	钢筋笼
4	麓谷小镇住宅	幼儿园	1F	LHM202	T1	10	5580	2		钢筋笼
				LHM202	T1	22	6890	3	50 300 5330 600 50 / 300 300	脱模后弯折
				LHM202	T1	8	1560	36	250 / 550	钢筋笼

3.5 PC 构件生产优化

3.5.1 首件生产

1. 首件生产筹备

首件生产，就是第一件产品的生产。对工业化 PC 生产行业来说，首件生产是非常重要的，不仅仅是对内部生产工艺的验证，还事关甲方、总包、监理对产品生产过程及生产质量的认可验收。只有得到认可，产品才能顺利销售。这个首件指的不是这个工厂的首件产品，而是每个项目每种构件的第一件产品，这个过程是常规的，因此有必要形成固定、有效的程序，认真组织每一次首件的生产。

首件生产所生产出来的产品必须符合设计要求，满足图纸、规范要求。PC 生产属于建筑行业范畴，其生产组织必然具有建筑行业特点，往往是工期相当紧张，交货批量大，前期首件生产的组织工作相当重要，必须确保首件生产的一次性成功。

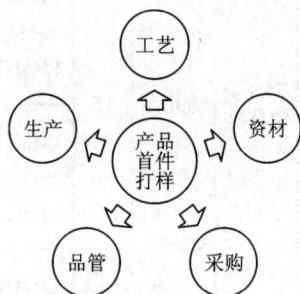

从图 3-84 首件生产部门需求可以看出，首件生产的筹备工作主要有五个方面。其中资材部门负责全盘的组织及生产的计划编排工作，其他所有部门的工作必须按其节点完成，以保证首件生产的顺利实施。具体来说，资材部门负责前期的项目信息收集整理，根据项目需求编排合适的首件生产计划、量产计划，根据量产计划及工厂的生产现状编排月度、周度生产计划以及人力需求计划，其他部门按照编排好的计划制订各自部门的准备计划。工艺部门需要根据构件图纸、需求计划及项目信息，及时设计模具、编制模具清单、编制构件物料清单、配模图、成品堆码清单、装车清单以及生产所需的工装夹具图纸清单等；资材

图 3-84　首件生产部门需求

部门按清单编制模具及生产物资采购计划；生产部门按计划做生产准备，包括人力、生产工装夹具、设备等，生产前必须召开技术交底会，由工艺主导并对员工做好必要的培训；品管部门做好相应的新项目品质控制计划，采购部门做好所有的物资保障工作。这里各部门所涉及的工作在各个内容模块都有详尽描述，此处不赘述。

2. 首件生产过程控制

一般说来，首件生产的验收包括生产组织的验收和产品质量的验收，首件验收必须合格，才能具备供货资格，因此在编排首件生产计划时应尽量提前。资材部门一般会根据供货要求至少提前十天左右来安排首件生产，这个时间的预留一是为了保障出现意外能及时弥补，二是给工厂的量产准备留出必要的时间。下面我们就按首件生产的组织过程来说明各职能部门的职责及控制要点。

首先是首件的选取。首件验收选用什么产品，一般是工厂技术部门根据供货构件类别，选取几件有代表性的构件。要求构件在结构中的受力情况具备代表性、构件类型具备代表性，选定后需要取得甲方、设计及监理的认可。

在选定构件之后，工艺部门的工作是设计模具和工装、编制模具清单及物料清单、编制

工艺文件、准备工艺交底资料，随即准备批量生产的工作，这些工作将在其他章节详细描述。在做完这些工作之后，工艺部门的主要职责由设计工作转为指导工作，一是对供应商进行模具、工装制作交底并协助指导制作；二是对生产部门进行生产工艺交底并做必要的操作培训。不论是在首件生产还是批量生产，工艺部门前期工作都是重中之重，其工作质量的好坏，不仅事关项目的顺利投产及后期生产组织的顺畅，更直接关系到公司效益，所以工艺部门的建设需重点对待。

在工艺部门的模具设计及清单编制完成之后，资材部门和采购部门要做好首件生产的保障工作，保证各项所需物资按时间节点到厂并能顺利投入使用。其间要注意项目方对使用材料的品牌材质要求，采购合适的原材料，尤其是模具采购，因为项目特性，模具采购往往工期紧、量大、加工精度要求高，要求选定的供应商必须具备相匹配的实力及相应的档期，详细制订好交货顺序及交货时间节点，并严密跟进采购计划进度。

工厂要有营收就必须销售出去合格的产品。品质部门也可以称为品质保证部门，就是为了工厂生产出合格产品而存在的。品质控制贯穿全过程，从原材料、外协模具开始，一直到构件安装完成验收。原材料品质控制依据品质管理规定执行，外协模具生产前，工艺设计及品质部门应组织技术交底，生产时，需全程跟进品质及工艺，及时提出并整改制作过程中的问题点，对首件生产的模具，品管需进行全检，并形成记录文件存档。模具初装前，工艺和品质部门需组织生产人员进行生产技术交底；开始工作时，生产装模人员进行放线、模具组装、预埋过程中进行自检，自检合格后送品管检验，品管需根据《××产品过程控制标准》中模具、预留预埋检验标准及方法进行检验并记录。新模具初装，模具尺寸、预留预埋项目要求品管做 100%检查，检查完成，有不合格项要求及时整改，检查合格后方可投入使用。

在首件生产前，工厂需知会甲方、总包及监理，如果对方要求参与首件生产过程监督，则需提前安排妥当。在首件生产过程中，品管需要对每一道工序进行检验并做好记录，检验标准依据《PC 件生产过程检验记录表》，在构件浇捣前需要做好隐蔽工程验收记录，并拍照留作影像资料；工艺部门也应全程参与，需要观察模具及工装使用情况，以及钢筋、预留预埋固定方式及效果情况，更需要观测每道工序用时用工情况，以对后面批量性生产做出改善方案。产品脱模完成后，品质部门需要对所有项目进行 100%检验，缺陷项要求返工整改，直至合格。关于隐蔽验收项目如表 3-15 所示。

表 3-15　隐蔽验收项目

类别	检查对象
构件结构性能	受力钢筋、内外页连接、钢筋保护层
构件吊装安全	吊点(吊钉、吊环、套筒)预埋
构件安装性能	连接软索、连接钢筋、装模套筒
构件使用功能	预埋窗户、保温放置、水电预埋、永久性预埋连接件、防雷扁钢

生产部门在首件生产过程中是执行部门，需全面贯彻工艺和品质技术交底要求，按计划组织生产。在生产前，一是生产资源的准备，包括线体、工具工装、原材料、人力准备；二是生产技能培训，首件生产一般挑选熟练工人，经过技术交底，对图纸要求有深刻理解。在首

件生产完成后，需要由品质部门组织设计、甲方、监理、施工方进行首件验收，验收标准参照设计图纸及规范要求。

3. 首件试生产总结

首件试生产总结是各部门对整个组织过程中发现的问题及批量生产可能发生的问题进行总结，并一一做出解决方案，在批量生产时实施并检讨实施结果。这一过程就是我们日常管理中的 PDCA 管理方法，只不过在首件试生产总结时问题会比较多，范围比较广，各部门必须严肃对待，在要求的时限前解决。

品质部门根据所有的过程检验记录及整改记录、成品检验结果，罗列品质相关问题项，不仅仅包括生产过程中各种问题，还包括模具问题，原材料质量管控问题，模具重复拆装后的形变问题，成品保护与修复问题及运输途中产品质量保证措施等。制订问题解决实施方案和批量生产时的品质控制计划。有的项目甲方监理还需要编制质量控制保证书，对方认同后才能接受供货。

工艺部门在全程跟踪生产过程后，需要检讨模具加工和装配问题、工装装配和使用问题、定位工装是否合理可靠问题、模具拆卸困难与否、再次安装定位及形变问题、工序及人力安排合理与否等。制订布模图、堆码表、装车表、构件物料清单、钢筋加工清单和图纸、半成品加工清单和图纸，用以指导批量生产组织。

资材部门在全程跟踪生产后，需要总结的是材料供应的时间节点，模具批量生产的供应节点，线体的编排，人力的编排，配送清单准确性及配送过程的检讨，批量生产达成计划，钢筋及半成品加工配送计划，成品存储规划，物流设施工装使用规划，运输线路选择，与总包敲定现场要货计划，提交要求约定，现场成品堆码方案，物流辅助工装回收义务约定事宜等。在生产前期，资材和工艺的工作质量很大程度上决定了批量生产的顺利与否，因此，前期资源投入必不可少。

采购部门在整个过程当中主要起物资保障的作用，重点工作主要集中于工装模具开发和制作进度跟进。PC 生产过程中，主要原材料基本没什么变化，只是根据项目构件图纸要求不同，预留预埋可能不一样，因此新材料开发的任务不大，除模具工装开发外，主要就是运输承运商的确定和批量材料的采购。

其他部门的工作都是为生产服务，产品生产过程才是真正的增值过程。首件生产过程中，生产要做的主要是根据资材的计划做好各项准备工作，主要有：

1）线体的准备，选择线体，需要考虑多方面的因素。首先是综合各项目供货周期，结合各线产能平衡各线的量能需求；其次是考虑线体的产品特性，保持各线生产同类产品，方便管理；最后是综合其他方面因素，如仓储、配送、发货、设备设施等。

2）物资准备，确定好线体之后，要准备好所需台车和工装，确定所需仓储场地等。

3）人员的准备，一是所需人力的准备，二是做好培训，在生产之前熟悉图纸、掌握技术品质交底内容、熟悉新材料工装的使用、了解项目生产供货压力、了解产线生产计划等。

4）其他，包括设备保养计划、各项指标制订等。

4. 首件评审

首件生产之后进行的就是首件验收。前面已经提到只有验收通过，产品才能被认可，这个验收工作在首件生产前已经约定，验收依据主要是设计图纸及建筑规范。首先就是检验首件生产的产品质量，检验项目从外观质量、外形尺寸、预留预埋质量、钢筋检验几个大项展开, 详细内容会在第 4 章讲述。首件验收完成后就是资料的准备, 包括规范资料要求和项目要求文件, 资料要求会在其他章节详细讲解, 这里不再赘述, 项目要求文件一般就是供货质量进度保证书, 从生产组织和质量控制方面工厂采取什么措施来保障项目施工需求, 总包和监理认可之后将据此对工厂的生产组织进行监督。

(1) 评审的时机。

项目导入样板房所有构件生产交付完成; 项目首层生产结束, 完成首次交付后, 对于首件生产结果和全过程, 应由品管部门组织相关方进行评审, 以会议的形式进行讨论并形成相关决议, 以便指导各部门的活动。

(2) 参与人员。

生产部门提供首件生产过程中产品技术和工艺方案执行异常状况;

品管部门组织产品首件评审; 提供首件生产相关的质量记录数据统计结果; 负责首件评审决议的监督确认, 并归档保存;

工艺部门负责因设计问题和工艺问题而导致产品质量问题的设计更改及图纸、工艺技术文件等其他归口管理工作; 生产工艺方案的优化;

其他部门需要质量部门通知参与, 协助异常的处理解决。

(3) 评审输入内容。

首件评审活动前, 相关部门需要准备相应的资料在会议中进行展示和讨论, 以便形成决策。准备资料如下:

1) 生产部门提供首件生产过程中的操作难点;

2) 品管部门提供首件生产过程中材料和产品、作业的问题点及质量检验数据;

3) 品管部门收集客户的要求和技术规范的反馈。

(4) 评审输出结果。

1) 品管部门负责在首件评审决议形成后编制相关报告, 形成书面材料下发到相关部门, 各相关部门执行相关决议;

2) 工艺部门负责针对相关问题, 制订优化方案;

3) 品管部门负责对首件评审决议的执行情况进行确认和验证, 并反馈相关结果;

4) 品管部门保存首件评审相关资料。

(5) 评审的意义。

1) 生产过程中的首件评审主要是通过总结首件生产过程的问题, 防止产品出现批量不良、返修、报废, 它是预先控制产品生产过程质量的一种手段, 是产品工序质量控制的一种重要方法, 是企业确保产品质量、提高经济效益的一种行之有效、必不可少的方法。

2) 长期实践经验证明, 首件的评审管理能及时调整工艺生产方法, 有效解决问题。通过首件检验, 可以发现诸如加工装夹具严重磨损或安装定位错误、测量仪器精度变差、看错图纸、投料或配方错误等系统性原因, 从而采取纠正或改进的措施, 以防止批次性不合格产品发生。

3.5.2 工艺优化

我国在 21 世纪后, 对于科学技术的发展尤为重视, 科学技术不仅是衡量一个国家发展水平的标准, 也是其社会经济发展的重要指标。制造工艺融合了各类不同的制造生产工艺技术，其工艺流程好坏直接决定了最终产品的质量。在当代社会科技背景下，提高制造生产工艺的优越性，改善产品的质量是目前急需研究的问题。

1. 什么是工艺优化

在竞争激烈的现代生产制造业，谁的产品质量过硬，谁就主导着市场的方向，而产品质量的好坏与生产工艺是密不可分的。我们只有苦练内功，不断地改善和完善生产工艺，才能实现产品质量的不断完善和提升。那么，工艺优化就是在原有的工艺流程的基础上，增加某种方法或者改变某种工具，使得现有的工艺更简单、更方便、更快捷，以达到提高生产效率、降低生产成本、严格控制工艺纪律的目的，即对现行工艺提升的一种操作方法。

2. 工艺优化的作用

目前，在远大住工的生产流程中，我们所讲的工艺改善主要是在工厂现有的流程中，发现不完善的工装器具、不太高效的生产方法、不简便的操作方法等。针对这些具体问题，工艺人员提出相应的可行性解决方案，以达到提高生产效率、降低生产成本的目的。

3. 工艺优化案例

以叠合楼板产能效率提升改善为例。

(1)改善方向一：最大瓶颈工序改善——钢筋绑扎外包现状描述。

1)工序工时 19.3 min/台车，拖慢整个生产节拍，严重影响产能和效率；

2)钢筋外包，人员不能很好地配合生产线前后工序作业；

3)钢筋外包，人员不能很好地服从生产安排；

4)钢筋外包，人员的产能效率无法很好地管控，并影响内部指标；

5)钢筋外包增加至 9 人作业，其中 3 人负责物料搬运，工时占比浪费大。

改善方法：

1)研究钢筋绑扎执行线外加工的方案并立即着手推行，达到生产线只给定钢筋绑扎 1~2 个台车位，10 min/台车节拍完成钢筋绑扎的效果，确保不影响产线正常生产节拍。

2)保持钢筋在线加工，工厂协助解决其人员工位作业不饱和的浪费；物流配合解决物料转运的浪费；工艺设计配备相应工装、工具解决过多移动的浪费等，使其工作节拍达到产线水平。

(2)改善方向二：稳定各工序工作节拍。

现状描述：

1)清模、打油工序作业未按流水线先进先出次序作业；

2)脱模工序工作除脱模外还包括协助预埋、堆码转运、吊板入库、托盘转运等，工作协调、安排不恰当导致生产线流动节拍延长；

3)后处理工位堵塞生产线；

4)垃圾清理、物料转运、成品入库等辅助生产工作影响正常生产。

改善方法：

1)明确工作划分、研究合理的作业配合机制；

2)脱模虽有堆码装车要求，限制了吊板顺序，但也不应过分滞后，影响到清模按次序完成；

3)搅拌站须配合保证砼料质量；增加后处理工序台车位数量，建立生产线小循环；布料人员适时分担部分工作；

4)各类生产辅助工作应尽量控制在非正常生产时间或生产异常时间处理,避免产线脱岗。

(3)改善方向三:岗位精简、人员优化、产线平衡。

现状描述:

钢筋绑扎部分人员作业饱和度不足,目前钢筋绑扎外包工序增加至 9 人作业,工时占比大,严重影响到生产线的效率,优化空间大。

改善方法:

网片绑扎实现线外加工,减少在线作业人员;用钢筋网片替代手扎网片,节省作业量,优化人员配置。

课后习题

一、填空题

1. 模具布局主要包括两大类构件,分别是_____、_____。

2. 模具设计的三大原则_____、_____、_____。

3. 模具的连接方式分为_____、_____。

4. PC 工厂资材工作的核心内容是_____。

二、简答题

1. 简述模具连接的决定因素。

2. 简述模具的加工要点。

3. 简述 PC 构件生产工艺要点。

4. 简述脱模的步骤。

第 4 章

混凝土预制构件质量控制与检验标准

4.1　材料质量控制

混凝土预制构件的组成材料是决定构件质量和使用性能的关键因素，故应对材料的质量进行严格控制，即对预制构件生产所采用的主要原材料、半成品、构配件、器具等应进行进场检验和控制。对涉及安全、节能、环境保护和主要使用功能的重要材料，应按照相关规范和设计文件的规定进行复验。

4.1.1　材料进场检验制度与流程

对进入生产场地的材料以及构配件、半成品等，按照相关标准的要求进行检验，并对其质量合格与否做出确认的过程称为材料的进场检验。主要包括外观质量检查、质量证明文件检查、抽样检验等。

1. 检验批的划分

原材料及配件应按照国家现行有关标准、设计文件及合同约定按进场批次进行进场检验。检验批划分应符合下列规定：

1）同一厂家同批次材料、配件及半成品用于生产不同工程的预制构件时，可统一划分检验批；

2）获得认证的或来源稳定且连续三批均一次检验合格的原材料及配件，进场检验时检验批的容量可按有关规定扩大一倍，且检验批容量仅可扩大一倍。扩大检验批后的检验中出现不合格情况时，应按扩大前的检验批容量重新验收，且该原材料或配件不得再次扩大检验批容量。

2. 钢筋

钢筋进场时，应全数检查外观质量，并应按国家现行有关标准的规定抽取试件做屈服强度、抗拉强度、伸长率、弯曲性能和重量偏差检验，检验结果应符合相关标准的规定，检查数量应按进场批次和产品的抽样检验方案确定。

成型钢筋进厂检验应符合下列规定：

1）同一厂家、同一类型且同一钢筋来源的成型钢筋，不超过 30 t 为一批，每批中每种钢筋牌号、规格均应至少抽取 1 个钢筋试件，单批抽取试件总数不应少于 3 个，进行屈服强度、

抗拉强度、伸长率、外观质量、尺寸偏差和重量偏差检验,检验结果应符合国家现行有关标准的规定;

2)对由热轧钢筋组成的成型钢筋,当有企业或监理单位的代表驻厂监督加工过程并能提供原材料力学性能检验报告时,可仅进行重量偏差检验;

3)成型钢筋尺寸允许偏差应符合《装配式混凝土建筑技术标准》(GB/T 51231—2016)第9.4.3条的规定。

预应力筋进场时,应全数检查外观质量,并应按国家现行相关标准的规定抽取试件做抗拉强度、伸长率检验,其检验结果应符合相关标准的规定,检查数量应按进场的批次和产品的抽样检验方案确定。

预应力筋锚具、夹具和连接器进场检验应符合下列规定:

1)同一厂家、同一型号、同一规格且同一批号的锚具不超过2000套为一批,夹具和连接器不超过500套为一批;

2)每批随机抽取2%的锚具(夹具或连接器)且不少于10套进行外观质量和尺寸偏差检验,每批随机抽取3%的锚具(夹具或连接器)且不少于5套,对有硬度要求的零件进行硬度检验,经上述两项检验合格后,应从同批锚具中随机抽取6套锚具(夹具或连接器)组成3个预应力锚具组装件,进行静载锚固性能试验;

3)对于锚具用量较少的一般工程,如锚具供应商提供了有效的锚具静载锚固性能试验合格的证明文件,可仅进行外观检查和硬度检验;

4)检验结果应符合现行行业标准《预应力筋用锚具、夹具和连接器应用技术规程》(JGJ 85)的有关规定。

3. 水泥

水泥进场检验应符合下列规定:

1)同一厂家、同一品种、同一代号、同一强度等级且连续进场的硅酸盐水泥,袋装水泥不超过200 t为一批,散装水泥不超过500 t为一批,按批抽取试样进行水泥强度、安定性和凝结时间检验,设计有其他要求时,尚应对相应的性能进行试验,检验结果应符合现行国家标准《通用硅酸盐水泥》(GB 175)的有关规定;

2)同一厂家、同一强度等级、同白度且连续进场的白色硅酸盐水泥,不超过50 t为一批;按批抽取试样进行水泥强度、安定性和凝结时间检验,设计有其他要求时,尚应对相应的性能进行试验,检验结果应符合国家现行标准《白色硅酸盐水泥》(GB/T 2015)的有关规定。

4. 矿物掺合料

矿物掺合料进场检验应符合下列规定:

1)同一厂家、同一品种、同一技术指标的矿物掺合料,粉煤灰和粒化高炉矿渣粉不超过200 t为一批,硅灰不超过30 t为一批;

2)按批抽取试样进行细度(比表面积)、需水量比(流动度比)和烧失量(活性指数)试验,设计有其他要求时,尚应对相应的性能进行试验,检验结果应分别符合现行国家标准《用于水泥和混凝土中的粉煤灰》(GB/T 1596)、《用于水泥和混凝土中的粒化高炉矿渣粉》(GB/T 18046)和《砂浆和混凝土用硅灰》(GB/T 27690)的有关规定。

5. 减水剂

减水剂进场检验应符合下列规定:

1)同一厂家、同一品种的减水剂,掺量大于1%(含1%)的产品不超过100 t为一批,掺量小于1%的产品不超过50 t为一批;

2)按批抽取试样进行减水率、1 d抗压强度比、固体含量、含水率、pH和密度试验;

3)检验结果应符合国家现行标准《混凝土外加剂》(GB 8076)、《混凝土外加剂应用技术规范》(GB 50119)和《聚羧酸系高性能减水剂》(JG/T 223)的有关规定。

6. 骨料

骨料进场检验应符合下列规定:

1)同一厂家(产地)且同一规格的骨料,不超过400 m³或600 t为一批;

2)天然细骨料按批抽取试样进行颗粒级配、细度模数、含泥量和泥块含量试验;机制砂和混合砂应进行石粉含量(含亚甲蓝)试验;再生细骨料还应进行微粉含量、再生胶砂需水量比和表观密度试验;

3)天然粗骨料按批抽取试样进行颗粒级配、含泥量、泥块含量和针片状颗粒含量试验,压碎指标可根据工程需要进行检验;再生粗骨料应增加微粉含量、吸水率、压碎指标和表观密度试验;

4)检验结果应符合国家现行标准《普通混凝土用砂、石质量及检验方法标准》(JGJ 52)、《混凝土用再生粗骨料》(GB/T 25177)和《混凝土和砂浆用再生细骨料》(GB/T 25176)的有关规定。

轻集料进场检验应符合下列规定:

1)同一类别、同一规格且同密度等级,不超过200 m³为一批;

2)轻细集料按批抽取试样进行细度模数和堆积密度试验,高强轻细集料还应进行强度标号试验;

3)轻粗集料按批抽取试样进行颗粒级配、堆积密度、粒形系数、压缩强度和吸水率试验,高强轻粗集料还应进行强度标号试验;

4)检验结果应符合国家现行标准《轻集料及其试验方法 第1部分:轻集料》(GB/T 17431.1)的有关规定。

7. 水

混凝土拌制及养护用水应符合现行行业标准《混凝土用水标准》(JGJ 63)的有关规定,并应符合下列规定:

1)采用饮用水时,可不检验;

2)采用中水、搅拌站清洗水或回收水时,应对其成分进行检验,同一水源每年至少检验一次。

8. 纤维

钢纤维和有机合成纤维应符合设计要求,进场检验应符合下列规定:

1)用于同一工程的相同品种且相同规格的钢纤维,不超过20 t为一批,按批抽取试样进行抗拉强度、弯折性能、尺寸偏差和杂质含量试验;

2)用于同一工程的相同品种且相同规格的合成纤维,不超过50 t为一批,按批抽取试样进行纤维抗拉强度、初始模量、断裂伸长率、耐碱性能、分散性相对误差和混凝土抗压强度比试验,增韧纤维还应进行韧性指数和抗冲击次数比试验;

3)检验结果应符合现行行业标准《纤维混凝土应用技术规程》(JGJ/T 221)的有关规定。

9. 脱模剂

脱模剂应符合下列规定：

1）脱模剂应无毒、无刺激性气味，不影响混凝土性能和预制构件表面装饰效果；

2）脱模剂应按照使用品种，选用前及正常使用后每年进行一次匀质性和施工性能试验；

3）检验结果应符合现行行业标准《混凝土制品用脱模剂》（JC/T 949）的有关规定。

10. 保温材料

保温材料进场检验应符合下列规定：

1）同一厂家、同一品种且同一规格，不超过 5000 m² 为一批；

2）按批抽取试样进行导热系数、密度、压缩强度、吸水率和燃烧性能试验；

3）检验结果应符合设计要求和国家现行相关标准。

11. 预埋吊件

预埋吊件进场检验应符合下列规定：

1）同一厂家、同一类别、同一规格预埋吊件，不超过 10000 件为一批；

2）按批抽取试样进行外观尺寸、材料性能、抗拉拔性能等试验；

3）检验结果应符合设计要求。

12. 拉结件

内外叶墙体拉结件进场检验应符合下列规定：

1）同一厂家、同一类别、同一规格产品，不超过 10000 件为一批；

2）按批抽取试样进行外观尺寸、材料性能、力学性能检验，检验结果应符合设计要求。

13. 灌浆套筒和灌浆料

灌浆套筒和灌浆料进场检验应符合现行行业标准《钢筋套筒灌浆连接应用技术规程》（JCJ 355）的有关规定。

14. 钢筋浆锚连接用镀锌金属波纹管

钢筋浆锚连接用镀锌金属波纹管进场检验应符合下列规定：

1）应全数检查外观质量，其外观应清洁，内外表面应无锈蚀、油污、附着物、孔洞，不应有不规则褶皱，咬口应无开裂、脱扣；

2）应进行径向刚度和抗渗漏性能检验，检查数量应按进场的批次和产品的抽样检验方案确定；

3）检验结果应符合现行行业标准《预应力混凝土用金属波纹管》（JC 225）的规定。

4.1.2　主材验收标准

1. 水泥

水泥进场应提供检验报告，检验报告内容应包括出厂检验项目、细度、混合材料品种和掺加量、石膏和助磨剂的品种及掺加量、属旋窑或立窑生产及合同约定的其他技术要求。供应商应在水泥发出之日起 7 d 内寄发除 28 d 强度以外的各项检验结果，32 d 内补报 28 d 强度的检验结果。

对水泥进行抽样复检，检验方法应符合以下要求：

1）水泥的标准稠度用水量、凝结时间和安定性应按 GB/T 1346 进行检验。

2）水泥强度按 GB/T 17671 进行试验。火山灰质硅酸盐水泥、粉煤灰硅酸盐水泥、复合硅酸盐水泥和掺火山灰质混合材料的普通硅酸盐水泥在进行胶砂强度检验时，其用水量按 0.50 水灰比和胶砂流动度不小于 180 mm 来确定。当流动度小于 180 mm 时，应以 0.01 的整倍数递增的方法将水灰比调整至胶砂流动度不小于 180 mm。胶砂流动度试验按 GB/2419 进行，其中胶砂制备按 GB/T 17671 规定进行。

3）水泥的比表面积按 GB/T 8074 进行试验。

4）水泥的 80 μm 和 45 μm 筛余按 GB/T 1345 进行试验。

对水泥进行抽样复检，检验结果应满足以下要求：

1）硅酸盐水泥的初凝时间不小于 45 min，终凝时间不大于 390 min；普通硅酸盐水泥、矿渣硅酸盐水泥、火山灰质硅酸盐水泥、粉煤灰硅酸盐水泥和复合硅酸盐水泥的初凝时间不小于 45 min，终凝时间不大于 600 min；

2）安定性经沸煮法检验合格；

3）不同品种不同强度等级的通用硅酸盐水泥，其不同龄期的强度应符合表 4-1 的要求。

表 4-1　水泥的强度要求

品种	强度等级	抗压强度/MPa		抗折强度/MPa	
		3 d	28 d	3 d	28 d
硅酸盐水泥	42.5	≥17.0	≥42.5	≥3.5	≥6.5
	42.5R	≥22.0		≥4.0	
	52.5	≥23.0	≥52.5	≥4.0	≥7.0
	52.5R	≥27.0		≥5.0	
	62.5	≥28.0	≥62.5	≥5.0	≥8.0
	62.5R	≥32.0		≥5.5	
普通硅酸盐水泥	42.5	≥17.0	≥42.5	≥3.5	≥6.5
	42.5R	≥22.0	≥42.5	≥4.0	
	52.5	≥23.0	≥52.5	≥4.0	≥7.0
	52.5R	≥27.0	≥52.5	≥5.0	
矿渣硅酸盐水泥 火山灰硅酸盐水泥 粉煤灰硅酸盐水泥 复合硅酸盐水泥	32.5	≥10.0	≥32.5	≥2.5	≥5.5
	32.5R	≥15.0		≥3.5	
	42.5	≥15.0	≥42.5	≥3.5	≥6.5
	42.5R	≥19.0		≥4.0	
	52.5	≥21.0	≥52.5	≥4.0	≥7.0
	52.5R	≥23.0		≥4.5	

4）水泥的细度为选择性指标。硅酸盐水泥和普通硅酸盐水泥的细度用比表面积表示，其比表面积不小于 300 m^2/kg；矿渣硅酸盐水泥、火山灰质硅酸盐水泥、粉煤灰硅酸盐水泥和复合硅酸盐水泥的细度以筛余表示，其 80 μm 方孔筛筛余不大于 10% 或 45 μm 方孔筛筛余不大

于 30%。

2. 粉煤灰

粉煤灰进场应提供检验报告,检验报告内容应包括出厂编号、出厂检验项目、分类、等级等。供应商应在粉煤灰发出之日起 7 d 内寄发除强度活性指数以外的各项检验结果,32 d 内补报强度活性指数检验结果。

对粉煤灰进行抽样检验,粉煤灰的理化性能应符合表 4-2 的要求。

表 4-2　粉煤灰理化性能要求

项目		理化性能要求			检验方法
		Ⅰ级	Ⅱ级	Ⅲ级	
细度(45 μm 方孔筛筛余)/%	F 类粉煤灰	≤12.0	≤30.0	≤45.0	GB/T 1346
	C 类粉煤灰				
需水量比/%	F 类粉煤灰	≤95	≤105	≤115	GB/T 1596 附录 A
	C 类粉煤灰				
烧失量(Loss)/%	F 类粉煤灰	≤5.0	≤8.0	≤10.0	GB/T 176
	C 类粉煤灰				
含水量/%	F 类粉煤灰	≤1.0			GB/T 1596 附录 B
	C 类粉煤灰				
三氧化硫(SO_3)质量分数/%	F 类粉煤灰	≤3.0			GB/T 176
	C 类粉煤灰				
游离氧化钙($f\text{-}CaO$)质量分数/%	F 类粉煤灰	≤1.0			GB/T 176
	C 类粉煤灰	≤4.0			
二氧化硅、三氧化二铝和三氧化二铁总质量分数/%	F 类粉煤灰	≥70.0			GB/T 176
	C 类粉煤灰	≥50.0			
密度/($g \cdot cm^{-3}$)	F 类粉煤灰	≤2.6			GB/T 208
	C 类粉煤灰				
安定性(雷氏法)/mm	C 类粉煤灰	≤5.0			GB/T 1596 3.3 GB/T 1346
强度活性指数/%	F 类粉煤灰	≥70.0			GB/T 1596 附录 C
	C 类粉煤灰				

3. 混凝土用砂

砂的粗细程度按细度模数 μ_f 分为粗、中、细、特细四级,其范围应符合下列规定:

粗砂: μ_f = 3.7~3.1

中砂: μ_f = 3.0~2.3

细砂: μ_f = 2.2~1.6

特细砂：$\mu_f = 1.5 \sim 0.7$

除特细砂外，砂的颗粒级配可按公称直径 630 μm 筛孔的累计筛余量（以质量百分率计，下同），分成三个区（表4-3），且砂的颗粒级配应处于表中的某一区内。

砂的实际颗粒级配与表4-3中的累计筛余相比，除公称粒径为 5.00 mm 和 630 μm（表4-3）的累计筛余外，其余公称粒径的累计筛余可稍超出分界线，但总超出量不应大于5%。

当天然砂的实际颗粒级配不符合要求时，宜采用相应的技术措施，经试验证明能确保混凝土质量后，方允许使用。

表4-3　砂颗粒级配区

公称粒径	Ⅰ区	Ⅱ区	Ⅲ区
5.00 mm	10~0	10~0	10~0
2.50 mm	35~5	25~0	15~0
1.25 mm	65~35	50~10	25~0
630 μm	85~71	70~41	40~16
315 μm	95~80	92~70	85~55
160 μm	100~90	100~90	100~90

天然砂中含泥量应符合表4-4的规定。

表4-4　天然砂中含泥量

混凝土强度等级	≥C60	C55~C30	≤C25
含泥量（按质量计,%）	≤2.0	≤3.0	≤5.0

砂中泥块含量应符合表4-5的规定。

表4-5　砂中泥块含量

混凝土强度等级	≥C60	C55~C30	≤C25
泥块含量（按质量计, %）	≤0.5	≤1.0	≤2.0

人工砂或混合砂中石粉含量应符合表4-6的规定。

表 4-6　人工砂或混合砂中石粉含量

混凝土强度等级		≥C60	C55～C30	≤C25
石粉含量/%	MB<1.4(合格)	≤5.0	≤7.0	≤10.0
	MB≥1.4(不合格)	≤2.0	≤3.0	≤5.0

砂的坚固性应采用硫酸钠溶液检验，试样经 5 次循环后，其质量损失应符合表 4-7 的规定。

表 4-7　砂的坚固性指标

混凝土所处的环境条件及其性能要求	5 次循环后的质量损失/%
在严寒及寒冷地区室外使用并经常处于潮湿或干湿交替状态下的混凝土；有抗疲劳、耐磨、抗冲击要求的混凝土；有腐蚀介质作用或经常处于水位变化的地下结构混凝土	≤8
其他条件下使用的混凝土	≤10

人工砂的总压碎值指标应小于 30%。

当砂中含有云母、轻物质、有机物、硫化物及硫酸盐等有害物质时，其含量应符合表 4-8 的规定。

表 4-8　砂中含有害物质含量

项目	质量指标
云母含量(按质量计,%)	≤2.0
轻物质含量(按质量计,%)	≤1.0
硫化物及硫酸盐含量 (折算成 SO_3 按质量计,%)	≤1.0
有机物含量(用比色法试验)	颜色不应深于标准色。当颜色深于标准色时，应按水泥胶砂强度试验方法进行强度对比试验，抗压强度比不应低于 0.95

对于有抗冻、抗渗要求的混凝土用砂，其云母含量不应大于 1.0%。

当砂中含有颗粒状的硫酸盐或硫化物杂质时，应进行专门检验，确认能满足混凝土耐久性要求后，方可采用。

对于长期处于潮湿环境的重要混凝土结构用砂，应采用砂浆棒(快速法)或砂浆长度法进行骨料的碱活性检验。经上述检验判断为有潜在危害时，应控制混凝土中的碱含量不超过 3 kg/m^3，或采用能抑制碱-骨料反应的有效措施。

砂中氯离子含量应符合下列规定：

对于钢筋混凝土用砂，其氯离子含量不得大于 0.06%(以干砂的质量百分率计)；

对于预应力混凝土用砂，其氯离子含量不得大于 0.02%(以干砂的质量百分率计)。

海砂中贝壳含量应符合表4-9的规定。

表4-9　海砂中贝壳含量

混凝土强度等级	≥C40	C35~C30	≤C25
贝壳含量(按质量计,%)	≤3	≤5	≤8

对于有抗冻、抗渗或其他特殊要求的小于或等于C25混凝土用砂,其贝壳含量不应大于5%。

4. 混凝土用石

碎石或卵石的颗粒级配应符合表4-10的要求。混凝土用石应采用连续粒级。

单粒级宜用于组合成满足要求的连续粒级,也可与连续粒级混合使用,以改善其级配或配成较大粒度的连续粒级。

当卵石的颗粒级配不符合表4-10的要求时,应采取措施,经试验证实能确保工程质量后,方允许使用。

表4-10　碎石或卵石的颗粒级配范围

级配情况	公称粒级	累计筛余(按质量/%)											
		方孔筛筛孔边长尺寸/mm											
		2.36	4.75	9.5	16.0	19.0	26.5	31.5	37.5	53	63	75	90
连续粒级	5~10	95~100	80~100	0~15	0	—	—	—	—	—	—	—	—
	5~16	95~100	85~100	30~60	0~10	0	—	—	—	—	—	—	—
	5~20	95~100	90~100	40~80	—	0~10	0	—	—	—	—	—	—
	5~25	95~100	90~100	—	30~70	—	0~5	0	—	—	—	—	—
	5~31.5	95~100	90~100	70~90	—	15~45	—	0~5	0	—	—	—	—
	5~40	—	95~100	70~90	—	30~65	—	—	0~5	0	—	—	—
单粒级	10~20	—	95~100	85~100	—	0~15	0	—	—	—	—	—	—
	16~31.5	—	95~100	—	85~100	—	—	0~10	0	—	—	—	—
	20~40	—	—	95~100	—	80~100	—	—	0~10	0	—	—	—
	31.5~63	—	—	—	95~100	—	—	75~100	45~75	—	0~10	0	—
	40~80	—	—	—	—	95~100	—	—	70~100	—	30~60	0~10	0

碎石或卵石中针、片状颗粒含量应符合表 4-11 的规定。

表 4-11　针、片状颗粒含量

混凝土强度等级	≥C60	C55~C30	≤C25
针、片状颗粒含量(按质量计,%)	≤8	≤15	≤25

碎石或卵石中含泥量应符合表 4-12 的规定。

表 4-12　含泥量

混凝土强度等级	≥C60	C55~C30	≤C25
含泥量(按质量计,%)	≤0.5	≤1.0	≤2.0

对于有抗冻、抗渗或其他特殊要求的混凝土,其所用碎石或卵石中含泥量不应大于 1.0%。当碎石或卵石的含泥量是非黏土质的石粉时,其含泥量可由表 4-12 的 0.5%、1.0%、2.0%,分别提高到 1.0%、1.5%、3.0%。

碎石或卵石中泥块含量应符合表 4-13 的规定。

表 4-13　泥块含量

混凝土强度等级	≥C60	C55~C30	≤C25
泥块含量(按质量计,%)	≤0.2	≤0.5	≤0.7

对于有抗冻、抗渗或其他特殊要求的强度小于 C30 的混凝土,其所用碎石或卵石中含泥量不应大于 0.5%。

碎石的强度可用岩石的抗压强度和碎石压碎值指标表示。岩石的抗压强度应比所配制的混凝土强度至少高 20%。当混凝土强度等级大于或等于 C60 时,应进行岩石抗压强度检验。岩石抗压强度先由生产单位提供,工程中可采用压碎值指标进行质量控制。碎石的压碎值指标宜符合表 4-14 的规定,卵石的压碎值指标宜符合表 4-15 的规定。

表 4-14　碎石的压碎值指标

岩石品种	混凝土强度等级	碎石压碎值指标/%
沉积岩	C60~C40	≤10
	≤35	≤16
变质岩或深成的火成岩	C60~C40	≤12
	≤35	≤20
喷出的火成岩	C60~C40	≤13
	≤35	≤30

注：沉积岩包括石灰岩、砂岩；变质岩包括片麻岩、石英岩等；深成的火成岩包括花岗岩、正长岩、闪长岩和橄榄岩等；喷出的火成岩包括玄武岩和辉绿岩等。

表 4-15   卵石的压碎值指标

混凝土强度等级	C60~C40	≤C35
压碎值指标/%	≤12	≤16

碎石或卵石的坚固性应用硫酸钠溶液法，试样经 5 次循环后，其质量损失应符合表 4-16 的规定。

表 4-16   碎石或卵石的坚固性

混凝土所处的环境条件及其性能要求	5 次循环后的质量损失/%
在严寒及寒冷地区室外使用并经常处于潮湿或干湿交替状态下的混凝土；有腐蚀介质作用或经常处于水位变化的地下结构混凝土；有抗疲劳、耐磨、抗冲击要求的混凝土	≤8
在其他条件下使用的混凝土	≤12

碎石或卵石中的硫化物或硫酸盐含量以及卵石中有机物等有害物质含量，应符合表 4-17 的规定。

表 4-17   碎石或卵石中的有害物质含量

项目	质量要求
硫化物及硫酸盐含量(折算成 SO_3 按质量计,%)	≤1.0
卵石中有机物含量(比色法试验)	颜色不应深于标准色。当颜色深于标准色时，应配制混凝土进行强度对比试验，抗压强度比不应低于 0.95

当碎石或卵石中含有颗粒状硫酸盐或硫化物杂质时，应进行专门检验，确认能满足混凝土耐久性要求后方可采用。

5. 外加剂

外加剂进场时应提供产品合格证、检验报告等技术文件，技术文件的内容应包括：产品名称及型号、出厂日期、特性及主要成分、适用范围及推荐掺量、外加剂总碱量、氯离子含量、安全防护提示、储存条件及有效期等。

对外加剂进行抽样检验，外加剂的各项性能应符合表 4-18 的要求。

表 4-18　外加剂性能要求

检验项目		质量要求								检验方法
		高性能减水剂			引气减水剂	泵送剂	早强剂	缓凝剂	引气剂	
		早强型	标准型	缓凝型						
减水率/%，≥		25	25	25	10	12	—	—	6	GB 8076—2008
泌水率比/%，≤		50	60	70	70	70	100	100	70	
含气量/%		≤6.0	≤6.0	≤6.0	≥3.0	≤5.5	—	—	≥3.0	
凝结时间之差/min	初凝	−90~+90	−90~+120	>+90	−90~+120		−90~+90	−90~+90	−90~+120	
	终凝			—						
1 h 经时变化量	坍落度/mm	—	≤80	≤60	—	≤80			—	
	含气量/%				−1.5~+1.5				−1.5~+1.5	
抗压强度比/%，≥	1 d	180	170	—	—	—	135	—	—	
	3 d	170	160	—	115	—	130	—	95	
	7 d	145	150	140	110	115	110	100	95	
	28 d	130	140	130	100	110	100	100	90	
收缩率比/%，≤	28 d	110	110	110	135	135	135	135	135	
相对耐久性（200 次）/%，≥		—	—	—	80	—	—	—	80	
含固量/%		$S>25\%$ 时，应控制为 $0.95S\sim1.05S$；$S\leqslant25\%$ 时，应控制为 $0.90S\sim1.10S$								GB/T 8077—2012
含水率/%		$W>5\%$ 时，应控制为 $0.90W\sim1.10W$；$W\leqslant5\%$ 时，应控制为 $0.80W\sim1.20W$								
密度/（g·cm⁻³）		$D>1.1$ 时，应控制在 $D\pm0.03$；$D\leqslant1.1$ 时，应控制在 $D\pm0.02$								
细度		应在生产厂控制范围内								
pH		应在生产厂控制范围内								
硫酸钠含量/%		不超过生产厂控制值								
氯离子含量/%		不超过生产厂控制值								
总碱量/%		不超过生产厂控制值								

6. 热轧带肋钢筋

每批钢筋进场时应提供证明该批钢筋符合标准要求和订货合同的质量证明书。

钢筋表面应无有害的表面缺陷(有害缺陷指除锈皮、表面不平整和氧化铁皮以外影响拉伸性能和弯曲性能的缺陷)。

对钢筋进行抽样检验,钢筋的重量偏差应符合表 4-19 的要求。

表 4-19　热轧带肋钢筋的重量偏差

公称直径/mm	实际重量与理论重量的偏差/%	检验方法
6~12	±6.0	
14~20	±5.0	GB 1499.2 第 8.4 条
22~50	±4.0	

钢筋的力学性能应符合表 4-20 的要求。

表 4-20　热轧带肋钢筋的力学性能

牌号	下屈服强度 R_{eL}/MPa	抗拉强度 R_m/MPa	断后伸长率 A/%	最大力总伸长率 A_{gt}/%	R_m^o/R_{eL}^o	R_{eL}^o/R_{eL}
			不小于			不大于
HRB400 HRBF400	400	540	16	7.5	—	—
HRB400E HRBF400E			—	9.0	1.25	1.30
HRB500 HRBF500	500	630	15	7.5	—	—
HRB500E HRBF500E			—	9.0	1.25	1.30
HRB600	600	730	14	7.5	—	—

注: R_m^o 为钢筋实测抗拉强度; R_{eL}^o 为钢筋实测下屈服强度。

公称直径为 28~40 mm 的各牌号钢筋的断后伸长率可降低 1%;公称直径大于 40 mm,各牌号钢筋的断后伸长率可降低 2%。

钢筋应进行弯曲试验,按表 4-21 规定的弯曲压头直径弯曲 180° 后,钢筋受弯曲部位表面不得产生裂纹。

表 4-21　热轧带肋钢筋弯曲试验压头直径

牌号	公称直径 d	弯曲压头直径
HRB400 HRBF400 HRB400E HRBF400E	6~25	4d
	28~40	5d
	>40~50	6d
HRB500 HRBF500 HRB500E HRBF500E	6~25	6d
	28~40	7d
	>40~50	8d

续表 4-21

	公称直径 d	弯曲压头直径
	$6 \sim 25$	$6d$
HRB600	$28 \sim 40$	$7d$
	$>40 \sim 50$	$8d$

对牌号带 E 的钢筋应进行反向弯曲试验。经反向弯曲试验后，钢筋受弯曲部位表面不得产生裂纹。

4.2　生产质量控制

4.2.1　质量管控总流程

产品的质量是一个企业的灵魂，关系到企业的信誉及发展。广义的质量包含产品的质量和过程的质量，而产品又是过程的结果，故而想要获得高质量的产品，必然要在全企业对产品从设计开发到交付使用的全过程进行有效监控。生产质量控制主要是企业内部的生产现场管理，是为使产品或服务达到质量要求而采取的技术措施和管理措施方面的活动。图 4-1 是一般 PC 生产企业的质量管控总流程图，图中列出了主要部门各阶段的质量职责。

生产质量管控过程可分为三个阶段——前期品质管控阶段、过程控制阶段、出货控制阶段。

前期品质管控阶段中，产品设计定型后，如果有涉及新物料导入的，由设计部门将相关设计要求告知采购部门，由采购主导新供应商新物料的评审，设计以及平台质量(QA)共同参与新物料的评审。工厂品管在前期控制阶段中主要负责辅料、加工件的检验以及模具初装检验和首件检验的确认。实验室负责主材检验和混凝土设计，混凝土设计主要是由实验室根据不同项目、不同工厂地域温湿度差异、不同工厂地域材料差异等提前做好混凝土配合比库。工艺部门负责督导模具加工以及相关的工艺验证。生产部门负责生产组织，包括厂房、人员、设备等的准备以及模具初装的自检，在此过程中涉及的产品质量标准，统一由平台质量制订并且督导工厂执行。

过程控制阶段的重点则在工厂端。工厂品质部门首先应对作业人员进行管控，这里主要是品质关键控制点的生产操作人员进行定岗定位管控，而后是原材料加工控制(主要是钢筋加工的质量控制)以及过程检验、成品检验、入库检验的控制。生产过程中出现的混凝土品质异常则由实验室负责。工艺部门在过程控制中主要负责工艺改善的部分。生产部门则主要做好过程标准执行以及过程、成品自检。

出货控制阶段，生产部门需要做到产品出厂前的自检，品质部负责产品出厂的追踪检验以及产品出货后的客户投诉跟踪、分析、协调等。在过程和出货控制阶段，平台质量会以季度评价的形式参与过程监察和出货监察。

质量管控总流程图

	设计	采购	平台质量	工厂品管	工厂实验室	工厂工艺	工厂生产
前期品质管控	产品设计定型 / 新物料评审	新供应商新物料评审 / 物料采购	质量策划 / 新物料评审 / 制订标准督导执行	辅料加工件检验 / 装模/首件确认	主材检验 / 混凝土设计	督导模具加工 / 工艺验证	生产组织 / 装模自检
过程控制			过程监察	作业人员管控 / 原材料加工控制 / 过程检验及控制 / 成品检验及入库控制	混凝土品质控制	工艺执行改善	工艺标准执行 / 过程自检 / 成品自检
出货控制			出货监察	出货控制 / 出货跟踪客诉协调	产品质量证明文件		出货自检

注：生产包括工厂生产部门及委外生产单位。

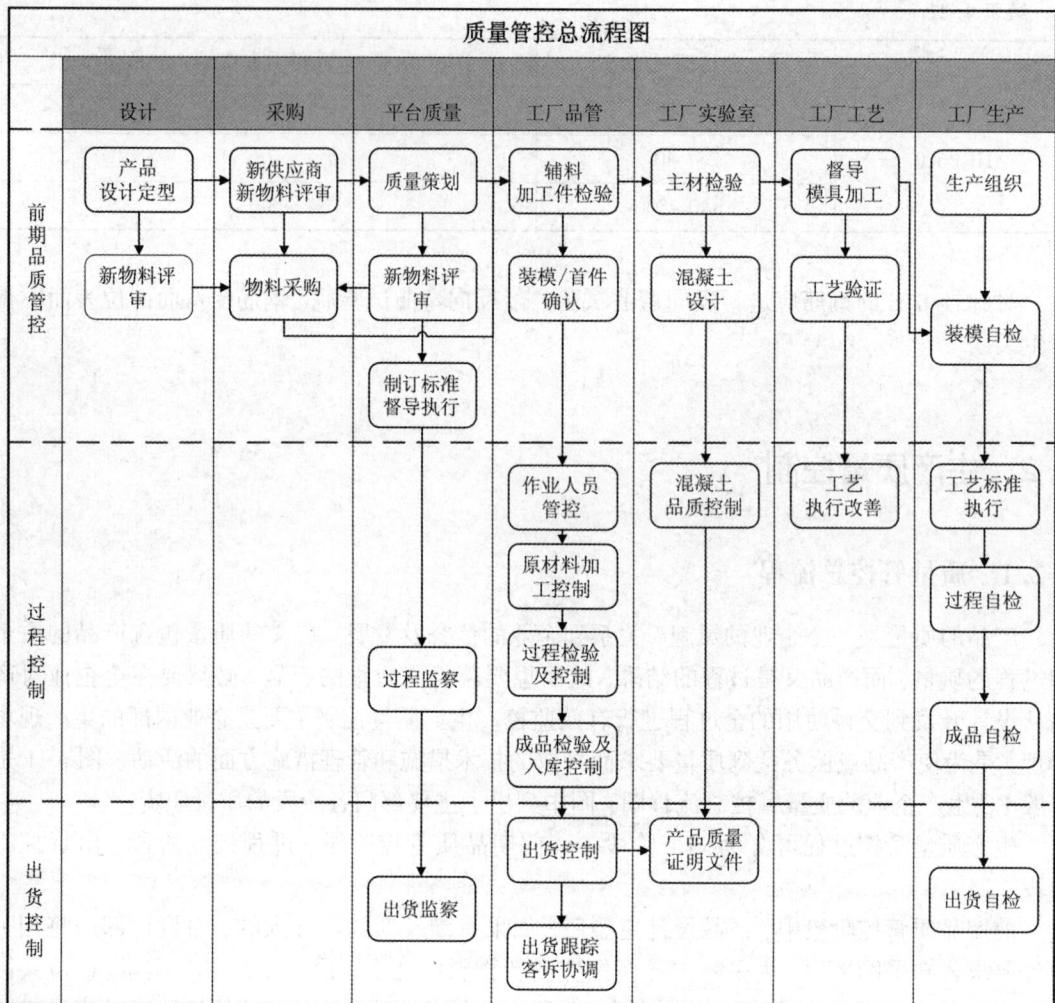

图4-1　质量管控总流程图

4.2.2　质量管控规定

1）应明确与产品实现相关部门的质量职责，关键工序必须责任到人。

2）对原材料进厂、部件加工、产品生产、发货及售后应制订相关规定。

3）所有质量活动应形成记录，并规范其保存形式。

4）工厂应定期或不定期地开展质量统计、分析、检讨和改善。

5）参与产品实现的相关单位、部门、人员（包括小微商），必须遵守质量相关的制度、标准。

6）质量管理实行逐级监督管理，通过对质量管理的执行及产成品实施实测实量检查制度，验证质量管理结果，验证与评价应制订标准及考核制度。

7）对有影响产品结构安全、使用功能以及安装安全的产品及行为实行零容忍管理。

8）为了保证质量系统及各项质量管理制度的有效执行，应制订相应的激励制度，并坚决执行。

4.2.3　相关部门质量职责

1. 厂长

1）贯彻公司质量方针和质量目标；

2）主导工厂内质量目标实现的规划并监督执行，对质量目标的实现承担主要责任；

3）监督工厂内质量管理与质量体系运作情况；

4）定期主导或参与品质培训及品质周例会，提高工厂全员品质意识；

5）参与重大品质异常的协助处理；

6）参与工厂的品质改善。

2. 生产管理部

1）负责执行并达成工厂质量管理目标；

2）负责安全生产，并进行全过程安全控制；

3）负责营造全员品质管理氛围，提高全员安全、品质意识，持续改善品质；

4）定期参加品管部质量周、月例会；

5）重大质量异常及项目投诉的处理；

6）严格按工艺要求进行产线作业；

7）执行质量标准；

8）质量异常的反馈、协调处理。

3. 品管部

1）负责监督并达成工厂质量管理目标；

2）工厂内部质量管理日常运作与管控，严格执行质量标准；

3）主导解决工厂内部品质异常及跟进；

4）定期组织并召开品质培训及品质周例会，提高工厂全员品质意识，全面推行质量管理工作；

5）协调工厂与项目工地品质异常及处理；

6）主导工厂内品质改善的推动。

4. 工艺部

1）贯彻与实施公司工艺标准；

2）生产工艺的改善、异常反馈；

3）新工艺、新技术的实施与反馈；

4）协助工厂质量改善、提升。

5. 实验室

1）落实并执行制度文件及技术标准；

2）原材料、半成品和成品的混凝土相关的质量检测和控制；

3）协助工厂产品质量改善、提升；

4）主导产品质量合格证和质量证明文件的编制。

6. 资材部

1）监督下单材料的规格、质量；

2）负责生产计划下达的准确性；

3）负责产品出货的准确性，确认运输产品防护执行情况。

7. 采购部

1）对采购物料的质量进行监督；

2）负责协调来料质量异常的处理。

8. 外协质量职责

1）严格按工艺要求进行产线作业；

2）执行质量管理规定及产品标准；

3）质量异常的反馈、协调处理。

9. 操作者质量职责

1）严格执行质量标准，按工艺要求进行作业；

2）按标准要求操作设备，安全生产，定期对设备进行保养；

3）自检、互检产品过程质量，并做好产品质量记录；

4）质量异常的反馈、协助处理。

4.2.4　新项目品质管控要求

1. 新项目质量管控流程

通过对新项目品质进行有效策划、验证，以提高新项目的质量保证能力，满足客户需求。新项目质量管控流程同样分三个阶段——筹备控制阶段、量产品质管控阶段、出货控制阶段，如图4-2所示。

筹备控制阶段，市场部接到项目订单，将项目及合同信息传递给设计部，外部设计院根据项目要求设计项目蓝图，内部设计院根据项目蓝图进行深化设计，主要是建筑结构、水电设计等。这里有第一层的技术交底，由设计部向工艺部（技术中心）进行产品技术交底，包括图纸、产品特殊要求、安装节点、质量要求等方面的内容。工艺部门则根据PC构件图进行相关工艺方案设计，输出模具图、布模图、钢筋加工图、钢筋笼绑扎图、网片余料拼接图、成品堆码装车运输方案等。而后进行第二层的技术交底，由生产工艺对生产部门、品质部门等进行技术交底，这里主要包括生产方案的内容。采购部门负责物料选型以及采购计划的拟订、采购执行等。针对新项目，工厂端品质部门应针对材料、人员、过程工艺方法、产品交付等制订新项目品质管控方案，并形成新项目质量管控表。

新项目的生产过程阶段（量产品质管控阶段），如有新材料、新技术、新产品、新方法的导入，由技术中心主导，工厂配合进行，验证结果由设计、工艺、品管共同确认，验证通过后输出图纸、工艺方案、联系单等。生产中的特殊过程，须由平台质量或是工厂品管制订项目特殊过程管控方案。工厂执行端依据图纸要求、质量标准要求批量生产，对生产的产品质量负责。另工厂生产、工艺、品质部门应定期对工艺难点、产品异常进行及时有效的分析、改善。

在新项目的出货、统计、改善阶段，工厂各部门应及时有效地做好生产过程质量记录、跟踪出货产品质量、不合格产品及投诉的处理，同时定期总结、分析质量数据，分析的结果

项目品质管控流程

类别	市场	设计(内、外部)	技术中心	采购	工厂	平台质量
筹备控制	客户需求信息	专业设计及交底	工艺设计确认	特殊物料选型采购执行	品质管控方案	品质管控监督
量产品质管控			主导新工艺验证		新工艺验证 设计、工艺、品管确认、更改 批量生产 生产改善	项目特殊过程管控 重大异常管控
出货、统计、改善		设计优化	材料改善		过程质量记录统计、分析、反馈 出货质量跟踪 质量信息总结、保存、反馈	核实、分析通报 修订标准、流程(进入下一循环)

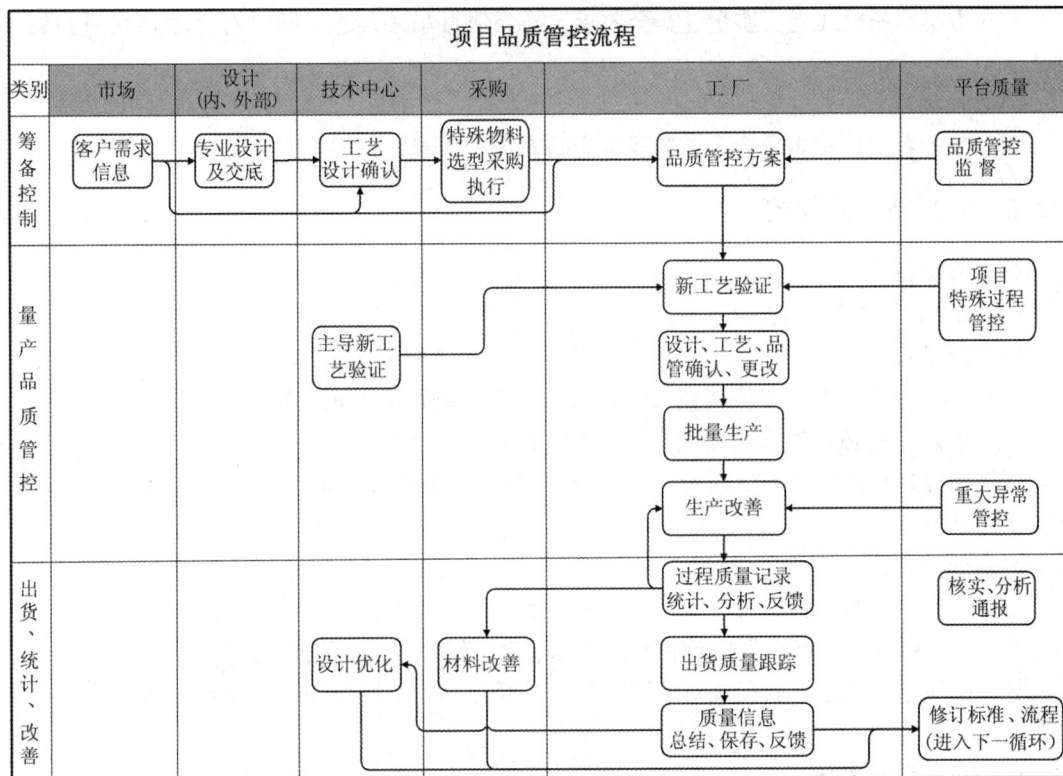

图 4-2　新项目质量管控流程图

反馈至技术中心，以便于优化项目生产中的异常点、难点。将在生产过程中发现的与材料相关的问题点反馈至采购部门，由采购部门推动来料异常改善。

2. 新项目质量管控要求

(1)平台质量端管控要求。

1)质量管控要求收集。

①客户质量要求：收集新项目客户质量信息，明确客户要求。

②设计质量要求：确认设计质量要求。

③工艺方案评估：工厂参与对模具、堆码、运输等生产有关的方案进行评估。

2)编制质量管控方案。

方案内容包括：材料、人员、过程工艺方法、产品、交付等。

(2)工厂端管控要求。

1)技术交底。

①交底内容：试生产之前必须有设计、生产工艺方法、质量三大块交底；

②交底对象：生产工艺、质量、生产工位长及以上人员；

③交底记录：交底内容、签到表(影像记录)。

2)工艺方案验证。

工厂按平台确认的项目进行工艺验证，验证结果反馈至平台(确认表)。

3)装车/运输方案。

装车方案需符合工艺、质量、安全要求，符合项目吊装需求，同时对运输路线进行跟车确认。

4)人员确认。

工厂生产各岗位根据平台、工艺要求配备对应的人员，完成生产。

4.2.5　生产制程的管控

1. 产前准备

(1)生产作业人员管控。

1)岗前培训。

①所有生产新员工及岗位调整人员在入职前必须进行岗前培训；

②新工艺应用必须对作业相关人员进行培训；

③培训完成后进行考核，考核合格后方可独立上岗作业，不合格者不得从事相应岗位作业。

2)定岗定位。

①上岗后的人员，明确岗位职责，并及时登记岗位台账；

②工厂各线体、班组根据关键控制点要求，对关键岗位人员进行登记；

③对品质进行监控，抽查核对关键岗位人员登记情况，同时检查关键岗位人员作业是否符合要求。

3)岗位监管与考核。

①在过程巡检中重点监控上岗作业人员，是否明确工艺要求、质量标准，有无按要求执行，对不符合要求者及时进行指导和要求；

②让合适的人做适合的事，对不符合岗位要求的人员，或连续三次出现同样质量失误的人员实行调岗，情节严重者进行淘汰处理，确保生产作业质量；

③PC 构件出现质量安全事故，将进行处理和追责。

(2)检具、生产设备管控。

生产作业人员检查检验所需仪器、设备、治、工、夹具的运行情况是否符合检验要求，做好仪器、设备的点检、标识与保养工作，并将结果记录于相应的《设备保养表》中。

(3)品管人员检验准备。

制程品管人员提前准备检验所需的《检验标准》、产品图纸等检验所必需的资料；根据生产历史记录，提前查阅相关异常、客诉、更改单等，以便及时掌握检验要点、重点项目及检验技巧。

2. 作业员自检、互检

1)生产使用的原材料必须符合设计、标准要求，未经检验或检验不合格的原材料、半成品不得随意使用；

2)生产前，作业员应对前工序作业质量进行检查确认，若发现不合格应及时反馈给前工序，要求前工序进行返工/返修处理，进行"互检"动作；

3)生产过程中，作业员应依据生产计划单、相关作业指导书、质量标准规范逐一进行自主检查，并在重要岗位填写相应的自检表单；

4) 为加强品质管控，各工序应设置兼职自检员，在本工序生产完成后，工序自检员将不符合要求的作业及时反馈给本工序操作人员，同时及时对不合格产品进行返工、返修处理。

3. 首件检查

(1) 新模具初装、生产过程首件检查。

1) 新模具初装。

①生产装模人员在放线、模具组装、预埋过程中进行自检，自检合格后送品管部门检验；

②品管根据过程控制标准中模具、预埋预留检验标准及方法进行检验；

③模具、预埋预留检验完成后，有异常及时反馈给生产进行改善，改善完成再次送检确认合格方可流入下一工序；

④同时将检验结果记录于"模具检验记录表"，交品管部门负责人审核确认；

⑤新模具初装，包括模具尺寸、预埋预留项目品管部门做 100%检查；

⑥根据工艺装模清单将模具检验的结果统计在"项目装模检验清单"内，进行统计汇总、追溯。

2) 新模具生产过程首件。

①新模具初装检查完成后，品管部门按项目、户型、构件类型中的类别抽 1~2 个构件进行生产过程首件检查，如外墙板分类参考表 4-22 外墙板检验分类表。

表 4-22　外墙板检验分类表

类别	分类 1	分类 2	分类 3
外墙板	第 5 代外墙板	无门窗洞	—
		带窗洞	—
		阳台处带门洞	—
	第 6 代外墙板	带剪力墙	—
		带暗梁	无门窗洞
			带门窗洞
		无剪力墙、暗梁	—

②生产过程首件检查不合格，应追溯已生产的同类别产品状况，同时对未生产的同类别产品及时进行整改，整改完成后重新进行生产过程首件检验；

③按类别检查，完成后填写"产品首批检验确认表"。

(2) 模具尺寸、预埋预留变更首件检查。

1) 由于工程变更，首层、标准层、顶层模具或预埋预留变更的必须 100%进行首件检查；

2) 主要检查变更部分的模具尺寸、预埋预留；

3) 将检验结果记录于"模具检验记录表"，交品管部门负责人审核确认。

4. 巡查检验

(1) 确定项目。

1) 核对生产作业人员是否按《作业指导书》要求进行作业；

2)生产工艺是否符合产品工艺要求；

3)生产物料是否符合生产图纸要求；

4)产品是否符合规格要求；

5)发现作业错误，及时纠正。

(2)品管根据生产流程的顺序，不定时对生产线每一道工序进行巡查检验，对关键工序、重要工序、品质容易出现问题的工序，将进行岗位定点抽检检验，以监控产品品质，防止批量的不合格品发生。

(3)巡查检验的异常状况根据后文"4.2.10 品质异常处理"进行记录和处理。

5. 循环检验

1)各线体按项目、户型在一定周期内对所有模具实行循环检验，过程检验与成品检验一一对应，确保在一定周期内 PC 构件过程、成品质量得到有效控制，品管根据"××线过程/成品循环检验记录表"，每天的循环检验数量不低于 2 个台车；

2)制程检验的结果记录于"PC 件生产过程检验记录表"，成品检验的结果记录于"PC 构件成品检验记录表"或"产品评价记录表"，记录表一一对应。

6. 设计工艺更改质量管控

1)工厂工艺部门收到设计及工艺变更后，需按文件发放要求下发给相关单位；

2)工艺、品管部门根据"设计工艺变更跟踪表"对变更的执行进行确认。

7. 生产隐蔽记录

《混凝土结构工程施工质量验收规范》(GB 50204—2015)标准要求"已经隐蔽的不可直接观察和量测的内容，可检查隐蔽工程验收记录"，故对预制构件在浇捣前需记录隐蔽资料，具体要求如下：

1)构件隐蔽对象。

构件结构性能：受力钢筋、内外叶连接、钢筋保护层；

构件吊装安全：吊点(吊钉、吊环、套筒)预埋；

构件安装性能：连接软索、连接钢筋、装模套筒；

构件使用功能：预埋窗户、保温放置、水电预埋、永久性预埋连接件、防雷扁钢。

2)构件类型隐蔽验收具体内容(表 4-23)。

表 4-23　构件隐蔽验收具体内容表

构件类别	验收记录项目	抽检频次	记录要求
外墙板	吊点、水电预埋、保温、连接软索、内外叶连接、防雷扁钢、预埋窗户、钢筋保护层、永久性预埋连接钢板	按项目/栋号/层数各类型构件总数量5%且不少于3件	1.隐蔽工程验收记录(使用当地区的质监统编表格) 2.照片(项目/栋号/层数、生产日期、线体、全景、局部) 3.材料的性能检测报告、质量报告
隔墙板	吊点、水电预埋、钢筋保护层		
内墙板	吊点、水电预埋、暗梁的受力筋、钢筋保护层		
梁、柱	吊点、暗梁的受力筋、钢筋保护层		
楼板、阳台板、空调板、楼梯、歇台板、飘窗、悬挑板	吊点、受力筋、连接钢筋、钢筋保护层、永久性预埋连接钢板		

4.2.6　成品质量检验

1. 成品自检

吊装脱模人员应进行自检，发现构件异常后及时贴示不合格标签并备注不良情况，同时将构件不良情况记录在"PC 件生产（成品）自检记录表"内。

2. 品管成品品质评价抽检

品管根据循环检验要求，对已检验完的产品进行成品评价检查，将检验的结果记录于"产品品质评价测量记录表"内，并加盖"实测实量检验章"。

3. 品管成品检验

品管对入库前的成品，在构件的可视区域进行外观、钢筋、标示等方面的检查。

4. 成品检验判定

（1）检验和判定时机。

产品脱模并完成清理工作后，且产品未修补之前，进行成品检验一次合格的判定。

（2）判定标准及检验方法。

1）外观质量成品检验一次合格判定标准要求及检验方法见表 4-24。

表 4-24　外观质量成品检验明细表

项目	子项	一次合格判定标准	
外观质量	露筋	不允许	
	疏松	不允许	
	孔洞	不允许	
	蜂窝	非受力部位允许 1 处长度<20 mm 的蜂窝	
	夹渣	非受力部位允许 1 处夹渣	
	裂缝	不允许	
	水洗面	缓凝层需全部冲洗干净，水洗深度/水洗范围符合图纸要求	
	拉毛效果	1. 无流平、砂石拉起现象 2. 拉毛深度/拉毛效果符合产品标准要求	
	外形缺陷	允许 1 处不影响使用功能且<100 mm 的缺棱掉角	
	色差/油污/麻面	局部允许 2 处，大面积不允许	
	脚印	允许 3 处，且 1 m² 内≤2 处	
	表面裂纹	允许 1 处局部水裂纹/龟裂纹	
	外立面/窗洞气孔（外墙板）	外径且深度≤8 mm：<30 个/m²；外径且深度>8 mm，不允许	
	表面处理	1. 收光抹面平整，无明显烫子印 2. 预留孔洞周边平整，无塌陷、突出	
检验数量	全检	检验方法	目视

2)外形尺寸成品检验一次合格判定标准要求及检验方法见表 4-25。

表 4-25　外形尺寸成品检验明细表

项目	子项	一次合格判定标准	检验数量	检验方法
产品外形	外形尺寸	符合产品品质标准	抽检：样本量≥10%	尺量
	剪力墙相对位置			
	PCF 板/梁垂直度			直角尺
	平整度		抽检：样本量≥20%	靠尺/塞尺
门窗洞	门洞尺寸	符合产品品质标准	抽检：样本量≥10%	尺量
	位置尺寸			
	垂直度			直角尺
	预埋窗户	预埋方向正确，不允许歪斜	抽检：样本量≥30%	目视

3)预留预埋质量成品检验一次合格判定标准要求及检验方法见表 4-26。

表 4-26　预留预埋成品检验明细表

项目	子项	一次合格判定标准	检验数量	检验方法
预留预埋	吊点	无遗漏/周边混凝土质量合格	全检	目视
	套筒	规格正确/无堵塞、进浆	抽检：样本量≥30%	目视
		位置尺寸符合产品品质标准	抽检：样本量≥5%	尺量
	线盒	规格正确/无反向、堵塞、破损	抽检：样本量≥30%	目视
		位置尺寸符合产品品质标准	抽检：样本量≥5%	尺量
	预留孔洞	符合产品品质标准	抽检：样本量≥5%	尺量
	灌浆套筒波纹盲孔	无堵塞、进浆等	抽检：样本量≥30%	目视
		位置尺寸符合产品品质标准	抽检：样本量≥5%	尺量
	剪力槽	无遗漏、破损	抽检：样本量≥30%	目视
	支撑环	规格/数量/高度符合标准要求	抽检：样本量≥30%	目视/尺量
	连接件	数量/排列/安装深度/牢固性符合标准要求	抽检：样本量≥20%	目视
	XPS	无空鼓、严重起翘、分离现象		
	滴水线槽	无遗漏、破损，直线度符合要求	抽检：样本量≥10%	目视
	钢板	规格/数量符合图纸要求	抽检：样本量≥30%	目视
	防漏宝			
	电箱			

4）钢筋成品检验一次合格判定标准要求及检验方法见表 4-27。

表 4-27 钢筋成品检验明细表

项目	子项	一次合格判定标准	检验数量	检验方法
钢筋	规格/数量	符合图纸要求	抽检：样本量≥50%	目视
	伸出受力筋	伸出长度符合图纸要求	1. 无定位工装抽检量≥5% 2. 有定位工装成品不检验	目视/尺量
		弯锚方向/垂直度符合图纸要求	全检	目视
	箍筋高度	符合产品品质标准	抽检：样本量≥10%	目视/尺量
	预应力筋长度			
	保护层			

（3）产品如为允收的合格品，则在产品标签右下方盖上品管合格标志，并在成品入库单上签名或盖章，由生产部门办理入库。

（4）抽检产品如为拒收的不合格品，则品管人员在产品标签上方贴示不合格标签，并在标签上注明不合格项，再立即通知当班工位长，同时要求吊装人员将产品放置于不合格区域暂存，最后根据返工返修相关规定进行处理。

（5）品管人员根据检验结果，首件成品记录于"PC 构件成品检验记录表"，量产成品记录于"产品品质评价测量记录表"，同时针对产品检验异常记录在"质量异常记录表"上，重大及批量不良开出"品质异常处理单"。

4.2.7 产品出货控制

1. 发货准备

资材在接到发货计划后，根据成品库存状况，确认发货板的库存量，库存量没问题后在装车前报品管人员进行检验。

2. 发货检验

（1）在装车发货时，各部门负责确认：

1）物流人员负责发货数量、产品型号核对及装车绑扎安全确认；

2）吊装人员负责：

①成品堆码、插销、保护衬垫等满足标准要求；

②起吊件质量：预埋数量、预埋质量，起吊件周边混凝土不允许出现开裂、疏松等异常现象；

③混凝土质量：PC 构件在出厂发货前，构件强度必须大于等于设计强度的 75% 方可出厂；

④外观质量：对构件缺角、缺边进行确认及外观清理。

3）品管人员确认监督：

成品堆码、插销、保护衬垫等满足标准要求，产品起吊件质量、混凝土质量、单个构件外观质量及整车外观质量状况。

（2）品管人员根据产品标准进行出货质量检验判定。

（3）产品出货质量合格，则在发货单上进行签字确认，并随车携带产品质量合格证明文件及强度报告，执行发货。

（4）产品出货质量不合格，一般缺陷返工返修，严重缺陷进行换板处理，如库存量不足则上报品质主管进行处理。

（5）将产品出货异常记录在"质量异常记录表"上，重大及批量不良开出"品质异常通知单"。

4.2.8　质量控制的关键点

1. 生产品质关键点

包括关键控制点、涉及面及作业要求，如表4-28所示。

表4-28　关键控制点、涉及面及作业要求汇总表

序号	关键控制点	涉及面	作业要求
1	起吊件预埋	吊钉、吊环、起吊套筒、桁架	严格按照图纸和工艺要求进行预埋、固定、加强，控制埋入深度
2	安装件预埋	斜支撑套筒、装模套筒	严格按照图纸要求，确保预埋质量（数量、位置、进浆、埋入深度）
3	钢筋	加强筋、受力筋	严格按照图纸要求，确保钢筋规格、等级、数量、安装位置、保护层厚度
4	混凝土质量	混凝土配合比、振捣质量	混凝土配合比：根据设计要求确保PC产品强度 振捣：保证结构受力件、梁/暗梁、吊钉/吊环、套筒位置混凝土振捣密实，需用振动棒作业的严格按要求执行到位
5	脱模吊装	吊具、起吊点、起吊强度	使用适宜的吊具，严格按照起吊点数量起吊 构件在工厂内脱模起吊前，构件强度必须≥15 MPa 方可脱模（预应力楼板执行强度要求≥20 MPa）
6	发货检查	定专人检查起吊件和混凝土质量	起吊件预埋：检查预埋数量、预埋质量，起吊件周边混凝土不允许出现开裂、疏松等异常现象 混凝土质量：PC构件在出厂发货前，构件强度必须≥设计强度的75%方可出厂
7	构件修补	修补方案、专业人员	涉及结构安全、吊装安全的构件修补必须出具修补方案，且指定专人修补
8	钢筋加工	加工标准、方法	包括受力钢筋下料、箍筋成型、钢筋调直、吊装预埋件成型、钢筋焊接、螺纹加工、螺纹连接装配

2. 生产品质关键点作业人员管控

1）工厂各线体、班组针对以上关键控制点要求，根据"品质关键控制点责任人检查表"每天对关键岗位人员进行检查管控；

2）品管进行监控，抽查核对关键岗位人员登记情况，同时检查关键岗位人员作业是否符

合要求。

4.2.9 售后质量管控

1. PC 构件进场验收

PC 构件到达项目现场后,项目协调人员应尽快组织施工方、监理、甲方等相关人员对 PC 构件进行现场验收,验收完成后对构件进行签收。

2. 客户投诉处理

(1)客户投诉提出。

项目可以通过联络函、微信平台、电话沟通知会 PC 工厂,由生产工厂品管部门整理,负责组织客户投诉讨论、原因分析及追踪处理。

(2)客户投诉受理。

1)如客户投诉内容确定为非工厂责任时,工厂品管接收后即直接以联络函回复给项目单位,即可结案;

2)如客户投诉为工厂责任时,经工厂品管负责人确认后,收集相关资料,并组织相关单位进行客户投诉原因分析讨论、责任单位判定及处置、改善措施的拟订;在责任单位判定时,经品管实测检验的构件由品管承担主要责任,未经品管实测检验的构件由生产部门承担主要责任;

3)品管部门在客户投诉讨论时,需依会议达成一致的原因分析来明确责任单位,同时将原因分析、处置、预防措施及责任单位整理完成"品质异常处理通知单",经工厂厂长确认后,由品管部门追踪各单位改善措施落实状况;

4)客户投诉讨论达成一致后,如有必要,则由品管部门依整理完成的"品质异常处理通知单",将原因分析及临时处理对策等相关内容,以联络函的书面形式,经部门主管确认后,回复项目部;

5)处理品质方面的客户投诉时,应考虑对公司目前及潜在的影响,提出适当的改善措施。

(3)效果追踪确认。

1)主导单位依据各责任单位提供的处置、改善措施,每月追踪确认责任单位之改善状况,是否有依改善措施认真落实执行,并将稽核记录如实填写完整于 OA 客诉处理系统,并由责任单位主管确认。

2)为确保同类型客诉事件不会再次发生,主导部门需连续稽核 2 次(每月稽核 1 次),若 2 次均有改善,则该客诉可正式结案。若改善措施未认真执行或达不到效果时,主导部门需与责任单位再讨论改善对策。

3)对客户投诉事件,品管部门需定期或以项目类别统计分析汇总,在周品质例会上宣示,同时汇总在质量月度统计报表中。

4)针对相关客诉改善措施,执行有效,需纳入相关作业标准书中,形成标准化。

3. 售后管控

(1)退货品管理。

1)项目现场反馈 PC 构件少发、漏发、错发,由物流直接补发;

2)如由于 PC 构件标签贴错或其他质量原因退回,由品管部门判定责任方。工程吊装损坏，由施工方承担维修或制作所有费用；如为工厂质量问题，由品管部门判定后分析责任方，并进行原因分析，提出改善措施。

3）关于退回品的处理，对影响结构性能、不可修复的不良品走报废处理流程，可修复的不良品，根据返工返修相关规定执行，返修完成后由品管部门确认合格后方可出库。

（2）装修时构件质量不良。

项目在后期装修时出现构件不良，工厂安排进行返工返修，同时对返工返修的不良明细记录在"质量异常记录表"内，完成后交由品管部门进行统计分析，并跟进相关改善，避免后期出现类似不良情况。

（3）退回不良品登记。

所有退回的产品登记在"客户退回不良品清单"中，形成记录。

4.2.10　品质异常处理

1. 品质异常分类定义

重大品质异常：涉及吊装安全、结构性能的不良；批量质量事故，同一不良连续出现三次及以上。

2. 进料品质异常

1）实验室/品管部门依相关检验标准判定不合格，针对不合格物料标示"不合格"，并通知仓库；

2）及时知会采购，并将不合格物料的"来料检验报告"提供给采购部门，由采购部门通知供应商作相应的处理；

3）对于多次重复出现的不良及重大的品质不良事件，实验室/品管部门当天开出"品质异常处理单"，通知供应商，供应商在三天内回复改善措施，实验室/品管部门根据供应商回复的改善措施连续追踪三批，无异常予以结案。

3. 制程/成品/出货品质异常

1）在出现制程/成品/出货品质异常后，涉及重大品质异常，品管人员立即开出"品质异常处理单"，并通知品管主管，由品管主管召集生产、实验室、工艺、采购等相关单位人员分析原因，并提出临时处理措施，明确责任单位，由责任单位在三个工作日内回复"品质异常处理单"，制程品管人员根据责任单位回复的改善措施追踪确认，落实改善状况及改善效果，如异常追踪两次均未改善，则由品管人员重新开立"品质异常处理单"。

2）对制程/成品/出货出现的一般性品质异常时，品管人员将异常记录于"品质异常登记表"内，作为周报分析及月度分析质量基础数据，同时将出现的一般品质异常通知线上工位长及当事人，要求立即进行改善，并追踪改善落实状况。

4. 客户投诉异常

客户投诉异常的处理请参考"4.2.9 售后质量管控"。

4.2.11　质量记录和数据统计管理

1. 生产过程中质量记录

1）各部门按文件规定要求进行自检、检验和记录；

2）提供对外的质量记录应统一格式，规范化。

2. 记录的管理

1）技术工艺文件由品管资料员进行收发管控；

2）生产部门的"生产自检表""品质关键控制点责任人检查表"归口品管部存档。

3. 质量记录的统计

1）各过程的质量记录需进行周度、月度的统计汇总，形成品质周、月报资料；

2）工厂周、月报资料需按要求及时制作并与工厂内部沟通反馈。

4.3　PC 构件质量验收

4.3.1　过程控制标准

1. 模具初装

（1）检验准备。

1）检验依据：产品布模图、产品工艺图、工艺要求；

2）检验工具：7.5 m 的卷尺、钢塞尺、直角尺、2 m 的水平靠尺+塞尺；

3）检验记录表：模具检验记录表。

（2）检验要求及检验方法。

模具初装检验要求及方法应符合表 4-29 的规定。

表 4-29　模具初装检验及方法汇总表

检查项目	检验内容	标准要求/mm	检验方法
台车面	锈蚀	无明显生锈	目测
	凹凸	无多余螺母及焊渣	目测
	表面平整度	表面的平整度≤3	2m 靠尺和塞尺
	台车标识正确	有构件类型的标识且正确	目测
模具工装	锈蚀	无明显生锈	目测
	固定方式	依据 PC 工厂标准模具及辅助工装	目测
	安装垂直度	≤2	尺量
	模具拼缝宽度	≤2	尺量
	模具拼缝高低差	≤2	尺量
	模具直线度	≤2	拉线
	平整度	≤2	2m 靠尺和塞尺

续表 4-29

检查项目	检验内容	标准要求/mm			检验方法
外形尺寸	构件类型	外墙板	叠合楼板	叠合梁	
	长度	0，+3	0，+5	0，+5	尺量
	宽度	0，+3	-3，+3	-3，0	尺量
	厚度	0，+3			尺量
	双层模具	上下层相对位置≤5			尺量
	对角线差	≤5			尺量
预埋预留	吊钉	无遗漏			目视
	爬架套筒	位置、间距：±2			尺量
	灌浆套筒	位置偏差：±3			尺量
	侧面套筒	位置、间距：±5			尺量
	预留孔洞	位置、形状：±3			尺量
	线盒	1.位置尺寸：±3 2.水平度：≤2 3.相邻线盒标高差：≤3 4.相邻线盒间距：90±4			目测、尺量
门窗洞尺寸	洞口高度	0，+3			尺量
	洞口宽度	0，+3			尺量
	窗洞标高	0，+3			尺量
	对角线差	≤3			尺量
	洞边与台车面的垂直度	≤2			尺量
	水平位置偏差	≤5			尺量
	平行度	≤2			尺量
滴水线槽	固定方式	依据工艺标准要求			目视
	形状尺寸	符合图纸要求			尺量
	位置偏差	±3			尺量
	直线度	±2			尺量

（3）对不符合标准要求的模具进行整改，对整改处进行全检。

2. 过程检验

（1）检验准备。

1）检验依据：产品工艺图、产品标准；

2）检验工具：7.5 m 的卷尺、钢塞尺、直角尺；

3）检验记录表：PC 件生产过程检验记录表。

（2）组模。

组模检验及方法应符合表 4-30 的规定。

表 4-30 组模检验及方法汇总表

检查项目	检验内容	标准要求/mm			检验方法
台车及模具工装	台车表面清理	干净无杂物且露钢台车/型材底色			目测
	打脱模剂	均匀,不允许漏涂/积液			目测
	涂刷缓凝剂	模板表面均匀,不允许漏涂			目测
	安装垂直度	≤2			尺量
	模具拼缝宽度	≤2			尺量
	模具拼缝高低差	≤2			尺量
	模具直线度	≤2			拉线
	平整度	≤2			2m 靠尺和塞尺
	台车标识	是否正确			目视
	生产图纸	是否为最新版本			目视
外形尺寸	构件类型	外墙板	叠合楼板	叠合梁	
	长度	0, +3	0, +5	0, +5	尺量
	宽度	0, +3	−3, +3	−3, 0	尺量
	厚度	0, +3			尺量
	双层模具	上下层相对位置≤5			尺量
	对角线差	≤5			尺量
门窗洞尺寸	洞口高度	0, +3			尺量
	洞口宽度	0, +3			尺量
	窗洞标高	0, +3			尺量
	对角线差	≤3			尺量
	洞边与台车面的垂直度	≤2			尺量
	水平位置偏差	≤5			尺量
	平行度	≤2			尺量
滴水线槽	固定方式	依据工艺标准要求			目视
	形状尺寸	符合图纸要求			尺量
	位置偏差	±3			尺量
	直线度	±2			尺量

（3）置筋。

置筋检验及方法应符合表 4-31 的规定。

表 4-31　置筋检验及方法汇总表

检验项目	标准要求/mm	检验方法
钢筋规格/等级/数量	符合图纸要求	尺量、目测
加强筋(四周、门窗洞等)	按图纸要求放置	目测、尺量
网片搭接	搭接宽度≥1 格网片格或 300 mm	目测、尺量
拉结筋	根据图纸要求放置拉结筋，不允许少放、方向放反	目测
手扎网片	四周满扎，中间呈梅花状绑扎	目测
钢筋保护层	墙板：20±5；楼板：15±5	目测、尺量
灌浆套筒钢筋伸出长度	-5, 0	尺量
受力钢筋伸出	直筋水平长度：-10, +10 弯锚筋水平长度：-10, 0 弯锚端头成型尺寸：-10, +10 弯锚端头成型方向：符合图纸要求 弯曲钢筋垂直度：与板边间距≥15	尺量、目测
其他伸出钢筋	-10, +30	尺量
箍筋	高度标准偏差最大值±5	测最高与最低箍筋
桁架外露高度	-10, +10	尺量

（4）预埋预留。

预埋预留检验及方法应符合表 4-32 的规定。

表 4-32　预埋预留检验及方法汇总表

检查项目	检验内容	标准要求/mm	检验方法
预埋预留外观	预埋件表面清理	干净无杂物	目测
	预埋定位件	无破损、抬高	目测
	打脱模剂	均匀，不允许漏涂/积液	目测
	预埋件	无损坏、堵塞	目测

续表 4-32

检查项目	检验内容	标准要求/mm	检验方法
预埋预留	吊点	1. 无遗漏 2. 垂直预埋 3. 加强方法符合工艺要求	目测
	吊环、斜支撑环	1. 无遗漏，放置与受力纵向钢筋同层 2. 外露高度：-10，+5	目视、尺量
	套筒	1. 爬架/灌浆套筒位置、间距：±2 2. 其他套筒位置、间距：±3 3. 定位方钢变形量>5 mm 不允许	目测、尺量
	正面线盒	1. 使用悬挑式定位 2. 位置尺寸：±3 3. 水平度：≤2 4. 相邻线盒标高差：≤3 5. 相邻线盒间距：90±4	目测、尺量
	预留孔洞	位置、形状：±3	尺量
	波纹盲孔、灌浆、排气孔工装	1. 位置间距：±3 2. 安装固定牢固、波纹盲孔工装拼接无明显缝隙	尺量、目测
	剪力槽	是否漏、破损	目测
	哈芬连接件	根据工艺图纸要求放置	目测、尺量
堵浆条	伸出钢筋处	使用胶条封堵	目测
台车面维护	表观质量	台车面干净无物，不允许存在脚印、扎丝、碎钢筋	目测

（5）浇捣。

浇捣检验及方法应符合表 4-33 的规定。

表 4-33　浇捣检验及方法汇总表

检验项目	标准要求	检验方法
混凝土质量	满足正常生产施工作业要求，不允许太干、离析、人为加水	目测
底层布料	布料均匀，不允许少料、多料	目测
振捣	底层混凝土振捣时间5~10 s，不允许未振动到位或过振	目测
上层模具组装	组装并固定到位	目测
挤塑板放置	1. 根据图纸要求，不允许漏放、少放 2. 必须在混凝土失去流动性之前放置	目测
玻纤连接件放置	1. 玻纤连接件安装前，XPS 先开引孔 2. 安装数量位置符合图纸要求，不允许少放 3. 必须在混凝土失去流动性之前安装	目测
上层布料	布料均匀，不允许少料、多料	目测
振捣	使用振动棒振动到位	目测

（6）后处理。

后处理检验及方法应符合表4-34后处理检验及方法汇总表的规定。

表4-34　后处理检验及方法汇总表

检验项目	标准要求/mm	检验方法
构件周边砼清理	台车表面、型材、预埋件上清理干净	目视
表观质量	无钢筋外露、石子裸露、杂物	目测
表面平整度	平整度≤3	目视
预埋件品质	无预埋件上浮/偏位/堵塞/下陷等不良	目视
表面处理	墙板：表面拉细毛≤2 楼板：表面拉粗毛≥4	目视
波纹盲孔、灌浆孔、排气孔	工装取出后，孔周边混凝土无塌陷、堵塞	目视

（7）养护。

养护检验及方法应符合表4-35的规定。

表4-35　养护检验及方法汇总表

检验项目	标准要求	检验方法
养护时间	根据实验室标准要求	—

（8）起吊脱模。

起吊脱模检验及方法应符合表4-36的规定。

表4-36　起吊脱模检验及方法汇总表

检验项目	标准要求	检验方法
起吊脱模强度	≥15 MPa（预应力楼板≥20 MPa）	用回弹仪检测
模具、预埋拆卸	拆卸彻底，拆卸合理	目测
起吊点	根据图纸吊点要求起吊，不允许少点起吊	目测
起吊吊具	吊索水平夹角不宜小于60°，应保证每个吊点受力均匀	目视
起吊翻转度	台车翻转85°起吊	目视
表面清理	飞边、泡沫、预埋/预留位置封口胶带等垃圾清理	目视
标识	依据成品控制标准中产品标识项目要求	目视

4.3.2　成品控制标准

PC 构件成品控制标准参考《混凝土结构工程质量验收规范》(GB 50204)、《装配式混凝土结构技术规程》(JGJ1)。

1. 外观质量

PC 构件外观质量应符合表 4-37 的规定。

表 4-37　PC 构件外观质量标准汇总表

序号	检验项目	现象	标准要求	严重缺陷	一般缺陷
1	露筋	构件内钢筋未被混凝土包裹而外露	不允许	1. 纵向受力钢筋有露筋; 2. 其他钢筋露筋长度≥200 mm; 3. 单个构件其他钢筋露筋≥3 处	1. 其他钢筋露筋长度<200 mm; 2. 单个构件其他钢筋露筋<3 处
2	蜂窝	混凝土表面缺少泥浆而形成石子外露	不允许	1. 构件主要受力部位和搁置点位置有蜂窝; 2. 其他部位蜂窝宽度≥30 mm; 3. 单个构件其他部位蜂窝≥3 处	其他部位有长度<30 mm 蜂窝,且数量<3 处
3	孔洞	混凝土中孔穴深度和长度均超过保护层厚度	不允许	1. 构件主要受力部位有孔洞; 2. 孔洞直径 $d \geq 10$ mm; 3. 单个构件非受力部位孔洞≥3 处	非受力部位有直径 d <10 mm 孔洞,且数量<3 处
4	夹渣	混凝土中夹有杂物且深度超过保护层厚度	不允许	1. 构件主要受力部位有夹渣; 2. 单个构件非受力部位夹渣≥3 处	非受力部位有夹渣,且数量<3 处
5	疏松	混凝土中局部不密实	不允许	1. 构件主要受力部位有疏松; 2. 吊点、套筒、预埋钢板等吊装/施工/安装件周边 300 mm 内疏松; 3. 疏松长度或宽度≥100 mm; 4. 单个构件其他部位疏松≥3 处	除严重缺陷外,其他部位有疏松,且数量<3 处
6	裂缝	缝隙从混凝土表面延伸至混凝土内部	不允许有害裂缝且不大于 0.2 mm	1. 构件主要受力部位有影响结构性能或使用功能的裂缝; 2. 贯穿性裂缝; 3. 混凝土缺陷引起的裂缝	其他部位有少量不影响结构性能或使用功能的裂缝

续表 4-37

序号	检验项目	现象	标准要求	严重缺陷	一般缺陷
7	连接部位缺陷	构件连接处混凝土缺陷及连接钢筋、连接件松动	不允许	1. 连接部位有影响结构传力性能的缺陷; 2. 二次浇筑接合面: (1) 拉毛处理:无明显拉毛痕迹; (2) 其他粗糙处理/剪力键:缺失; 3. 预埋连接件(钢筋接驳器、连接套筒、预埋钢板)缺失、松动、规格不符合要求	1. 除连接部位严重缺陷外,有基本不影响结构传力性能的缺陷; 2. 预埋钢板埋入深度、外露面积等缺陷
8	外形缺陷	构件缺棱掉角、棱角不直、翘曲不平等	阳角处允许≤30 mm缺棱掉角,其他不允许	1. 混凝土构件内有影响使用功能或装饰效果的外形缺陷; 2. 缺棱掉角>200 mm	不影响使用功能的外形缺陷,缺棱掉角≤200 mm(阳角处30～200 mm)
9	外表缺陷	构件表面外表缺陷等	色差、油污、起皮、麻面、脚印等不允许	1. 局部色差、油污、起皮、麻面,单个构件≥4处; 2. 脚印:单个构件≥6处,且1 m² 内脚印≥4处	1. 局部色差、油污、起皮、麻面:单个构件<4处; 2. 脚印:单个构件<6处,且1 m² 内脚印<4处; 3. 表面水裂纹、龟裂纹
10	外立面/门洞内侧气孔	构件外立面/外墙门窗洞气孔	1. 外径或深度>8 mm 不允许; 2. 5 mm<外径且深度<8 mm,个数≤5个/m²; 3. 1 mm<外径且深度≤5 mm,个数≤10个/m²	1. 外径或深度>12 mm 不允许; 2. 5 mm<外径且深度<12 mm,个数≥20个/m²; 3. 1 mm<外径且深度≤5 mm,个数>50个/m²	1. 5 mm<外径且深度<10 mm,20个/m²>个数>5个/m²; 2. 1 mm<外径且深度≤5 mm,50个/m²>个数>10个/m²
11	表面处理	构件表面收光抹面/拉细毛/修补符合要求	构件表面收光抹面/拉细毛/修补符合要求	1. 未做处理/处理时机; 2. 预留预埋周边平整度不达标且未做处理	其他表面收光抹面/拉细毛处理局部不合格,表面修补不合格
12	产品标识/清理	产品标识/清理要求	按规定要求并标识正确,毛边、杂物清理干净	1. 准用证标签及产品型号标识错误; 2. 堵浆条、泡沫未清理到位,磁铁、橡胶块等预留预埋定位治具未取	1. 准用证标签破损、盖章、张贴位置等缺陷; 2. 产品型号、箭头标识缺陷; 3. 飞边、胶带等清理不到位

2. 准用证、盖章标识(喷码)位置

1)准用证张贴位置。

墙板：距底边1400 mm(靠标签底边)且牢固，如图4-3所示墙板标识示意图；

楼板：长边靠右，距右边300 mm且牢固，如图4-4所示楼板标识示意图。

2)盖章标识位置。

墙板：准用证标签下方50 mm间距处，如图4-3所示墙板标识示意图；

楼板：准用证标签右方50 mm间距处，如图4-4所示楼板标识示意图。

3)喷码位置。

墙板：统一在构件浇捣面的右下角，距边200 mm喷码，如预埋冲突，则视情况更换至左下角，距边200 mm的位置，合理避开预埋，如图4-3所示墙板标识示意图；

楼板：统一在构件浇捣面的右下角，距边200 mm喷码，如预埋冲突，则视情况更换至左下角，距边200 mm的位置，合理避开预埋，如图4-4所示楼板标识示意图。

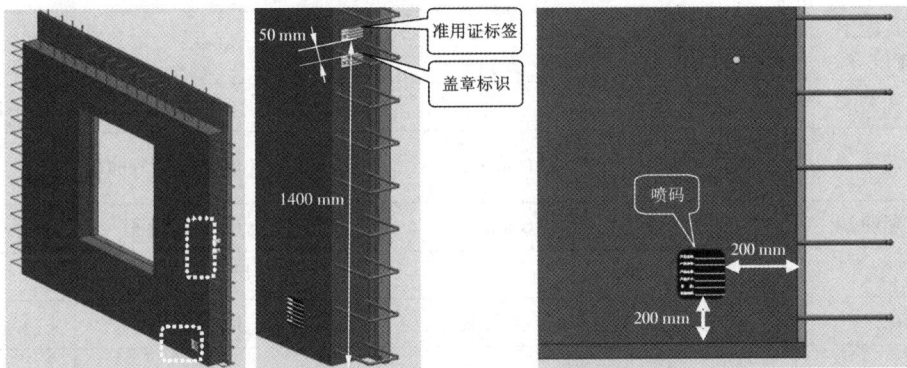

图4-3　墙板标识示意图

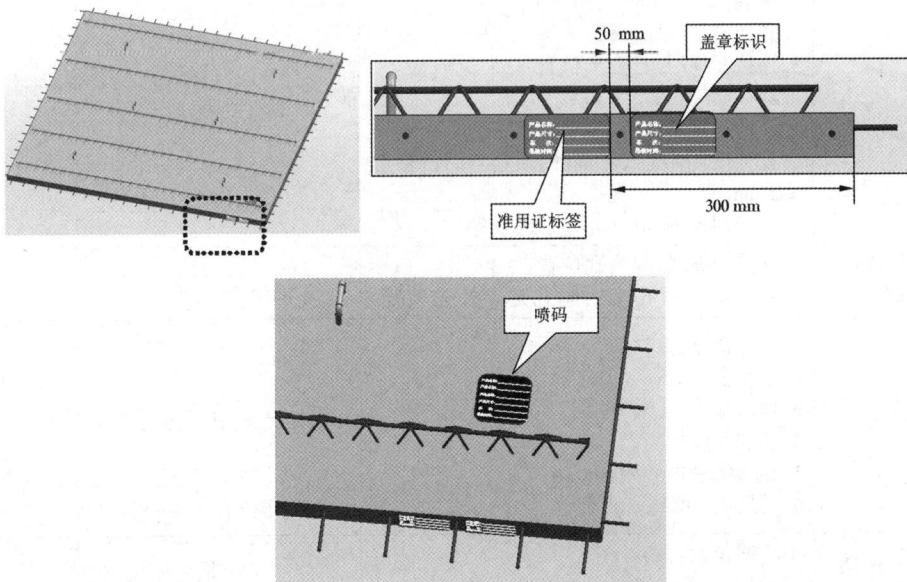

图4-4　楼板标识示意图

准用证和盖章标识为标准要求, 如项目有特殊要求进行喷码, 则取代盖章标示。

3. 尺寸允许偏差

PC 构件外形尺寸允许偏差及检验方法应符合表 4-38 的规定。

表 4-38　PC 构件外形尺寸允许偏差及检验方法汇总表

检验项目	标准要求/mm			检验方法	国标要求 (GB 50204)
构件类型	外墙板	叠合楼板	叠合梁		
长度	−2, +4, 极差: ≤5	−2, +8	0, +10	尺量	±4
高度	0, +4	±5, 极差: ≤5	−5, 0	尺量一端及中部	±4
厚度	±4				±4
双层模具上下层相对位置	≤5			尺量	—
对角线差	≤10			尺量两对角线	10
侧向弯曲	<L/1000, 且≤10 mm			拉线, 尺量最大侧向弯曲处	<L/1000, 且≤20
对角翘曲	<L/1000, 且≤10 mm			调平尺在两端量测	<L/1000
表面平整度	≤3			2 m 靠尺和塞尺检查	5
吊点	数量/牢固性/不影响安装			目测	—
吊环/斜支撑环	1. 规格和数量是否正确 2. 外露高度: −10, +5			尺量/目测	—
预埋套筒	1. 爬架/灌浆套筒位置: ±3 2. 爬架套筒间距: ±2 3. 连接套筒/拉杆套筒位置: ±5 4. 斜撑套筒位置: ±30 5. 套筒深度差: −5, 0 6. 垂直度: 高度 200 mm 的预埋套筒偏移量 ≤5 mm 7. 试配螺栓顺畅(无堵塞、进浆等)			尺量	—
灌浆套筒/波纹盲孔	1. 灌浆套筒/波纹盲孔位置: ±3 2. 灌浆孔、排气孔、波纹盲孔无堵塞、进浆等			尺量/目测	—
预埋线盒	1. 位置偏差: ±5 2. 水平度: ≤3 3. 埋入深度: −5, 0 4. 相邻线盒标高差: 3 5. 相邻线盒中心距: 90±4 6. 无反向、堵塞、破损			尺量及目视	—
预留孔洞墙槽	中心线位置: ±5 形状尺寸: 0, +5			尺量	—
剪力槽	按标准预留无遗漏、破损			目测	—

续表 4-38

检验项目	标准要求/mm	检验方法	国标要求 （GB 50204）
滴水线槽口	1. 形状尺寸：符合图纸要求 2. 位置偏差：±3 3. 直线度：≤2	尺量	—
侧面挤塑板 居中位置偏移	≤10 mm	尺量	—
梁伸出受力筋 剪力墙水平筋	1. 直筋水平长度偏差：-20，+20 2. 弯锚筋水平长度偏差：-20，0 3. 弯锚端头成型尺寸：-20，+20 4. 弯锚端头成型方向是否符合图纸要求 5. 弯锚钢筋垂直度：与板边间距≥15	尺量	—
桁架	外露高度：-10，+10	尺量	—
其他钢筋	-20，+50	目视	—
箍筋	高度标准偏差最大值：±5	测最高与最低箍筋	—
	间距：±5	尺量	—
灌浆钢筋伸 出筋长度	-5，0	尺量	—
灌浆钢筋位置	-3，+3	尺量	—
主筋保护层厚度	-3，+3	尺量或保护层 厚度测定仪器测量	-3，+3
预留门窗洞	1. 洞口高度：0，+5 2. 洞口宽度：0，+5 3. 窗洞标高：0，+5 4. 对角线差：≤5 5. 与墙面垂直度：≤2 6. 水平位置偏差：≤10 7. 平行度：≤3 8. 内侧凹凸：≤5	尺量	—
预埋窗户	1. 窗外侧墙体厚度标准偏差：±2 2. 窗外侧墙体厚度极差：≤2 3. 对边型材外露高度差：≤3 4. 窗框对角线长度差：≤3 5. 窗户预埋方向：符合要求	尺量、目视	—

4. 基本结构性能

PC 构件基本结构性能及检验方法应符合表 4-39 的规定。

表 4-39　PC 构件基本结构性能及检验方法汇总表

检验项目	标准要求	检验方法
混凝土强度	1. 构件出厂强度 ≥ 设计强度的 75% 2. 构件 28 d 强度满足设计要求	用回弹仪检测
受力结构钢筋规格、数量、等级	图纸要求	目视
受力钢筋弯曲	机械弯曲	目视
吊钉/吊环	不影响安装、起吊	目视、试配
套筒试配螺栓	试配无异常	试配
桁架	不影响安装、起吊	目视
预应力钢筋张拉	第一次：2~3 kN；第二次：9 kN	压力计读取
预应力钢筋放张	构件强度：≥20 MPa	回弹仪检测

5. 标志、存放和运输

（1）标志。

1）对脱模后的 PC 构件应进行标识，具体操作根据工艺品质标准执行；

2）生产厂家每批出厂的 PC 构件应带有产品质量合格证书，标明下列内容：生产厂名称、产品标准号、商标、批量编号、PC 构件数量、检验结果、合格证编号、出厂日期、检验人员代号、检验部门印章。

（2）存放和运输。

1）PC 构件的存放场地宜为混凝土硬化地面或经人工处理的自然地坪，构件运输与堆放时的支撑位置应经计算确定并应满足平整度和地基承载力要求，场地应有排水措施。

2）PC 构件应按型号、出厂日期分别存放。

3）当采用存放架堆放或运输架运输构件时，存放架或运输架应具有足够的承载力和刚度，与地面倾斜角度宜大于 80°，且有固定销固定到位；墙板宜对称靠放且外饰面朝外，构件上部宜采用木垫块隔离；运输时构件应采取固定措施。

4）当采用直立式堆放或运输构件时，存放架或运输架应有足够的承载力和刚度，并应支垫稳固。

5）当采用叠层平放的方式堆放或运输构件时，应采取防止构件产生裂缝的措施。

6）楼板构件存储宜平放，采用专用存放架支撑，以 6 层为基准，在不影响构件质量前提下，可适当增加 1~2 层。在存储及运输中，板与板之间均需用软质材料（如木方、橡胶等）进行隔开，且上下软质材料必须保持在同一垂直面上。

7）运输构件时，应采取防止构件损坏的措施，对构件边角部或链索接触处的混凝土，宜设置保护衬垫。

6. 注意事项

1）本节 PC 成品控制标准中所有未标注单位的均为 mm；

2）本节 PC 成品控制标准参考《混凝土结构工程质量验收规范》（GB 50204）、《装配式混凝土结构技术规程》（JGJ1）。

课后习题

一、填空题

1.材料的进场检验，主要包括_____、_____、_____。

2.生产质量管控过程可分为三个阶段：_____、_____、_____。

二、选择题

1.硅酸盐水泥的初凝时间不小于(　　　)，终凝时间不大于(　　　)。

A. 45 min, 390 min　　　　　　　　B. 45 min, 600 min

C. 30 min, 390 min　　　　　　　　D. 30 min, 600 min

2.C40 混凝土天然砂中含泥量符合规定的是(　　　)

A. 2.0%　　　　　　　　　　　　　B. 1.5%

C. 2.5%　　　　　　　　　　　　　D. 3.5%

3.下列质量管控流程属于量产品质管控阶段的是(　　　)。

A. 客户需求信息　　　　　　　　　B. 工艺设计确认

C. 新工艺验证　　　　　　　　　　D. 材料改善

三、简答题

1.简述新项目质量管控流程。

2.生产品质关键点有哪些？

3.简述水泥验收标准。

4.简述构件存放和运输的要求。

第 5 章

仓储及物流

5.1 构件装车堆码设计

5.1.1 构件堆码存放

PC 构件产品的脱模堆码和存放以及运输周转，离不开存放周转和运输的工具。目前存放工装可简单分为三种，一种是 PC 构件墙板的整装运输架，如图 5-1(a)(b) 所示。外形尺寸为 9 m(长)×2.5 m(宽)×2.5 m(高)，其中货架垫层为 0.25 m，可存放构件 12~16 块，运输架以槽钢制造而成，附带有固定构件的插销，自重 4.5 t 左右，优点是在工厂配备了大吨位行吊且构件脱模按照吊装顺序装入运输架的情况下，可以带构件整体起吊，大大地提高了墙板装车的效率。楼板存放架有两种，一种为可叠放存放架，如图 5-1(c) 所示，在工厂成品库存放空间有限的情况下，可以叠加存放，巧妙地利用了空间，扩展了库容，同时除了可作为楼板的存放架以外也可作为叠合梁的存放运输架，还有一种是楼板的专用存放架，如图 5-1

PC构件	工装	尺寸			存放PC数/块
		长/mm	宽/mm	高/mm	
墙板	墙板整体运输架	9000	2500	2500	12~16
楼板	楼板运输托盘	4000	3000	250	8~10(层)

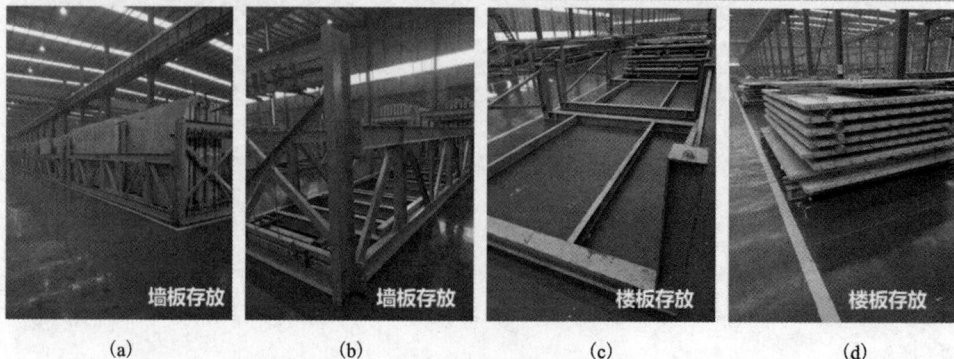

(a) (b) (c) (d)

图 5-1 存放工装

(d)所示,可叠放 8~10 层楼板,在脱模按照吊装顺序堆垛的情况下,装车时可整垛直接起吊。两种楼板存储工装外形上除立柱区别外,一般尺寸为 4 m(长)×3 m(宽)×0.25 m(垫层)。这里要重点说明的是,为了保证装车效率,避免翻板、调板,脱模入库过程中要重点注意生产脱模入库与堆垛的时候必须严格按照装车方案中的吊装顺序进行脱模入库与堆垛,同时为避免楼板堆垛开裂,注意木方垫隔时,木方竖向应当保持在同一受力面上。

5.1.2　装车方案介绍

装车方案一般可分为房建项目方案和管廊项目方案等,二者由于构件外观的不同,导致了装载方式的不同。管廊项目一般可分为底板、顶板、墙板三类,标准段一般以节为单位进行运输,由于构件外形相比房建项目较大,同时构件相对规则,装车和运输的方式一般采用去工装的方式,直接平放堆垛在车辆上。房建项目的装车方案是按层为单位进行运送,每层的构件种类和数量以及车数基本相同,但是构件类别较多,且墙板一般多采用存放架构件立放的运输方式,楼板也采用楼板货架堆垛的运输方式,采用货架整装运输方式时,整车或整垛起吊优点是装载效率高。

装车方案除了以栋为单位并明细到每层的车次,每车的重量和总车次、总重量并包含运输路线的整体装车方案以外,在指导生产顺序和脱模顺序的过程中,我们还会有更小一级的按照工地的施工顺序图制订的装车方案,制订该装车方案时除了综合考虑每车构件的载重,最主要的是依据工地对每块构件吊装顺序制订,整装货架里每个货架需放置哪些构件都是指定的,而且每垛楼板堆码的是哪些构件也是指定的。如果不按照装车顺序进行放置和堆垛,那么在运输过程中的翻板和调板会极大地浪费装车时效,工厂如不按照吊装顺序供板,施工方将无法按照工作面的方式推进项目的吊装,所以装车方案是生产运输过程中最基础的要素,不论装模、生产还是运输首先都要满足这一要素。

除此之外,装车方案还是在运输招标时提供给物流供应商的重要参考,根据车次数量、重量、超限的数据,物流供应商可以精确地计算出运输成本,有利于后期的供应商管理以及运输成本的控制。以下举例,列出两个装车方案:劳动东路管廊装车方案表例(表 5-1),房建项目装车方案表例(表 5-2)。

表 5-1　劳动东路管廊装车方案表例

NO.	墙板编号	运输外形尺寸			重量	备注
		长/mm	宽/mm	高/mm	/t	
1	墙板 01	4030	2990	400	5.31	
2	墙板 02	3980	2990	250	3.7	
3	墙板 03	3980	2990	250	3.7	第 1 车
4	墙板 04	3980	2990	300	4.46	
5	墙板 05	4030	2990	400	5.31	

续表 5-1

NO.	墙板编号	运输外形尺寸			重量	备注
		长/mm	宽/mm	高/mm	/t	
6	顶板 01	5990	2700	350	4.85	第 2 车
8	顶板 03	5990	1850	350	3.32	
9	顶板 04	4250	2990	350	3.81	
10	底板 01	6900	3000	500	5.48	0.5 车
11	底板 02	7650	3000	500	6.04	
预制小计					50.34	2.5 车

　　运输说明：管廊 45 m；共计 15 节，每节 3 m；每节共计 11 块板，含墙板 5 块，顶板 4 块，底板 2 块；每节重量 50.34 t，合计 750 t，计划运输车次为 38 车(9.6 m 车)

表 5-2　房建项目装车方案表例

NO.	生产工厂	构件类别	层数	理论重量（货重/t）	车次	数量（车/块）	总车次数	备注
1	麓谷二厂	墙板	4	28.6	1	11	32	①构件尺寸：墙板尺寸（长×宽×厚）为 3.55 m×3.07 m×0.2 m；楼板尺寸（长×宽×厚）为 3.88 m×2 m×0.06 m ②以上理论重量与实际重量有偏差，偏差总体在 3% 以内 ③车辆长度为 13.5 m
				32.4	1	9		
				39.6	1	11		
				30	1	10		
				36	1	12		
				43.2	1	12		
				43.2	1	12		
2	麓谷一厂	楼板	5	31.2	1	12	20	
				19.5	1	15		
				29.9	1	23		
				28.6	1	22		
				28.6	1	22		
3	宁乡工厂	梁	5	/	2	2	2	
合计							54	

　　装车方案中的车型选择是由综合运输过程中路况和项目入口等条件决定的，例如转弯半径等因素。理论重量一般小于实际重量是由于生产过程中，设计中要求铺挤塑板或聚苯板等轻质材料的地方，在实际生产中由于钢筋或者其他预埋件之间的相互干涉导致无法植入轻质材料，最后采用质量更重的混凝土灌注。

5.2　仓储平面布局规划

5.2.1　原材料仓库平面布局规划

原材料仓库平面布局是指在 PC 工厂内划定的原材料仓库平面区域内，按照一定的原则，把原材料仓库的各种设施、道路等各种功能用地进行合理协调的系统化布置，使仓库的基本功能得以发挥，有效满足工厂物料供应。原材料仓库布局考虑的基本要素主要有：一是要与仓储物流相适应，如装卸环节少、物流方向单一不交叉、运距最短、空间利用最大化等；二是要能有效提升仓储效率与效益，如考虑平面布置要与竖向布置相适应、要能有效使用机械化或自动化设备等；三是要确保安全文明生产，如需严格考虑防火规范，符合卫生与环境要求等；关于 PC 工厂原材料仓库的平面布局，如图 5-2 所示，提供 a、b 两种方案，供大家学习参考。

- 方案一

如图 5-2 原材料仓布局(a)是某原材料仓布局规划图，说明如下：

1）仓库面积：41350 mm×17400 mm＝719.49 m^2；

2）重型货架：2000 mm×2000 mm×600 mm，30 个；

3）双面悬臂架：3000 mm×1500 mm，1 组；

4）网格托盘：1200 mm×1000 mm，30 个；

5）PVC 管件存放架 5000 mm×3000 mm×1500 mm 双层 1 个；

6）L 型堆码阻挡架 800 mm×1200 mm，16 个；

7）2 t 手动液压叉车 1 台，300 kg 手推车 1 台，1.5 m 登高推梯 1 台；

8）平面图一套，区域牌 4 个，库位牌 120 个，仓库管理看板 6 个；

9）仓库分 A 区、B 区、C 区、D 区；

10）黄色虚线为区域画线（通道线宽 100 mm，区域线宽 50 mm）。

- 方案二

如图 5-2 原材料仓布局(b)是某原材料仓布局规划图，说明如下：

1）仓库面积：33000 mm×24000 mm＝792 m^2；

2）重型货架：2000 mm×2000 mm×600 mm，30 个；

3）双面悬臂架：3000 mm×1500 mm，1 组；

4）网格托盘：1200 mm×1000 mm，30 个；

5）PVC 管件存放架 5000 mm×3000 mm×1500 mm 双层 1 个；

6）L 型堆码阻挡架 800 mm×1200 mm，16 个；

7）2 t 手动液压叉车 1 台，300 kg 手推车 1 台，1.5 m 登高推梯 1 台；

8）平面图一套，区域牌 4 个，库位牌 120 个，仓库管理看板 6 个；

9）仓库分 A 区、B 区、C 区、D 区；

10）黄色虚线为区域画线（通道线宽 100 mm，区域线宽 50 mm）。

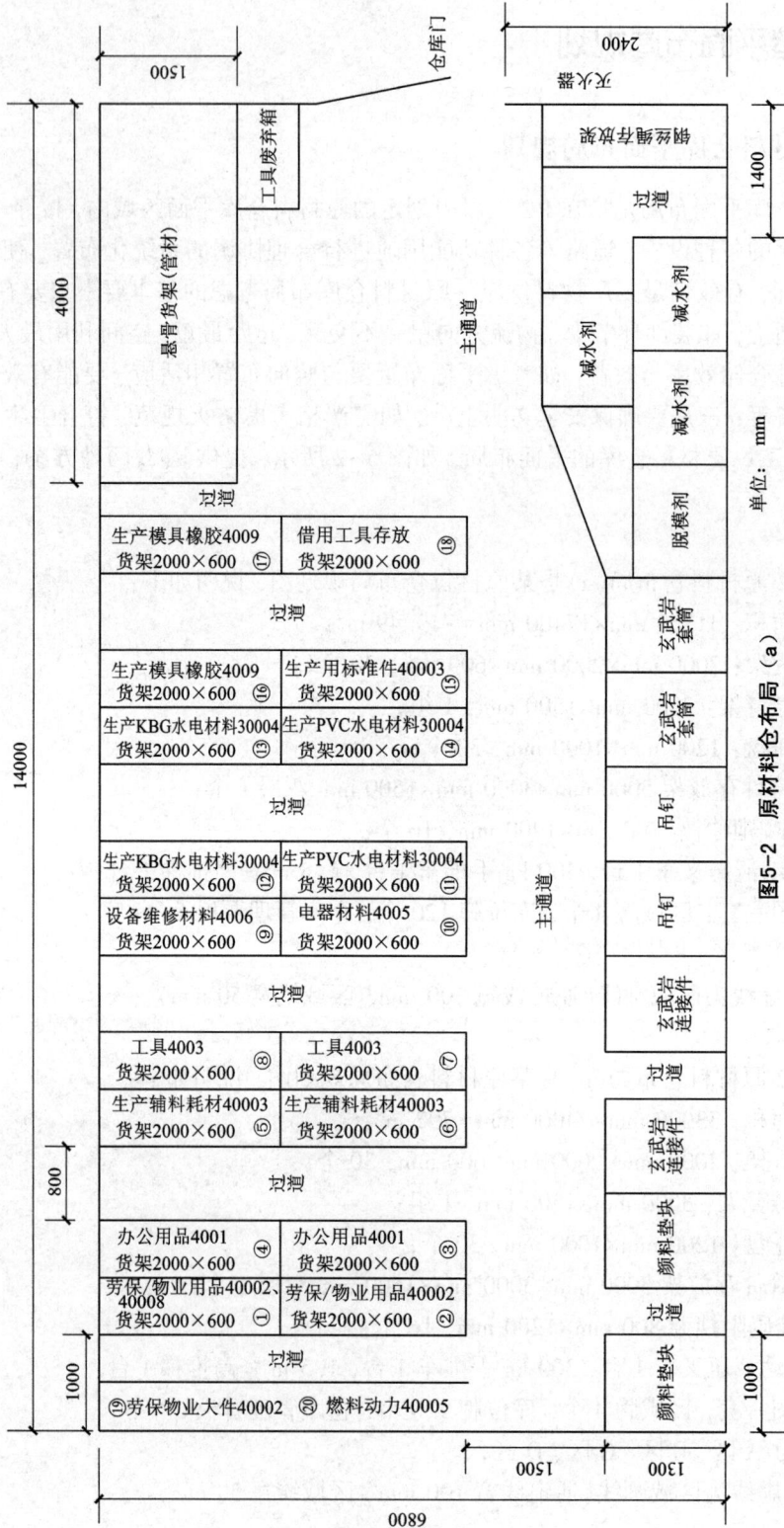

图5-2 原材料仓布局（a）

单位：mm

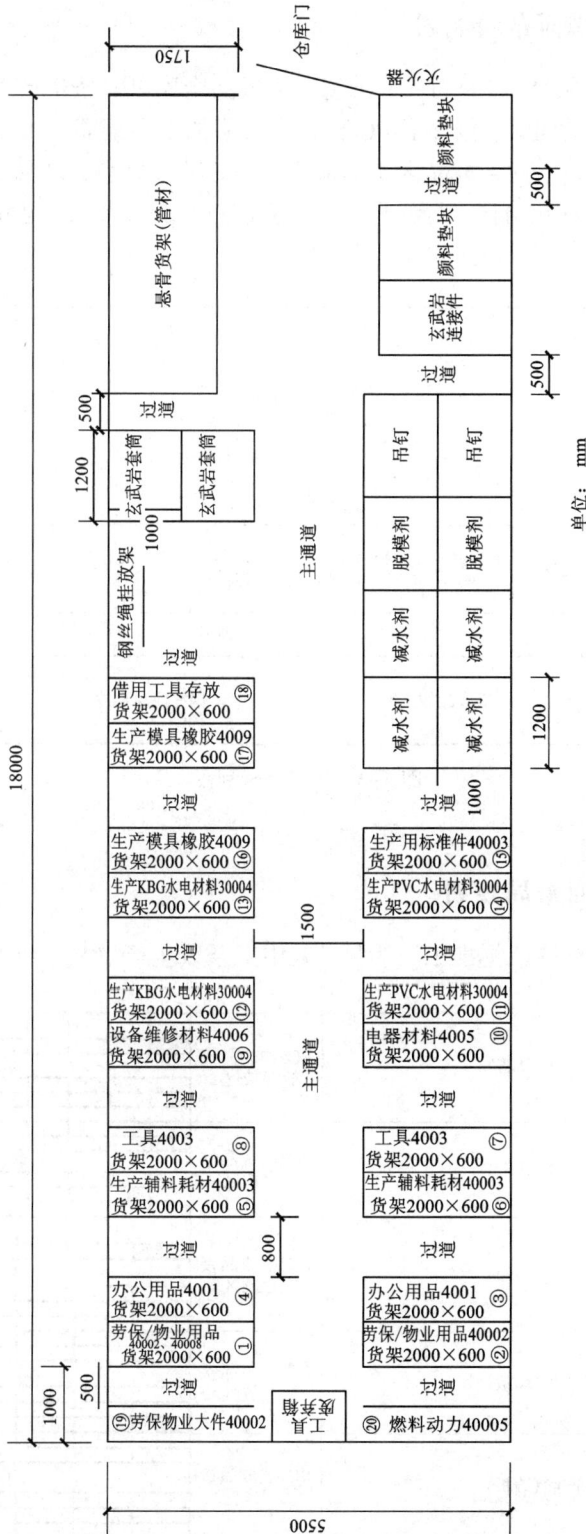

图5-2 原材料仓布局（b）

单位：mm

5.2.2　半成品仓库平面布局规划

如图 5-3 所示，参照"5+1"标准工厂布置，半成品仓库以一条生产线的区间划分较为适宜，紧挨着原材料库房的同时，包含了 PC 材料半成品加工和钢筋笼加工以及半成品材料和钢筋材料存放等功能区域，此半成品区布局形成了一个从原材料，以及半成品加工到半成品库存到半成品配送到在线物流区，行程最短、连接紧密的区域布局，是相对最符合供应链管理原则的。

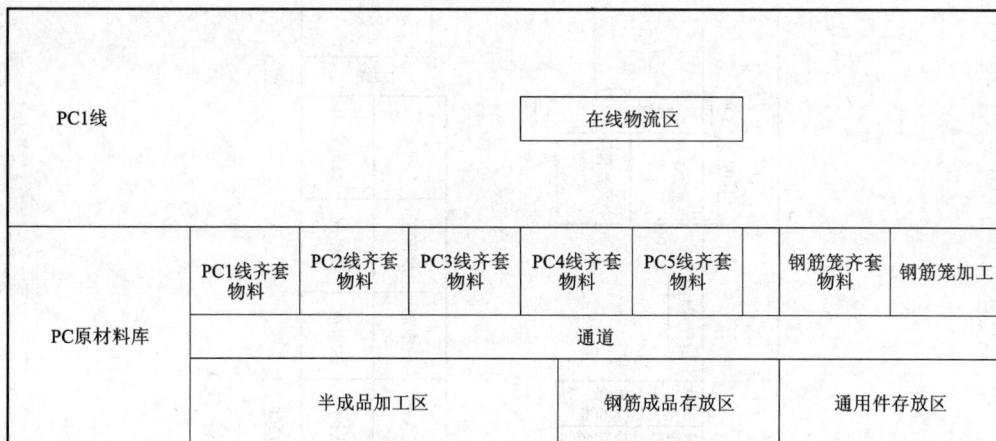

PC1线					在线物流区			
	PC1线齐套物料	PC2线齐套物料	PC3线齐套物料	PC4线齐套物料	PC5线齐套物料	钢筋笼齐套物料	钢筋笼加工	
PC原材料库	通道							
	半成品加工区			钢筋成品存放区		通用件存放区		

图 5-3　半成品规划图

5.2.3　成品仓库平面布局规划

如图 5-4 所示，以"5+1"标准工厂为例，其中三条线生产墙板，两条线生产楼板。从确

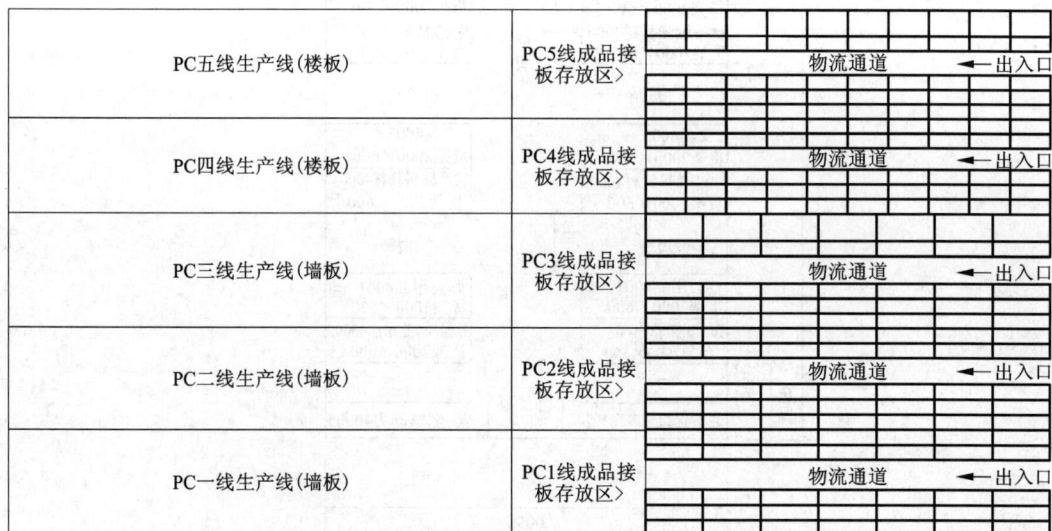

PC五线生产线(楼板)	PC5线成品接板存放区＞	物流通道　　←出入口
PC四线生产线(楼板)	PC4线成品接板存放区＞	物流通道　　←出入口
PC三线生产线(墙板)	PC3线成品接板存放区＞	物流通道　　←出入口
PC二线生产线(墙板)	PC2线成品接板存放区＞	物流通道　　←出入口
PC一线生产线(墙板)	PC1线成品接板存放区＞	物流通道　　←出入口

图 5-4　成品仓库规划布局图

保生产线的过程流畅、流水线行程最短以及效率最高的角度，我们一般把整条生产线的上半部分设计为生产线，作为直接生产场所，将流水线的下半部分设计为成品存放区，作为存放成品和发货使用；线体中间以转运车和行车衔接；存放区中间物流通道宽度一般设计为 8 m，可通行各类型运输车辆，通道一般与工厂出口在同一直线为宜，同时大门外进入存放区的运输通道应当满足 17.5 m 以下所有车型的转弯半径。

1. 墙板成品存放区

如图 5-4 所示，设计中间通道左边 3 列，右边 2 列，每列设计 7~8 个成品货架存放位（货架尺寸为长 9 m×宽 2.5 m），每条线预计可以存放 35~40 个墙板整装货架，除通道外占地面积 1000 m² 左右，设计货架库位应注意货架与货架之间留有人行通道，首先确保工作人员随时可以对构件进行识别，同时确保货架可以顺利起落在库位内，在确保该条件下，原则上成品区的库位越多越好。

2. 楼板成品存放区

如图 5-4 所示，与墙板类似，设计中间通道左边 3 列，右边 2 列，每列设计 10~12 个楼板货架存放位（货架尺寸为长 4 m×宽 2.5 m，楼板、梁等构件可能会超出货架长度），每条线可存放 50~60 个楼板运输架，除通道外占地面积为 1000 m² 左右，同时楼板、梁等构件四面或两面有伸出钢筋，设计货架库位应注意存放构件后，构件与构件之间留有人行通道。

成品区域的设计过程中，除正常成品库位设计外，每条线应预留待检区域，待检区域与正常存放区域应隔开，同时需要有明显标识，确保不合格构件有区域可以维修和返工。

PC 成品存放设计的基本原则：

1）设计主通道（装车通道）和次通道（人行穿越）；

2）划分功能区域（不同构件）；

3）快速流动产品；

4）合理装车距离；

5）划分排位，地面画线；

6）统一标识；

7）空间最大化利用。

5.3　库位管理

5.3.1　三个库位管理

如图 5-5 所示，三个库位管理指的是原材料库、半成品库与成品库的统筹管理。三个库位在资材的统筹下贯穿 PC 工厂生产管理全过程，为车间生产活动提供必要的物料支持与物料存储及周转场地，是生产管理的重要环节。图中的 VMI（vendor managed inventory）是为了达到降低工厂与原材料供应商彼此成本的目的，在双方认可的协议下由供应商管理库存，并持续完善合作方式，达到双方共赢的原材料供应商协同库存管理策略。EAS（kingdee enterprise application suites）是一款企业资源管理软件。BPCMaker 系统是远大住工自主研发，集工艺设计、生产工艺管理、计划管理为一体的设计与制造信息集成管理软件。

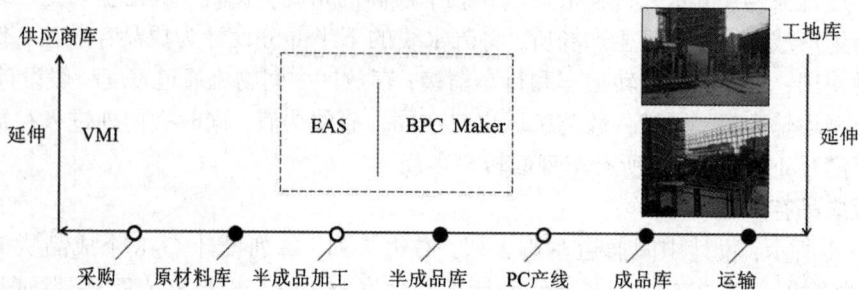

图 5-5　三个库位图

原材料库的前端通过采购延伸至供应商库，半成品库通过半成品加工串联原材料库，成品库通过运输延伸至工地库，通过信息的驱动，获知工地库的库存构件在吊装时，触发成品库往工地库补充下一层构件，半成品库提供半成品供生产线再生产一层构件，原材料库供给半成品加工中心下一层的原材料进行半成品加工，同时供应商库提供给原材料库下一层的原材料并准备再下一层的原材料，由此形成库位拉动关系，实现生产活动跟随终端信息自行驱动的管理模式。该模式既保证了工地的用货需求，又使得工厂减少了库存以及资金占用。

如图 5-6 所示，它是实现工厂自驱动的重要看板，当工地开始进行吊装第 9 层的动作时，接收到信息的工厂成品库将通过运输开始为工地库提供第 10 层的成品，同样，半成品将为生产提供第 11 层的半成品，原材料为半成品提供第 12 层的原材料，供应商为原材料库补充第 13 层的原材料。

×××工厂×××项目区块链齐套管理										
18 层	18	18	18	18	18	18	18	18	18	18
17 层	17	17	17	17	17	17	17	17	17	17
16 层	16	16	16	16	16	16	16	16	16	16
15 层	15	15	15	15	15	15	15	15	15	15
14 层	14	14	14	14	14	14	14	14	14	14
13 层	13	13	13	13	13	13	13	13	13	13
12 层	12	12	12	12	12	12	12	12	12	12
11 层	11	11	11	11	11	11	11	11	11	11
10 层	10	10	10	10	10	10	10	10	10	10
9 层	9	9	9	9	9	9	9	9	9	9
8 层	8	8	8	8	8	8	8	8	8	8
7 层	7	7	7	7	7	7	7	7	7	7
6 层	6	6	6	6	6	6	6	6	6	6
5 层	5	5	5	5	5	5	5	5	5	5
4 层	4	4	4	4	4	4	4	4	4	4
3 层	3	3	3	3	3	3	3	3	3	3
2 层	2	2	2	2	2	2	2	2	2	2
1 层	工地	工地库	成品库	半成品库	原材料库	工地	工地库	成品库	半成品库	原材料库
栋号	12#					13#				
预制层	2-18 层									
项目名称	×××碧桂园三期									

图 5-6　区块链管理看板图

　　如图 5-7 所示，在标准流程模型图中，工厂的生产活动由原材料、半成品、PC 产线在线物流区和成品库贯穿，由工厂资材、工艺、品质、财务和用户中心共同参与，基于明确的分工协作，形成了三个库区衔接和驱动的完整工作流程。

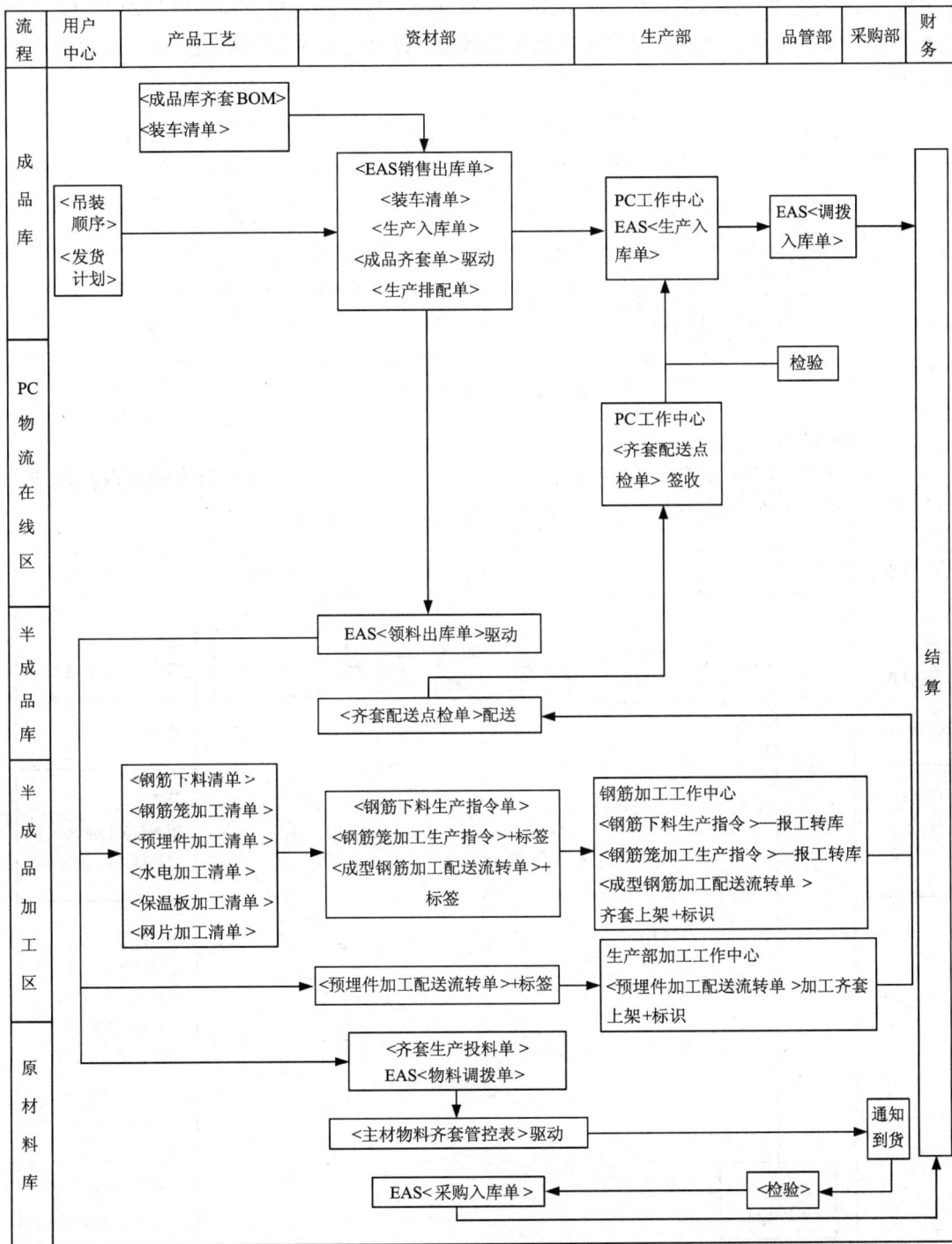

流程	用户中心	产品工艺	资材部	生产部	品管部	采购部	财务
成品库	<吊装顺序> <发货计划>	<成品库齐套BOM> <装车清单>	<EAS销售出库单> <装车清单> <生产入库单> <成品齐套单>驱动 <生产排配单>	PC工作中心 EAS<生产入库单>	EAS<调拨入库单>		结算
PC物流在线区				检验 PC工作中心 <齐套配送点检单>签收			
半成品库		EAS<领料出库单>驱动 <齐套配送点检单>配送					
半成品加工区	<钢筋下料清单> <钢筋笼加工清单> <预埋件加工清单> <水电加工清单> <保温板加工清单> <网片加工清单>	<钢筋下料生产指令单> <钢筋笼加工生产指令>+标签 <成型钢筋加工配送流转单>+标签 <预埋件加工配送流转单>+标签	钢筋加工工作中心 <钢筋下料生产指令>—报工转库 <钢筋笼加工生产指令>—报工转库 <成型钢筋加工配送流转单> 齐套上架+标识 生产部加工工作中心 <预埋件加工配送流转单>加工齐套上架+标识			
原材料库		<齐套生产投料单> EAS<物料调拨单> <主材物料齐套管控表>驱动 EAS<采购入库单>		<检验>	通知到货	

图 5-7　标准流程模型图

5.3.2　原材料库管理

图 5-8 是原材料库位管理流程图。原材料仓库在收到齐套出库信息驱动以后，根据计划提供的齐层领料单，进行整层分类和拣货，核对规格、数量以后配送到半成品加工中心，并进行交接，交接完成后，在系统中完成出库的账务，并将相关单据提供给财务，同时完成底单存档。

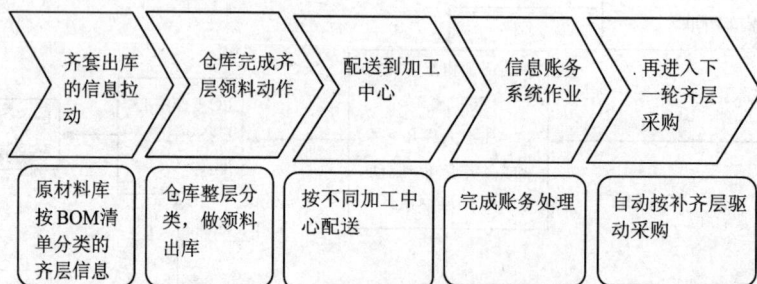

齐套出库的信息拉动	仓库完成齐层领料动作	配送到加工中心	信息账务系统作业	再进入下一轮齐层采购
原材料库按BOM清单分类的齐层信息	仓库整层分类，做领料出库	按不同加工中心配送	完成账务处理	自动按补齐层驱动采购

图 5-8　原材料库位管理

1. 原材料入库

如图 5-9 所示为原材料入库流程的适度延伸，将原材料需求的提出与采购节点纳入到了原材料入库流程，在流程图中还纳入了各部门的关键作业事项。

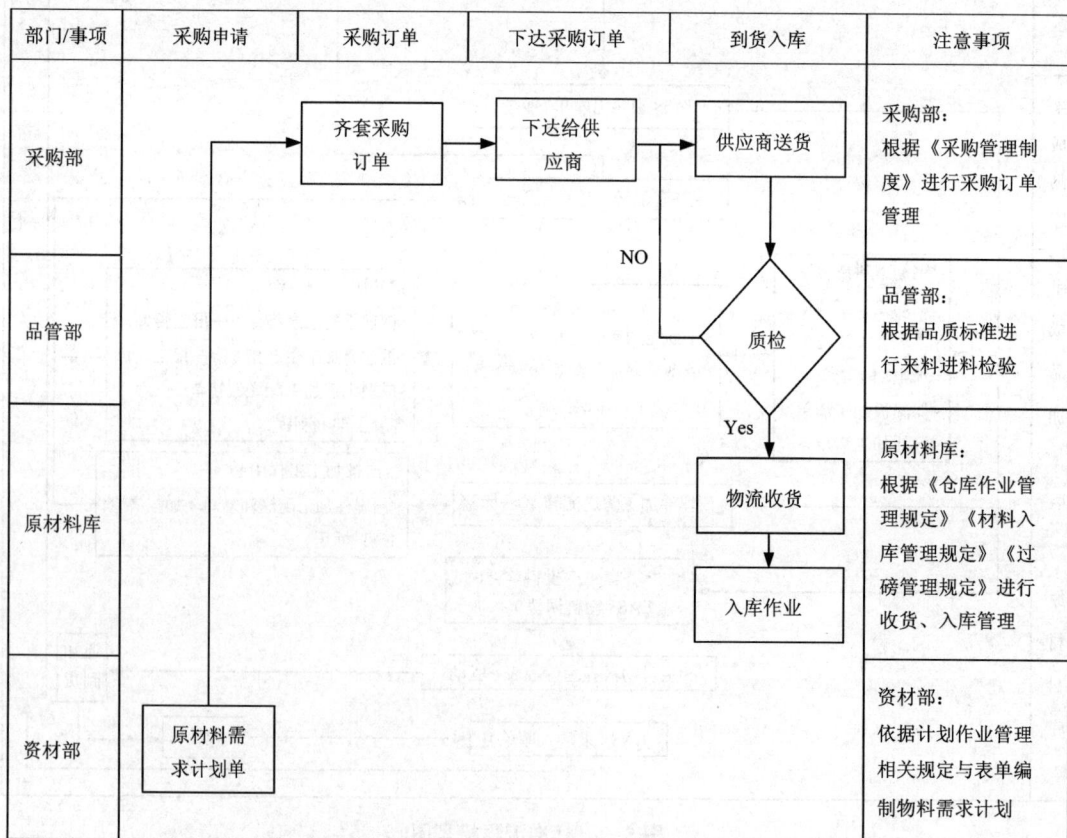

部门/事项	采购申请	采购订单	下达采购订单	到货入库	注意事项
采购部		齐套采购订单	下达给供应商	供应商送货	采购部：根据《采购管理制度》进行采购订单管理
品管部				质检 (NO)	品管部：根据品质标准进行来料进料检验
原材料库				物流收货（Yes）→入库作业	原材料库：根据《仓库作业管理规定》《材料入库管理规定》《过磅管理规定》进行收货、入库管理
资材部	原材料需求计划单				资材部：依据计划作业管理相关规定与表单编制物料需求计划

图 5-9　原材料入库流程图

1）流程说明。

由资材部物料计划员根据生产需求,综合考虑生产计划与库存信息等因素后编制物料需求计划,计划审核通过后交由采购部采购员,采购员根据需求制作采购订单下达给对应供应商,供应商根据采购周期送货,由原材料管理员根据采购订单进行数量核对,并通知对应的检验部门进行来料检验,检验无误后予以收货。收货作业必须严格按照作业管理规定,确保采购订单、送货单、过磅单、质检单四单齐全方可入库,严禁不照单收货作业的行为。

2）重要表单说明。

在原材料入库流程中,涉及很多的标准表单,如计划单、到货通知单、过磅单、质检单等,在这里重点介绍下原材料库的过磅登记表(表 5-3),其余相关表单在本书的其他章节均有详细介绍,此处不再赘述。

表 5-3　原材料入库过磅登记表

工厂:				日期:					编号:			
序号	类别	日期	物料名称	单位	毛重	皮重	净重	过磅人	监督人 1	监督人 2	车牌号码	备注
1												
2												
3												

过磅登记表是原材料库内控表单,凡是以重量收货的物料均需要工厂内部进行过磅,价格较高的物料(如钢筋)过磅必须原材料管理员、财务、行政至少三方以上人员到现场监督过磅且确认重量,同时磅单上必须有监督人、运输司机共同签字确认。过磅单是作为入库以及财务结算的重要依据之一,登记表也是工厂内部审查的重要事项之一。

2. 原材料出库

如图 5-10 所示,原材料出库主要由资料材部下达的齐层领料单来驱动,齐层领料的作业主要由以下的五个关键部分组成。

(1)齐层投料单备货。

根据齐套驱动,数据员将接收的齐层投料单的电子档与纸质档传至原材料仓库。

(2)原材料仓库完成拣货作业。

1）根据投料单,核实货物信息与发货单信息,进行拣货;

2）拣货完成后记录物料管制卡。

(3)货物打包。

1）拣选备货作业完成后,对物料进行二次包装;

2）散装物料需要用纸箱合并打包,并做好物料标签;

3）打包好的物料放置到备货区。

(4)系统作业。

1）物料完成装车后,将出库数据进行系统录入;

2）台账包括个人劳保用品、工具使用台账、BOM 清单,须每日更新。

部门/事项	齐层齐套清单	下达齐层配送单	发料	领料出库单/审核	注意事项
资材部	开始 →	下达齐层配送单			根据《计划管理规定》《运营管理流程》制订下达齐层配送单
生产部（配送中心）		接收齐层配送单 ↓ 生产领料 ↓ 齐层配送单移交			根据《齐层领料流程》《仓库作业管理规定》进行生产领料
原材料库		复核 →	发料 →	EAS领料出库单 ↓ 提交即审核分单交单结束	根据《齐层领料流程》《仓库作业管理规定》《领料出入库规范》进行生产发料、记账单据分单、移交单据工作

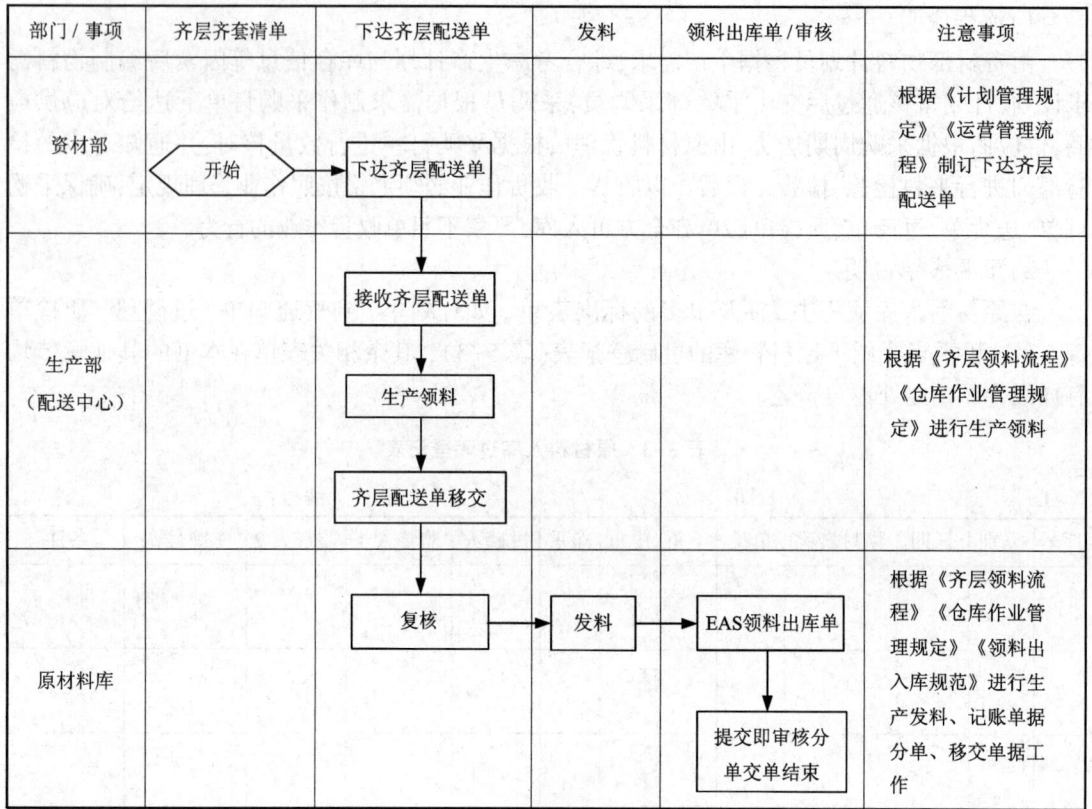

图 5-10　齐层领料流程图

（5）发货交接。

1）需求部门领料单必须有相应权限领导签字；

2）金额超 300 元的物料必须由工厂厂长审批；

3）原材料仓库必须见单作业，实物流通必须有单据支撑。

上述物料流程图讲的是 PC 物料的领用作业，关于辅料领用的注意事项如下：

1）月度辅料领用计划：每月 26 日由计划员下达领料计划，辅料仓管员每天根据实际领用计划建立手工台账，超额后必须重新开立手工领料单，并由计划员签字后方可领料；

2）在领料过程中，务必确认领料单上的规格型号、单位以及数量，无法辨认的可以系统查找确认物料的型号，与系统一致后方可办理领料手续；

3）当天的领料单据必须在当天完成系统扣账、归属成本，领料部分如有不清楚的直接询问计划员，单据统一整理归档，并定期交于资材、财务部门审核。

5.3.3　半成品库齐套流程

前面的章节介绍了齐套配送管理，半成品齐套配送作业流程如图 5-11 所示。半成品库是上承半成品加工中心的半成品物料入库，下将半成品物料配送至 PC 产线，起到水池的储蓄作用，还要负责管理水位。加工中心将生产所需的半成品加工好后，将物料以齐层的方式，打包好并贴上标签，装盘到载具车上入到半成品库。半成品库将对应的半成品放置到对应的生产线的齐套区，接到生产计划单以后，按需求将对应的 PC 构件半成品物料配送到产线在线物流区，并做好物料交接手续。

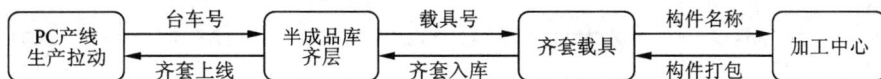

图 5-11　半成品齐套流程图

　　PC 工厂的半成品物料主要分为混凝土类、PC 配件类和钢筋类，其中后两类半成品物料的出入库流程分别如图 5-12 和图 5-13 所示。其基本流程遵循齐套配送的"加打配送"原则，在资材部下达的齐层领料单驱动下，原材料从原材料库齐层出库至半成品加工中心，半成品加工中心在资材部下达的半成品加工计划指令下，按层加工，谓之"加"。按层加工完之后，半成品加工中心按构件进行打包，谓之"打"。接下来将打包好的构件半成品物料按索引表配料到载料托盘，谓之"配"。继而入到半成品库，再按 PC 产线的日生产计划需求运送至 PC 产线指定的在线物流区，谓之"送"。

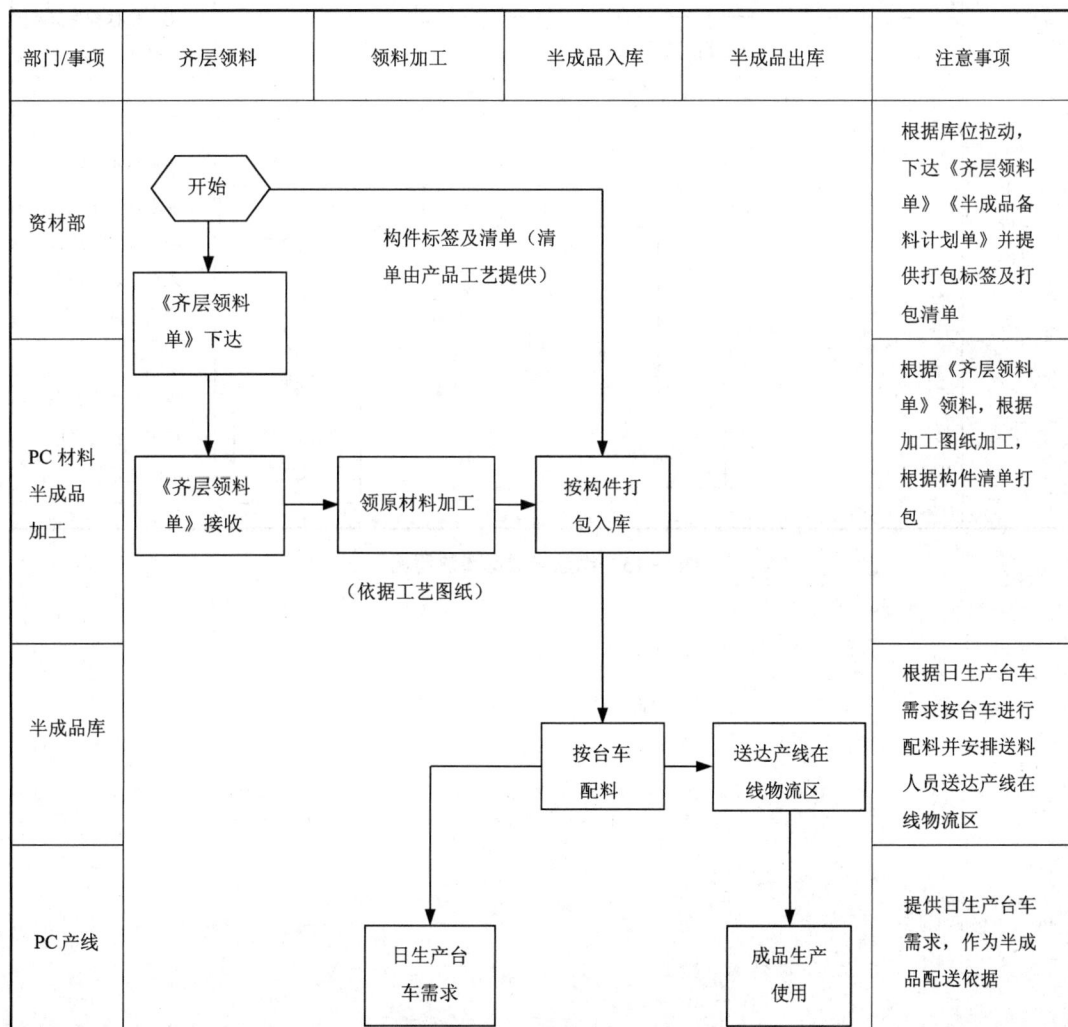

图 5-12　PC 材料半成品流程图

部门/事项	齐层领料	领料加工	半成品入库	半成品出库	注意事项
资材部	开始 → 钢筋生产指令单下达	构件标签及清单（清单由产品工艺部门提供）			根据库位拉动，对钢筋线下达《钢筋生产指令单》并提供打包标签，产品工艺部门提供打包清单
钢筋半成品加工	钢筋生产指令单接收	领原材料加工（依据工艺图纸）	按构件打包入库		根据《钢筋生产指令单》领料，根据加工图纸加工，根据构件清单打包
半成品库			按台车配料	送达产线在线物流区	根据日生产台车需求按台车进行配料并安排送料人员送达产线在线物流区
PC产线			日生产台车需求	成品生产使用	提供日生产台车需求，作为半成品配送依据

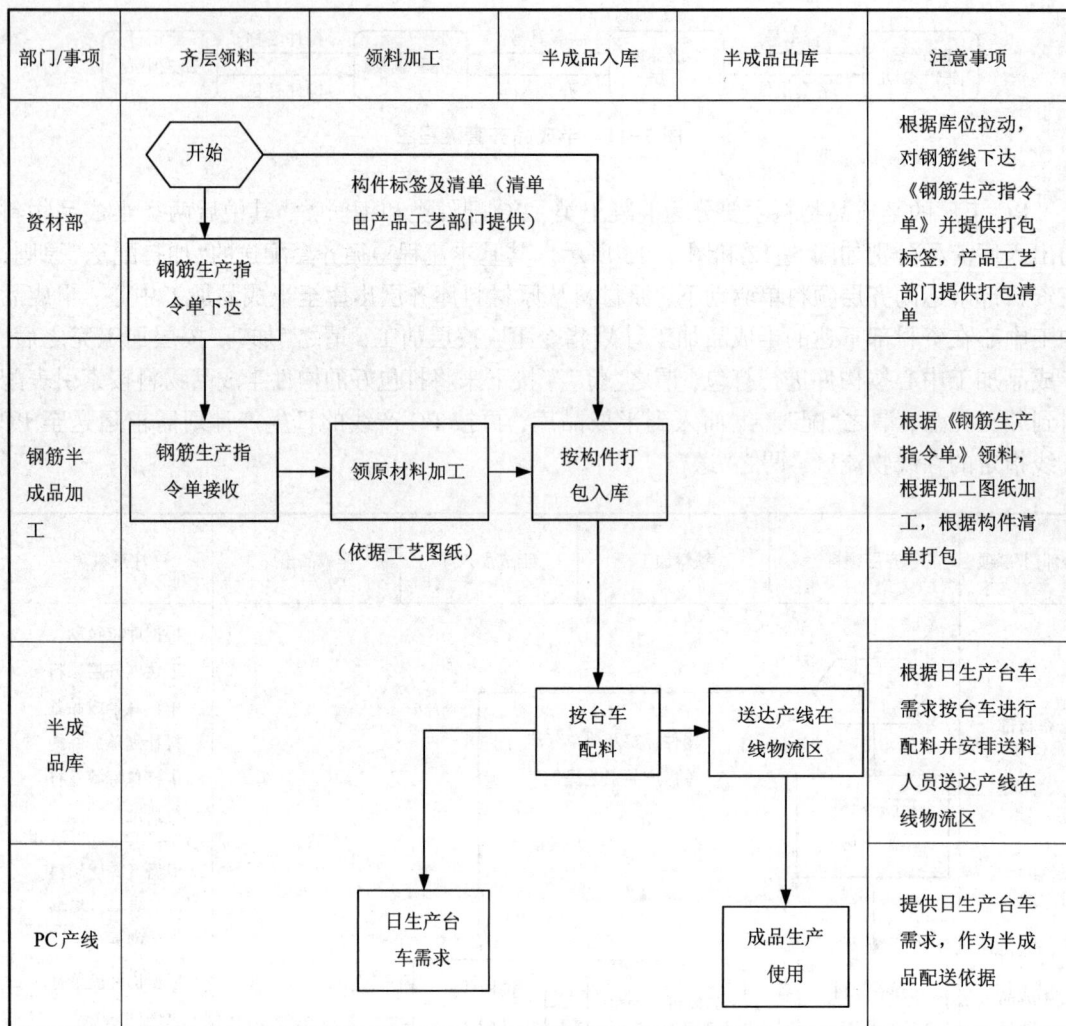

图5-13 钢筋半成品库流程图

工厂多项目吊装，钢筋半成品需求量特别大，工厂钢筋加工线的产能不足，或因规格繁多，设备需要频繁调试严重影响产效时，就需将部分钢筋半成品的加工任务委托外协工厂进行加工，委外加工的基本流程是资材部编制外协物料需求计划，由采购对接外协工厂进行供货，确保生产需求能得到满足，具体流程如图 5-14 所示。

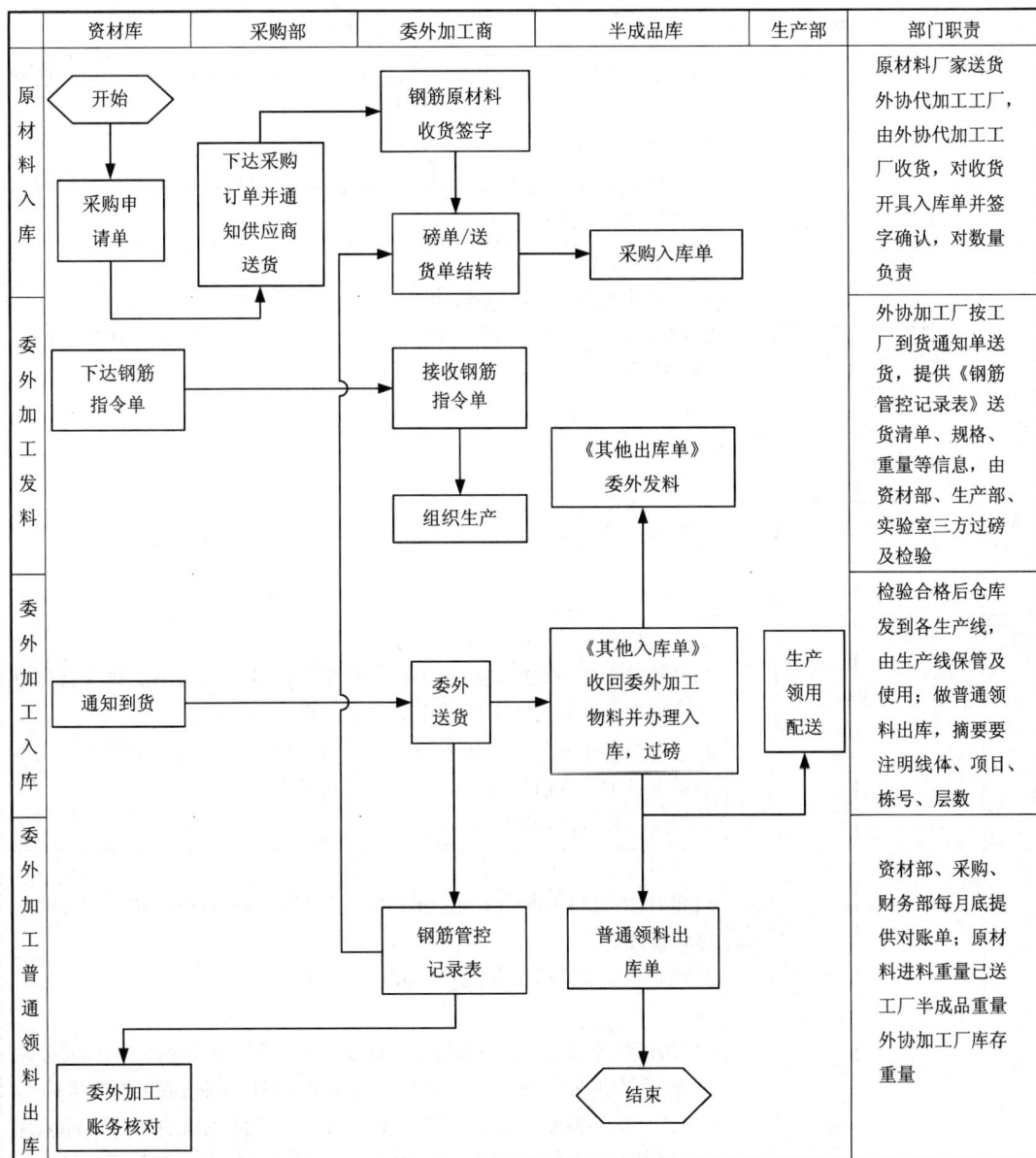

图 5-14　钢筋半成品委外加工流程图

　　PC 工厂的半成品物料主要有钢筋类物料、PC 配件类物料、混凝土类等，本节的前述内容介绍了 PC 配件物料与钢筋类物料的出入库流程，关于混凝土类材料，考虑到其特异性，不能像钢筋类物料一样可以实物出入半成品库，它是在 PC 产线浇捣工序现场，通过对讲机向工厂搅拌站通知到料，从而确保 PC 构件正常生产，其流程详情如图 5-15 所示。

序号	流程	相关内容
1	入库单	1) 混凝土报表或手工填写的入库单，生产统计每天上午 10：00 送到仓库。 2) 入库件为前一天生产自制件。 3) 必须包含规格型号、计量单位、数量、生产日期以及入库人、质检员、主管人员、统计人员的签字
2	清点入库	1) 入库物料必须摆放整齐，堆码、标识要符合规定。 2) 保管员清点入库物料实际数量，确认无误后签字，放置在预定的储位，填写管制卡
3	记账	1) 在系统中打印一式三联生产入库单并签名。 2) 录单时系统需注明工位，每天 16：30 前单据需当天完成
4	审核	1) 仓管员下午 16：30 前将当天打印的单据红联与原始单交成本会计审核。成本会计当天须在 EAS 系统里审批前一天的账务。 2) 仓管员上午 9：00 前将昨天 16：30 之后的单据交成本会计审核，成本会计上午 10：00 前需在 EAS 系统中完成审批
5	装订	1) 每月 26 号将入库的系统单据与对应的吊装入库日报表按单据号的顺序装订成册。 2) 原始单据应完整保存，便于追溯。 注： (1) 混凝土半成品：办理混凝土半成品入库(搅拌站入仓库)的同时办理出库(仓库出各产线)，并依日报表办理原材料出库(仓库出搅拌站)。 (2) 工厂成型钢筋半成品、桁架、网片依生产完成情况办理半成品入库(钢筋线入仓库)及钢筋原材料出库(仓库出钢筋线)，依限额领料单办理出库(仓库出各生产线)，钢筋笼不在系统中走账，只手工记账；项目成型钢筋办理销售出库(仓库出项目需求方)

图 5-15　半成品入库流程图

5.3.4　成品库位管理

1. 成品入库流程（如图 5-16 所示）

浇捣工序完成后，构件进窑养护达到养护时间以后，构件按照装车方案进行脱模入柜或堆垛，每个构件脱模都需登记《脱模吊装入库表》，实物脱模以后由品管检验尺寸外观等各方面是否达到标准，对合格产品进行扫码调拨入库，若不合格则将产品划入不良品待处理仓，并由品管安排生产进行返修，返修合格再进行调拨入库，返修后仍不合格则进行报损，再执行报损流程，重新生产。

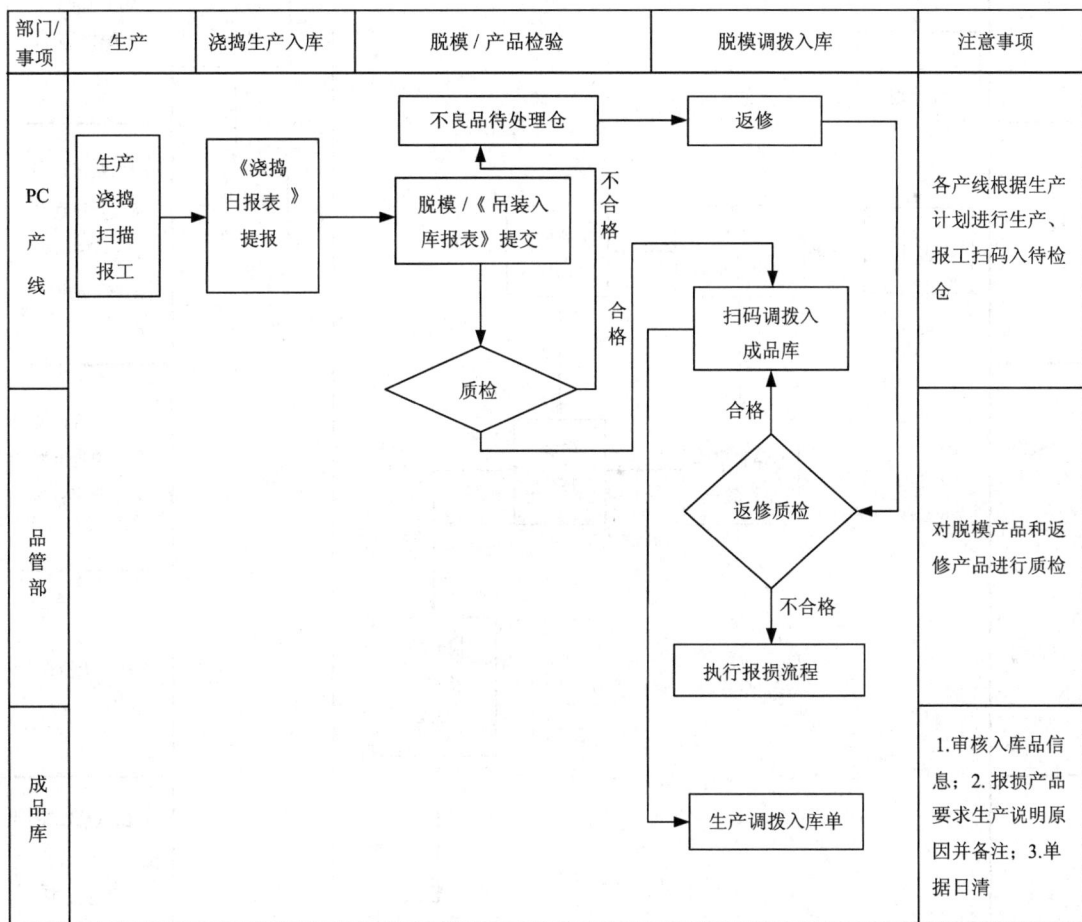

图 5-16　成品入库流程图

2. 成品出库流程

如图 5-17 所示，当客户的吊装需求以"3+1"计划的形式给到工厂后，由资材计划编制出货计划，再经 EAS 系统打印销售出库单，以此进行装车与出库，最后经由品检和安检后出厂，到达工地后由客户签收。

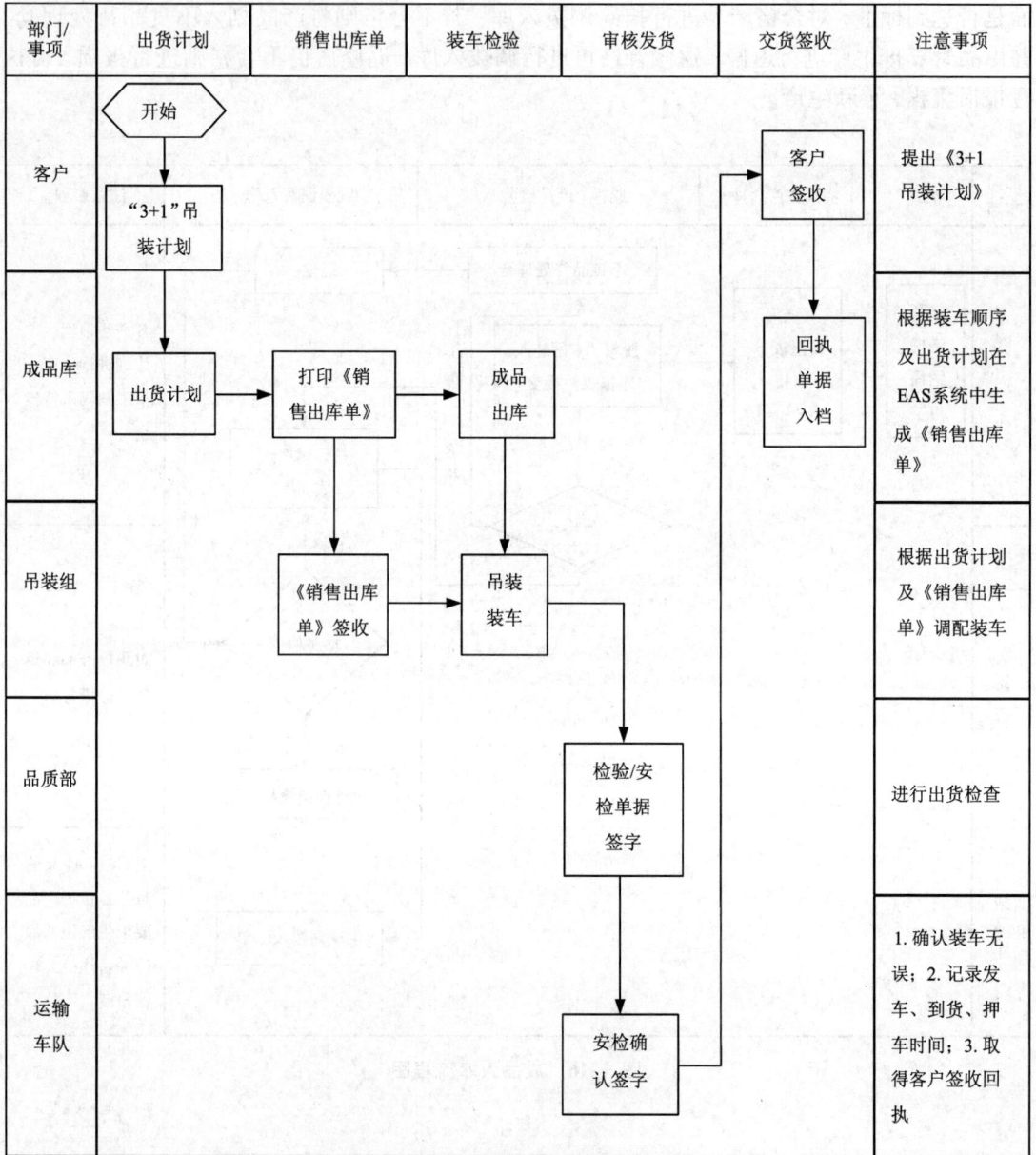

部门/事项	出货计划	销售出库单	装车检验	审核发货	交货签收	注意事项
客户	开始 →"3+1"吊装计划				客户签收	提出《3+1吊装计划》
成品库	出货计划	打印《销售出库单》	成品出库		回执单据入档	根据装车顺序及出货计划在EAS系统中生成《销售出库单》
吊装组		《销售出库单》签收	吊装装车			根据出货计划及《销售出库单》调配装车
品质部				检验/安检单据签字		进行出货检查
运输车队				安检确认签字		1.确认装车无误；2.记录发车、到货、押车时间；3.取得客户签收回执

图 5-17 成品出库作业流程图

3. 成品退库与补发流程

成品退库与补发流程是针对已发货的成品构件，因在工地发现质量问题，而需退回工厂进行处理的事宜，如图 5-18 所示。针对有问题的构件，先由工厂品管部门评估确定处理方式，而后进入销售退库 B 品仓。针对需报损的构件，由资材部门下达增补生产指令单，重新生产。针对返修的构件，由资材部门下达修补指令，产线修补后经品管部门检验合格则调拨入 A 品仓，如无法修补达标，则执行报损流程。

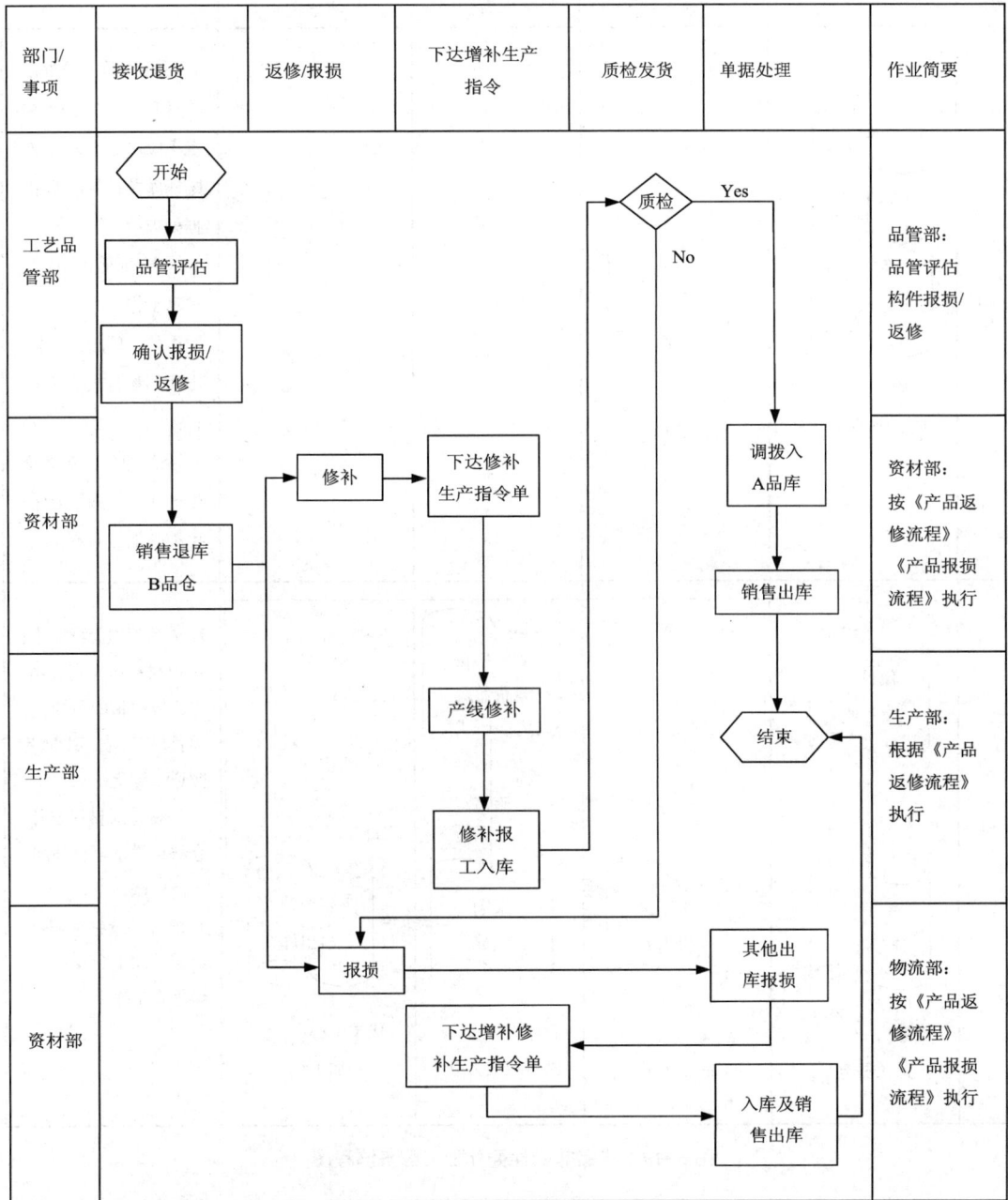

图 5-18 成品退库与补发流程图

4. 成品非标件委外加工账务流程

当工厂产能不足时，加之异型件的生产占用资源相对较多，所以工厂一般优先选择标准构件业务，而将异型件的生产予以外包。通常的外包方式主要有包工和包工包料两种，具体详情如图 5-19 所示。

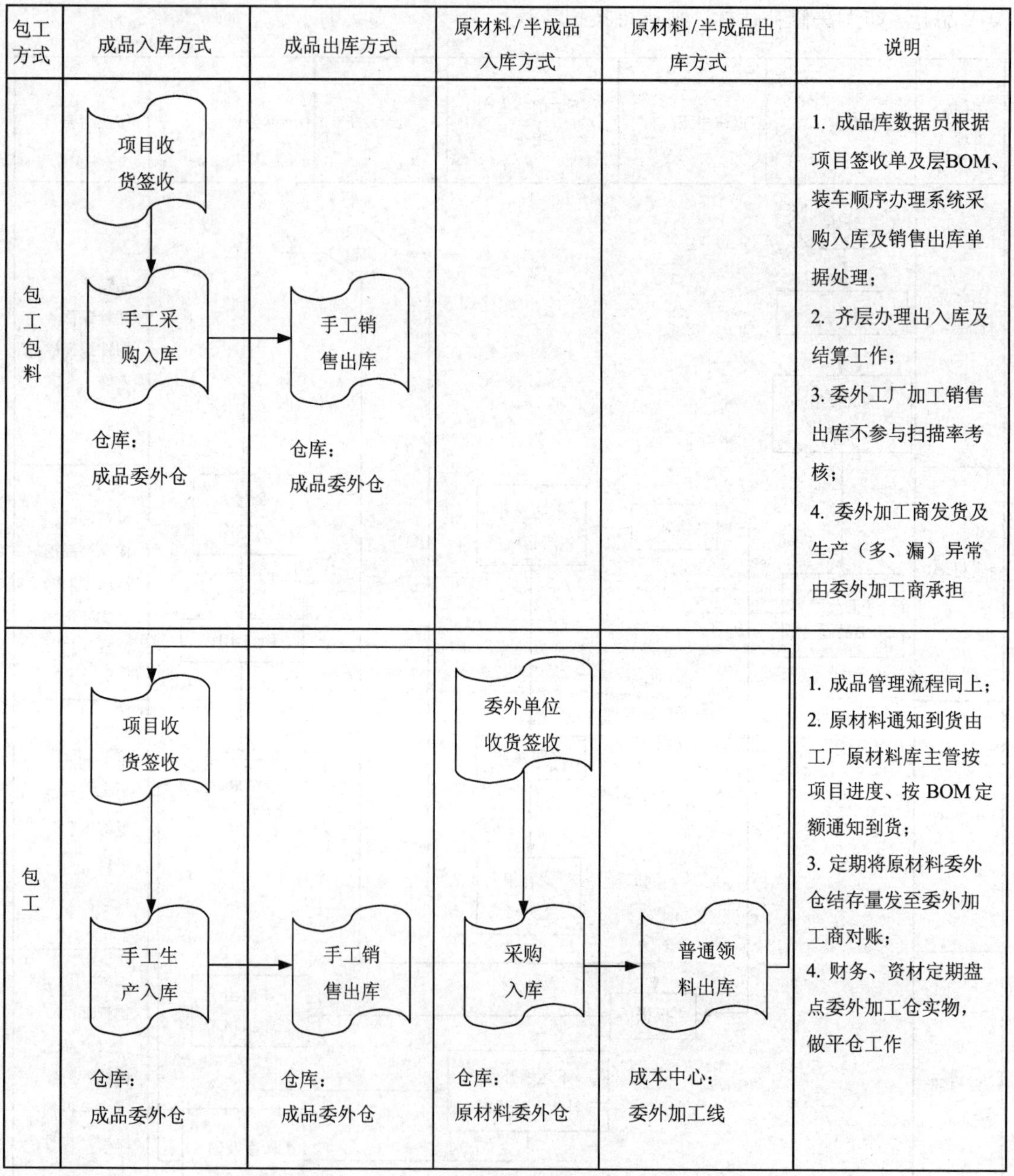

包工方式	成品入库方式	成品出库方式	原材料/半成品入库方式	原材料/半成品出库方式	说明
包工包料	项目收货签收 → 手工采购入库 仓库：成品委外仓	手工销售出库 仓库：成品委外仓			1. 成品库数据员根据项目签收单及层BOM、装车顺序办理系统采购入库及销售出库单据处理； 2. 齐层办理出入库及结算工作； 3. 委外工厂加工销售出库不参与扫描率考核； 4. 委外加工商发货及生产（多、漏）异常由委外加工商承担
包工	项目收货签收 → 手工生产入库 仓库：成品委外仓	手工销售出库 仓库：成品委外仓	委外单位收货签收 → 采购入库 仓库：原材料委外仓	普通领料出库 成本中心：委外加工线	1. 成品管理流程同上； 2. 原材料通知到货由工厂原材料库主管按项目进度、按 BOM 定额通知到货； 3. 定期将原材料委外仓结存量发至委外加工商对账； 4. 财务、资材定期盘点委外加工仓实物，做平仓工作

图 5-19　成品非标件委外加工账务流程图

5. 成品销售退货与报损表单

构件生产、存放或者运输过程中，会存在非人为因素损坏的概率，当构件损坏或者经过现场维修仍达不到收货标准时，项目会退货。一旦产生退货，工厂需要具体的退货构件明细，明确的退货原因，以及所造成损失的核算，并及时出具处理意见，而此事项由退货单（表5-4）来支撑。

一旦构件无法修复需要报损时，各部门需要分析构件报损的原因，同时明确是哪个环节的责任，而且由于成品属于工厂财务核算的关键节点，需要做账务处理，同时对应的部门需要安排相应构件的生产，该工件由报损单（表5-5）来支撑。

退货单和报损单原件均需提交财务部门，同时也需要自行备档。

表 5-4　退货单

退货单编号		退货日期			收货日期			
原采购订单号		部门			制单人			
供应商编号		供应商						
序号	项目名称	物料名称	规格	退货原因	单位	数量	单价	金额
金额合计								
备注								
审核意见	制单人：		生产部：		资材部：		工艺品管部：	

表 5-5　报损单

报损工位号码/成本中心号码：　　　　　年　月　日　　　　　　　　　　字第　　号

序号	物料编码	物料名称	单位	数量	单价	金额	
报损原因：			主管审批意见：			财务意见：	

5.3.5　仓储盘点管理

1. 盘点目的

PC工厂在生产运营过程中存在多种损耗，有可见、可控的损耗，但同时也有难以统计的损耗，因此通过盘点来得知库存盈亏状况就显得尤为重要。

一般地，通过盘点，一来可以获得准确的实际库存数据，用以控制存货、指导生产运营业务；二来可以发现库存管理存在的问题，提出改进的方向；三来能够查清库存账面损益，确切地反映公司财务状况，并及时采取防漏措施。

2. 盘点范围

仓库所有库存物料，包括原材料、在制品、半成品、成品以及外协件厂商的本厂物料或甲供物料等。

3. 盘点形式

盘点形式就是指从不同的维度去针对性地组织盘点，主要有永续盘点、定期盘点、循环盘点、重点盘点等。

1）永续盘点：针对套筒、吊钉类，对当天有进出的物料进行盘点，检查账卡物是否一致。

2）定期盘点：按月、季度、半年度、年度进行全面清仓盘点，出具盘点报告。

3）循环盘点：针对钢筋、混凝土、管材类，对自己所管物料分轻、重、缓、急做出月度盘点计划，按计划进行逐日盘点。

4）重点盘点：针对减水剂、脱模剂以及其他有效期短的物料，根据季节变化或工作需要，为某种特定目的而对仓库进行盘点和检查。

4. 盘点前期准备

（1）基础准备。

1）收发料节点通知：盘点期间原则上禁止收发料。

2）单据账务处理完毕：当账期内所有进出单据关账前处理完成。

3）同种物料集中摆放：按照仓库对应区域集中摆放。

4）盘点工具准备：电子台，吊秤、卷尺、夹板、记录笔、盘点表。

5）确保标识清晰、卡物一致：仓库区域标识清晰，物料卡上物料名称、型号、数量与实物一致。

6）盘点人员分工注意事项：记录、盘点与核对人员应分开；初盘、复盘、监盘人员均不能相同；

确定责任人；具备识别和统计数据的相关能力。

（2）盘点时间安排。

盘点前完成准备（单据处理、审核完成），盘点过程一天左右（尽量选用静态盘点），差异分析一至两天，盘点报告与账务调差一天左右，盘点全流程三天内完成。

（3）盘点要求。

1）见物盘物：负责区域内的物料盘点到位，不多盘，不漏盘。

2）有效期呆滞物料：有效期呆滞物料是否登记到位，是否先进先出，是否已过期或快过期，是否合理到货。

3）仓储管理是否规范：同一种物料是否集中摆放；是否标识清晰、卡物一致；6 S 是否到位。

4）初盘、复盘数据一致性：初盘与复盘数据应保持一致，否则初盘人员与复盘人员需对有差异物料进行重新盘点确定。

（4）盘点方法。

1）混凝土盘点：砼渣主要根据进销存账务进行盘点；河砂、卵石则先测量堆放区长宽高，河砂根据 $1\ m^3 \cong 1.35\sim1.5\ t$ 测算，卵石依据 $1\ m^3 \cong 1.4\sim1.7\ t$ 测算；粉煤灰、水泥等根据罐体容量、料位测算算出重量，采取轮流空仓或者满仓核算实际量和差异量。

2)钢筋盘点：网片根据长宽、片数算出面积；桁架根据规格与根数进行测算；钢筋笼根据理论值还原成不同型号钢筋重量；其他钢筋材料分区域与型号进行称重，再按规格分类汇总重量；钢筋尾料必须称重盘点。

3)PC 材料盘点：管材按包或根进行盘点；套筒、吊钉按箱或个数进行盘点；螺栓、螺母、垫片类有包装单位的按盒或个进行盘点，散装的以几个为基数进行称重还原；液体材料根据盛放容器的大小，测量高度预计测算。

4)成品构件盘点：按区域、存放项目、构件类别制作盘点表，采取手工计数盘点、条形读码器扫码盘点、手机扫描二维码盘点等相结合的方式。

5. 盘点过程

（1）预盘。

1)根据盘点时间安排，盘点总共只有一天，时间非常紧张，可安排合适人员先对库存物料进行初盘。

2)预盘作业流程：以财务 EAS 系统为基准制作盘点表→交主盘部门→参与盘点人员需确认是否有遗漏，且均需标示已清点结束的标识→盘点完成后在盘点表上记录标号、储存位置、盘点日期、预盘实际数量以及盘盈盘亏数量及原因，并确认签字→最后对已盘点物资进行整理与归位→将盘点表交回主盘人→监盘人和主盘人稽核并复盘，同时查找和记录数据差异原因。

3)在预盘过程中，由盘点资材负责人跟进预盘进度及稽核预盘的全过程，监管数据真实性。

4)备注说明：此项可根据工厂实际情况选择性进行，也可选择直接进入初盘流程。

（2）初盘。

1)初盘方法及注意事项。

①盘点人只负责盘点计划书中规定的区域内的初盘工作，其他区域在初盘过程不予以负责。

②先盘点零件盒内物料，再盘点箱装物料，按储位先后进行有序盘点，不允许采用零件盒与箱装物料同时盘点的方法。

③所负责区域内的物料一定全部盘完。

④初盘时需要重点注意盘点数据错误原因，如物料储位错误、物料标识错误、物料混装等。

⑤对于水泥、砂石、粉煤灰这些混凝土类物料，工厂每月必须和生产负责人确认抽盘两次空仓数据，并且每次盘点混凝土加工线时需要校对一次下料称，初盘前需对砂石进行平仓处理，以方便丈量。

⑥对于钢筋材料，每周必须同钢筋线确认实际领用量、定额量、裁用量，进行对比。

2)初盘作业流程。

①初盘人员准备相关文具及资料，如夹板、笔、盘点表。

②根据盘点计划书的安排对所负责区域进行盘点。

③按物资的储位先后顺序对物资进行盘点。

④物资点数完成确定无误后，根据储位和标号在盘点表中找出对应的物资行，并在表中

"盘点实际数量"一栏记录盘点数量，在"差异"一栏记录盘盈、盘平、盘亏数。

⑤按此方法及流程盘完所有物资。

⑥在此之前如果安排有"预盘"，则此时可抽盘清点，或根据物料卡上标识确定正确的标号、并与储位信息进行对应，在盘点表对应的"实际盘点数量"一栏填上数量即可。

⑦初盘完成后根据记录的盘点差异数据对物料再盘一次，以保证初盘数据的正确性。

⑧在盘点过程中发现异常问题不能正确判定或者不能顺利解决时，可以查找"查核人"处理。

⑨初盘完成后，初盘人在盘点表上签名确认，签字后将盘点表复印一份交给盘点单位负责人存档，并将原件交给指定的复盘人进行复盘。

（3）复盘。

1）复盘注意事项。

①复盘时需要重点查找以下错误原因：物料储位错误、物料标示错误、物料混装、数据差异等。

②复盘有问题的需要找到初盘人进行确认。

2）复盘作业流程：

①复盘人对盘点表进行分析，快速做出盘点对策，按先差异大后差异小、再抽查无差异物料的方法进行复盘工作，复盘可安排在初盘结束后进行，复盘人一般由非保管员担任。

②复盘时根据初盘的作业方法和流程对异常数据物料进行再一次点数盘点，如确定初盘盘点数量正确时，则盘点表的"复盘实际数量"不用填写，反之，则填写正确数量。

③初盘所有差异数据都需要经过复盘确认。

④复盘完成后，与初盘数据有差异的需要找初盘人予以当面核对，核对完成后，将正确的数量填写在"复盘实际数量"一栏。

⑤复盘人与初盘人核对数量后，需要将初盘人盘点错误的次数记录在盘点表的备注栏中。

⑥复盘人完成所有盘点流程后，在盘点表上签字，并将盘点表给到相应的查核人。

（4）核查。

1）核查注意事项。

①核查最主要的目的是最终确定差异和差异原因。

②核查对于问题很大的，也不要光凭经验和主观判断，需要找初盘人或复盘人确认。

2）核查作业流程

①核查人对复盘后的盘点数据进行分析，以确定核查重点、方向、范围等，按照先盘点数据差异大后盘点数据差异小的方法进行核查工作，核查可安排在初盘或者复盘过程中或者结束后。

②核查人根据初盘、复盘的盘点方法对物料异常进行核查，将正确的核查数据填在盘点表的"核查实际数量"中。

③确定最终的物料盘点差异后，需要进一步找出错误原因并写在"盘点表"对应位置。

④按以上流程完成核查工作，将复盘的错误次数记录在盘点表的备注栏中，并在盘点表的相应栏确认签名。

（5）稽核。

1）稽核注意事项：

①各个盘点单位指定人员都需要积极配合稽核工作。

②稽核人盘点的最终数据需要稽核人和盘点核查人签字确认方有效。

2）稽核作业流程：

①稽核人员随机抽查或者重点抽查盘点单位，认真填写稽核盘点表，作为稽核依据。

②稽核根据需要在盘点单位进行初盘、复盘、核查的过程中或者结束之后进行稽核。

③稽核人员可先行抽查盘点，合理安排时间，在自行盘点完成后，需求盘点单位主持人安排人员（一般为核查人）配合进行库存数据核对工作，每一项核对完成无误后在稽核盘点表的"稽核数量"栏填写正确数据。

④稽核人员和核查人员核对完成实物数据确认工作后，在稽核盘点表的相应位置上签名，将稽核数据作为最终盘点数据，但数据差异需要继续寻找原因。

6. 盘点后工作

（1）盘点数据录入及盘点错误统计。

1）经盘点单位部门负责人及盘点主持人审核的盘盈、盘亏汇总表，交由仓库管理员录入EAS 系统，并将盘点差异原因录入，由财务部审批。

2）录入工作应仔细认真保证零错误，录入过程发现问题应及时找相应人员解决。

（2）盘点总结及报告。

1）对盘点期间出现的各种情况进行总结，尤其对盘点差异原因进行总结，盘点牵头部门负责人编制盘点总分析报告，由工厂内部审核完成后，通过 OA 系统发给财务中心、PC 运营中心及平台工厂管理部。

2）盘点总结报告需要说明的事项有：本次盘点方法、盘点情况、同比上次盘点情况、盘点差异原因、盘点结果以及后续工作改善措施等，并可以附表说明。

5.4　成品入库

在前述"库位管理"部分，已针对成品入库流程做了大致的介绍，在本节中将对入库流程进一步细化到作业级，主要对成品生产入库作业、调拨入库作业、返修品入库作业等方面进行详细的介绍。具体详情分别如图 5-20、图 5-21、图 5-22 所示。

1. 成品生产入库作业（图 5-20）

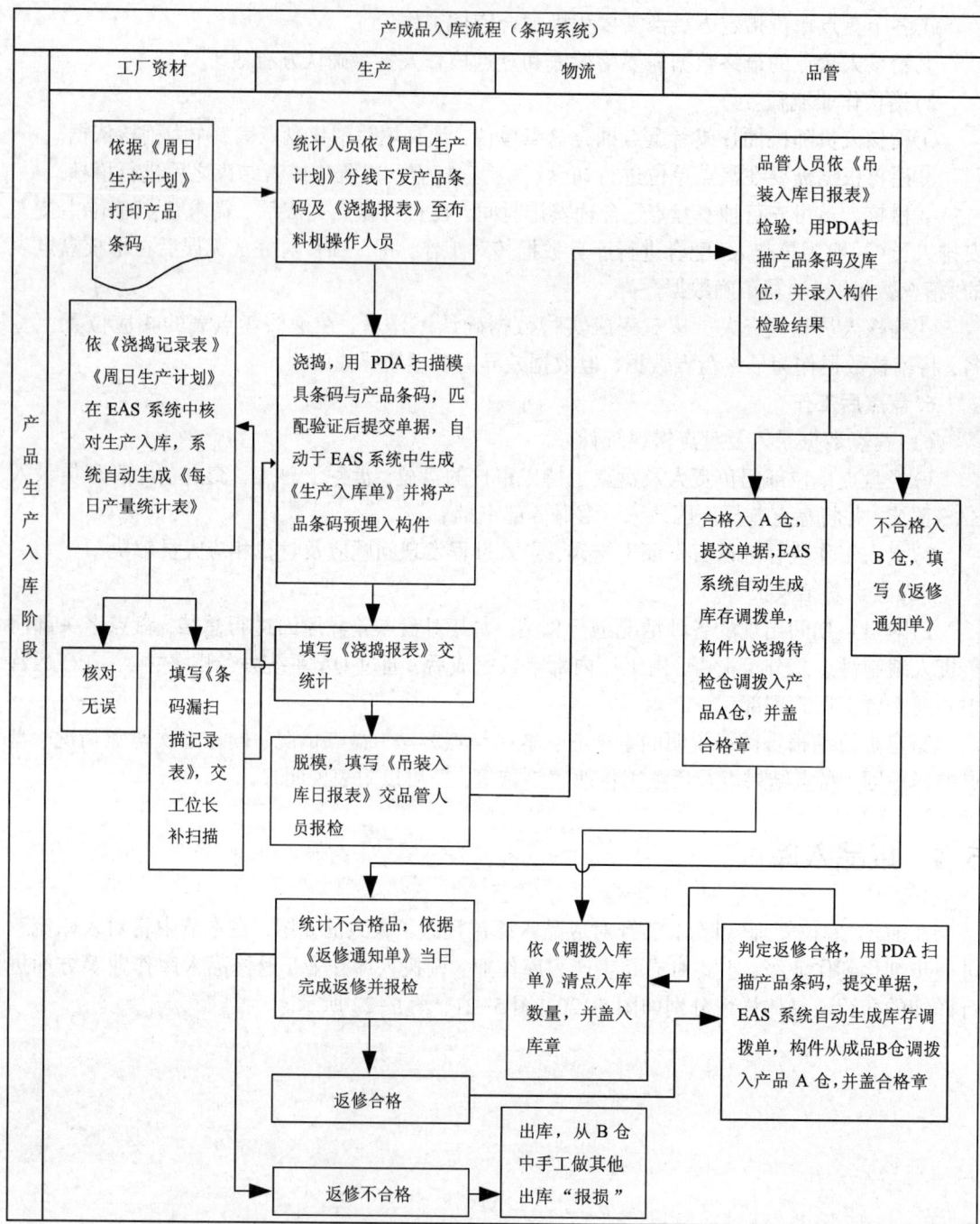

图 5-20　成品生产入库作业流程图

2. 成品调拨入库作业（图 5-21）

序号	流程	相关内容
1	接单	1. 吊装入库日报表生产统计每天上午 10：00 送到仓库 2. 入库件为前一天脱模产品 3. 吊装入库日报表必须包含：编码、型号、层数、合格与不合格数量生产日期、楼层以及入库人、质检员、主管人员、统计人员的签字
2	清点	1. 入库 PC 板按设定库位原则摆放整齐，堆码、标识符合规定并粘贴含条码准用证，合格品须有品管人员盖的检验章（条码准用证未盖检验章默认为不合格品） 2. 保管员清点入库合格与不合格数量，确认无误后签字，同时必须在入库 PC 板上盖上"入库章"，与未入库 PC 板做区分（注意合格品与不合格品的区分）
3	记账	清点完成后将"吊装入库报表"中构件与 EAS 系统数进行核对
4	审核	1. 仓管员下午 16：30 前将当天打印的单据红联与原始单交成本会计审核，成本会计当天须在 EAS 系统里审批前一天的账务 2. 仓管员上午 9：00 前将昨天 16：30 之后的单据交成本会计审核，成本会计上午 10：00 前需在 EAS 系统中完成审批
5	装订	1. 每月 26 号将入库的系统单据与对应的吊装入库日报表按单据号的顺序装订成册 2. 原始单据应完整保存，便于追溯

图 5-21 成品调拨入库作业流程图

3. 返修品入库作业 (图 5-22)

序号	流程	相关内容
1	接单	1.返修入库单由生产统计每天上午10:00送到仓库 2.单据内容必须包含：PC板型号、计量单位、返修合格数量、生产日期以及入库人、质检人员、主管人员、统计人员的签字
2	清点	1.根据返修入库单PC板的生产日期核找准用证上对应日期，须有品管人员盖的检验章（准用证未盖检验章默认为不合格品） 2.保管人员清点入库返修合格数量，确认无误后签字，同时在条码准用证上"入库章"，与未入库PC板做区分
3	入账	生产返修完成，品管人员检验合格后在PDA上扫描条码，构件从B库自动调拨至A库且进行库位分仓
4	审核	1.仓管员下午16:30前将当天打印的单据红联与原始单交成本会计审核 2.成本会计当天须在EAS系统里审批前一天的账务
5	装订	1.每月26号将入库的系统单据与对应的吊装入库日报表按单据号的顺序装订成册 2.原始单据应完整保存，便于追溯

图 5-22　返修品入库流程图

5.5　成品出库管理

5.5.1　出货计划流程

PC 工厂成品出库须依照成品出库管理流程执行，如图 5-23 所示。

序号	出货流程图	关联部门	流程说明
1	接收《"3+1"吊装计划》	计划部门	1. 根据施工《"3+1"滚动吊装计划》每日 16：30 整理下发次日的《出货计划表》 2. 注意库存数，盘查次日发货构件是否已全部入 A 库
2	编制《出货计划表》		
4	审核	资材部门	审核出货计划
5	《出货计划表》	计划、物流、品管生产部门	1. 下发签核《出货计划表》给品管、物流、统计部门 2. 相关部门收到出货计划后如有异常，2 h 内通知计划部门，待与总装对接员联系后再确认
6	分配车辆	物流部门	1. 依《出货计划表》制作手工《销售发货单》安排车辆，依据货物的特性、区域或发货时间选取车辆并联系好运输车辆，组织装车 2. 车辆有异常情况，物流 2 h 内需通知采购与计划部门
7	装车	物流品管生产部	1. 装车过程中品管员、仓管员跟车装货，确认产品与《销售出货单》规格、数量一致，记录数量、生产日期 2. 品管人员核查装车构件型号并签字后交物流
8	装货完成	物流、品管、生产部门	1. 单据交承运司机签字并注明承运车牌号、收货人及联系方式。司机对装车货物的件数确认签字，确认是否有空地停放车辆，确认无误后发货放行。 2. 物流做好《运输记录与安全点检卡》《PC 发货运输明细表》记录
9	发货、放行		

备注：

1. 出货计划变更统一由计划发出并通知物流、品管、生产部门。

2. 在装车发货过程中仓管员与品管员参与，确认出现异常及时与计划部门反馈联系。

3. 当日出货计划不能按期完成时，相关部门负责人第一时间与计划部门联系确认后方可执行，不可自行抉择或不予反馈，导致信息脱节。

4. 仓管员每日上午 9：00 前汇总出前日实际发货明细，在《出货计划表》上填写具体的出货日期及时间，以便于追溯施工现场卸货时间。

5. 请相关部门紧密联系、全力配合。

图 5-23　成品出库管理流程图

5.5.2 "3+1"出货计划

如表 5-6 所示,"3+1"滚动计划,即当日(表中为 12 月 1 日)提交未来三天的预计要货计划,其中次日(12 月 2 日)为准确的要求计划,确定后不能变动;其他 2 日为预计要货计划(表中为 12 月 3 日,12 月 4 日)。在下一日(12 月 2 日)报 3+1 滚动计划(12 月 3 日、12 月 4 日、12 月 5 日)时可在前一日的计划上做调整,调整原则:只可减少或者等于,不能增加。

"3+1"滚动计划的作用:

1)指导生产,当项目过多,工厂产能到达极限时,没有场地或没有产能制造库存,这时工厂只能根据工地未来几天实际的需求计划进行生产。

2)指导物流和品管部门的工作,物流部门根据"3+1"计划进行备货、备车,确保工地在要货节点上能到齐构件;品管根据"3+1"发货计划提前进行成品再次检验,确保物流发货时,所需构件全部质量合格,满足发货条件。

表 5-6 "3+1"出货计划表

栋号	楼层/塔吊		12 月 2 日(准确数据)				12 月 3 日(计划吊装)				12 月 4 日(计划吊装)				备注
	楼层	塔吊	发车顺序	构件(钢筋类别)	需求到货时间		发车顺序	构件(钢筋类别)	需求到货时间		发车顺序	构件(钢筋类别)	需求到货时间		
					上午(时间)	下午时间			上午(时间)	下午(时间)			上午(时间)	下午(时间)	
合计车数															

备注:每日上午 9:00 前提供第二天的出货计划,以及第三、四天的预计出货计划,并注明具体到货时间。

5.5.3　成品出货流程

当 PC 成品进入出货环节时，具体的操作流程如图 5-24 所示。

序号	流程	相关内容
1	要货需求	根据工程进度发货需求，施工方提前一天提供《"3+1"发货需求计划》
2	出货计划	1. 计划根据《装车顺序》在 EAS 系统中拉式生成条码出库单《销售出库单》作为装车依据 2. 经计划部门主管或资材部门负责人审核，下发生产、品管、物流等部门
3	销售出库	发货员打印六联《销售出库单》作为与司机、施工甲方对账结算的依据
4	装车检验	1. 发货员根据所发货物的特性、区域或发货时间选取车辆并联系好运输车辆，并组织装车 2. 吊装人员根据条码《销售出库单》依库位找到对应构件装车，装车完成将构件上条码撕下粘到《销售出库单》上，并交还物流；物流通知品管人员对已装车构件进行最终出货检验并在《销售出库单》上签字；物流对检验无误构件扫描并提供单据，系统将自动检验
5	发运	1. 装车完成后发货员将一式六联的《销售出库单》交品管人员、司机签字并注明承运车牌号、收货人及联系方式（司机必须对装车货物的件数签字确认） 2. 填写二联《运输用车审批单》，注明发运时间，司机签字确认，自存一联，随单走一联 3. 物流做好《运输记录与安全点检卡》 4.《销售出库单》发货员白联物流自存，财务留存红联，蓝、绿、黄联是司机带现场签收，最后一联作为出门放行依据
6	交货签收	1. 承运司机将产品运至收货人指定地点，提供剩余三联《销售出库单》和一联《运输用车审批单》 2. 现场收货在《运输用车审批单》签署到达时间及卸完货后车辆返回的时间，并签字确认 3. 现场收货人核对型号数量无误，蓝联自存，在绿、黄联上签收并交承运司机，黄联作为结算运费的依据，绿联和《运输用车审批单》返回给工厂发货员
7	结算	1. 运输公司将收货人签收的黄联销售出库单每月交给工厂，作为对账结算依据 2. 发货员初步核对，并编制《当月运输结算明细表》，连同需结算运费的回单交采购部门审核 3. 仓管员每日做好出库统计，并将车辆使用情况汇总为《月度运输成本分析表》

图 5-24　成品出货流程图

5.5.4　成品退货处理流程

当 PC 产品发货至项目现场后，如遇到 PC 产品品质异常，并接到项目客户投诉要求进行成品退货时，须按图 5-25 所示流程进行处理。

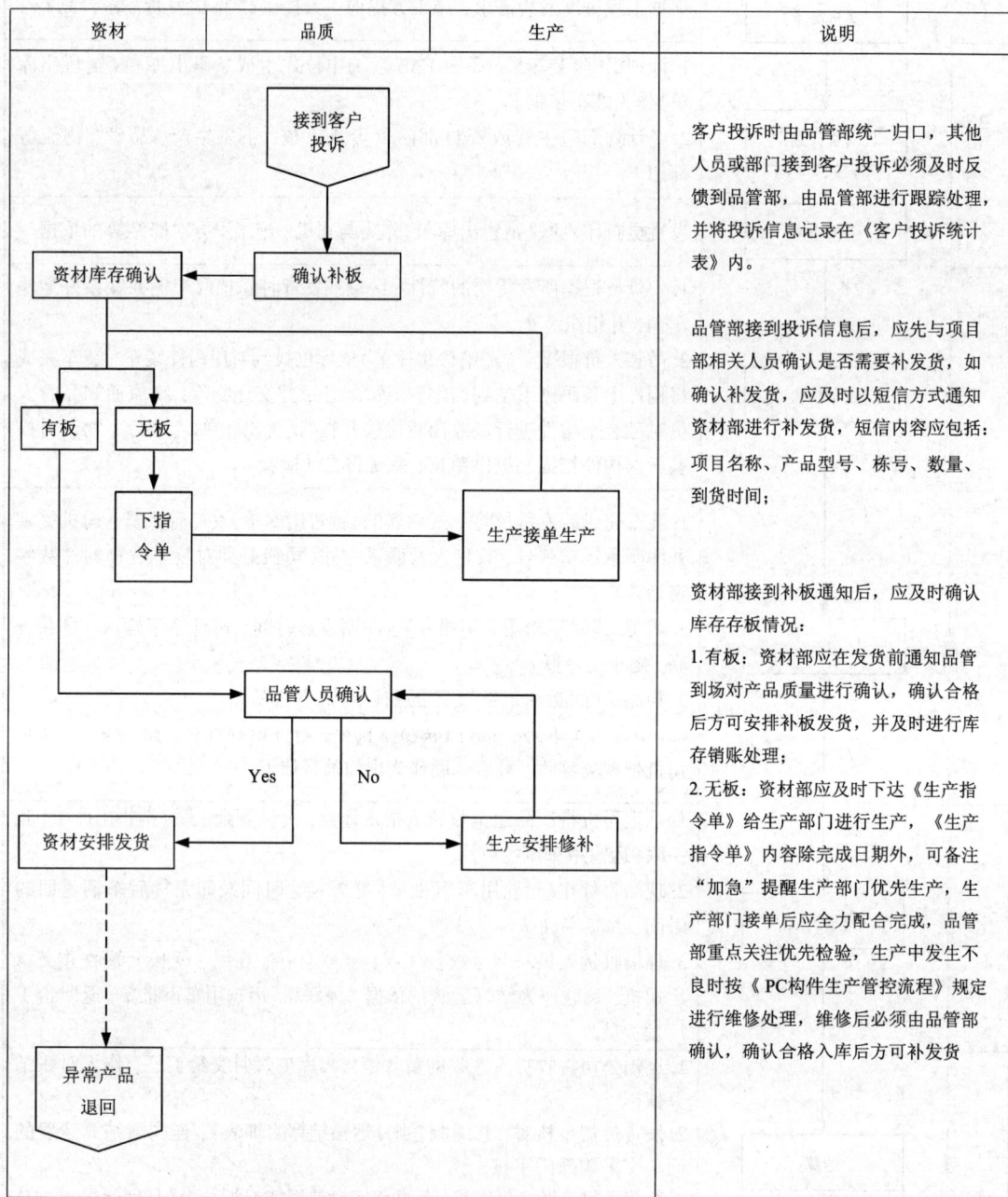

资材	品质	生产	说明

接到客户投诉

资材库存确认　←　确认补板

有板　无板

下指令单　　生产接单生产

品管人员确认

Yes　　No

资材安排发货　　生产安排修补

异常产品退回

说明栏：

客户投诉时由品管部统一归口，其他人员或部门接到客户投诉必须及时反馈到品管部，由品管部进行跟踪处理，并将投诉信息记录在《客户投诉统计表》内。

品管部接到投诉信息后，应先与项目部相关人员确认是否需要补发货，如确认补发货，应及时以短信方式通知资材部进行补发货，短信内容应包括：项目名称、产品型号、栋号、数量、到货时间；

资材部接到补板通知后，应及时确认库存存板情况：
1.有板：资材部应在发货前通知品管到场对产品质量进行确认，确认合格后方可安排补板发货，并及时进行库存销账处理；
2.无板：资材部应及时下达《生产指令单》给生产部门进行生产，《生产指令单》内容除完成日期外，可备注"加急"提醒生产部门优先生产，生产部门接单后应全力配合完成，品管部重点关注优先检验，生产中发生不良时按《PC构件生产管控流程》规定进行维修处理，维修后必须由品管部确认，确认合格入库后方可补发货

图 5-25　成品退货流程图

在进行完成品退货流程之后，工厂还需对项目返回来的异常产品进行分析、处理，同时制订措施，避免同类不良再次发生。具体工作流程如图 5-26 所示。

资材	品质	生产	说明
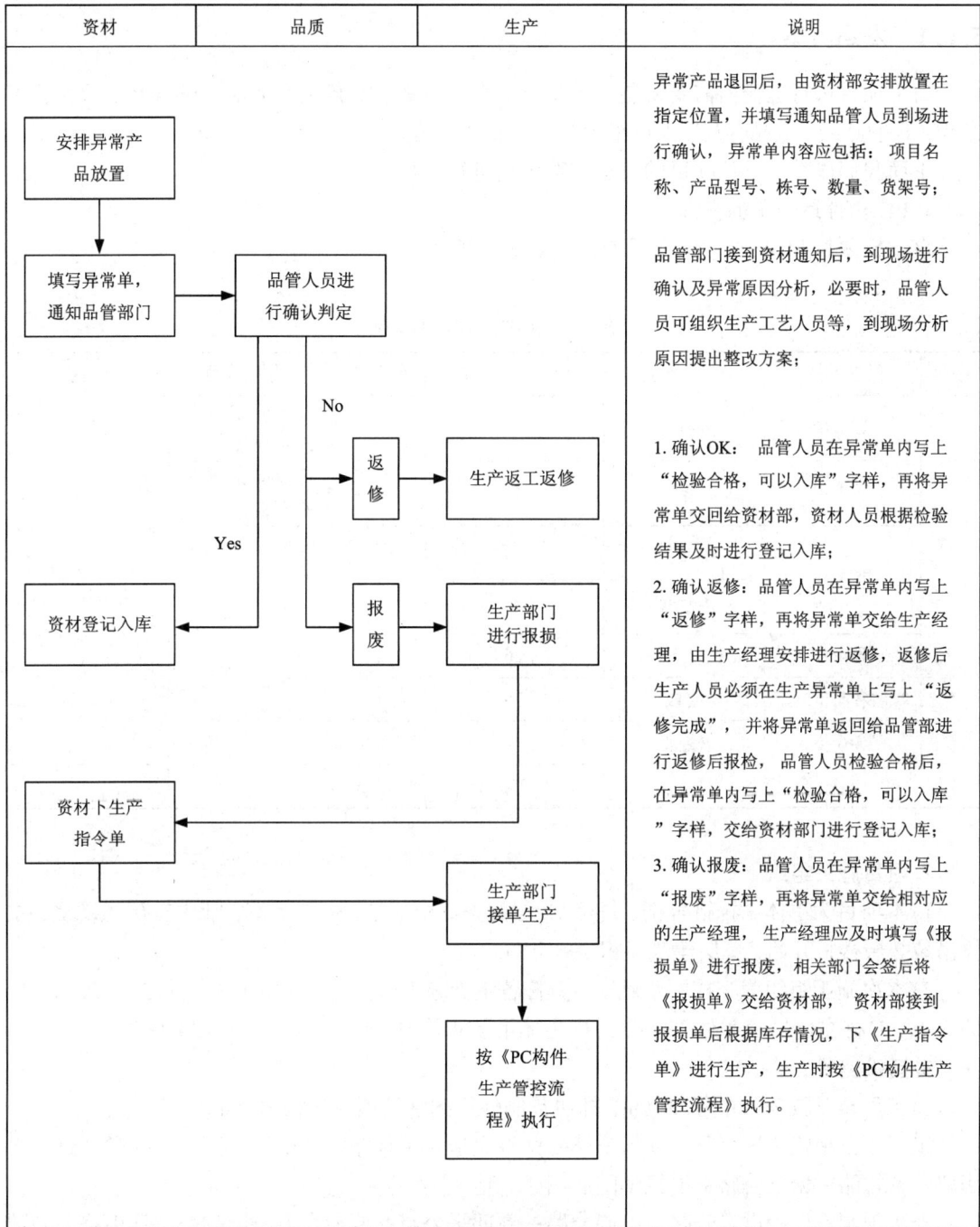			异常产品退回后，由资材部安排放置在指定位置，并填写通知品管人员到场进行确认，异常单内容应包括：项目名称、产品型号、栋号、数量、货架号； 品管部门接到资材通知后，到现场进行确认及异常原因分析，必要时，品管人员可组织生产工艺人员等，到现场分析原因提出整改方案； 1. 确认OK： 品管人员在异常单内写上"检验合格，可以入库"字样，再将异常单交回给资材部，资材人员根据检验结果及时进行登记入库； 2. 确认返修：品管人员在异常单内写上"返修"字样，再将异常单交给生产经理，由生产经理安排进行返修，返修后生产人员必须在生产异常单上写上"返修完成"，并将异常单返回给品管部进行返修后报检，品管人员检验合格后，在异常单内写上"检验合格，可以入库"字样，交给资材部门进行登记入库； 3. 确认报废：品管人员在异常单内写上"报废"字样，再将异常单交给相对应的生产经理，生产经理应及时填写《报损单》进行报废，相关部门会签后将《报损单》交给资材部，资材部接到报损单后根据库存情况，下《生产指令单》进行生产，生产时按《PC构件生产管控流程》执行。

图 5-26 异常产品处理

5.6　构件装车运输

5.6.1　发运方案

　　每个项目进行运输前需要编制切实可行的发运方案,方案包含运输车辆安排、项目施工组织、运输路线、成品存放、人员组织等五大重要内容。

　　下面我们以某一学校项目的发运方案为例进行分析。

1. PC 构件运输车辆安排

　　该学校项目 PC 构件运输车辆安排如表 5-7 所示。

表 5-7　构件运输车辆安排

序号	吊装步骤	产品类型	单层数量/个	车次/次	选用车辆	备注
1	第 1 步	外挂板	45	4	9.6 m 前四后八平板挂	工厂至工地来回路程约 40 km,车辆限速 30 km/h,预计租用车辆 10 ~ 16 台。
2	第 2 步	梁	42	2	9.6 m 前四后八平板挂	
3	第 3 步	承重墙	50	6	9.6 m 前四后八平板挂带货架	
		内隔墙	8			
4	第 4 步	栏杆、柱	26	2	9.6 m 前四后八平板挂	
5	第 5 步	楼板	75	6		
6	第 6 步	楼梯	4	0.5		
合计			250	20.5		

2. 项目施工组织

　　1)本项目为单体 3 栋宿舍楼,每栋 12 层配备 2 个塔吊,带地下室,其中首层为现浇,主体吊装 2 层楼板开始,单层建筑面积 796.46 m²。

　　2)本次施工组织为 3 栋同步施工,每栋各 1 支施工队伍,预计施工周期为首层 15 天,后期 5 天。1#栋主体吊装 3 月 25 日,2#栋主体吊装 4 月 10 日,3#栋主体吊装 4 月 21 日。

3. 运输路线

　　1)工厂至学校项目单程 20 km,外协预制件厂到学校项目单程 30 km。

　　工厂—正琅路—平宇路—新杨公路—两港大道—层林路—江山路—同顺路—顺翔路—水华路—方竹路—塘下公路—电机学院后门—工地。

　　外协预制件厂—洪朱公路—五四公路—新四平公路—两港大道—层林路—江山路—同顺路—顺翔路—水华路—方竹路—塘下公路—电机学院后门—工地。

　　2)运输线路况:道路为面平整双向 6 车道,车辆稀少,车辆总高度不超 4.5 m,桥梁限重 40 t 内,无交通管制的限制。

3）项目现场车辆转弯半径只适合 9.6 m 的挂车，项目进门口坡度 15°～20°左右带 90°转弯，墙板立运时存在运输安全隐患，工地现场需对该门口进行改造，运输公司进行确认。

4. 成品存放

1）楼板堆放采用整体吊装方式平放，按层分区域，按装车顺序堆垛，高度为 6～7 层，每层占地面积 620.39 m²。

2）墙板采用存放架立放，按层分架存放，在每个存放架上标示存放的 PC 板规格型号，每层占用存放架 9 个。

3）梁采用垫木方平放方式，按装车顺序分层分区域存放，堆放高度 2～3 层，每层占地面积 26 m²。

4）楼梯采用垫木方平放方式，按左右分区域堆码，堆码高度为 4～5 层，每层占地面积 6.88 m²。

5. 人员组织

1）资材部物流主管安排对接工地现场发货计划、发货进度及异常处理，负责运输公司车辆调配及增减。

2）生产吊装人员负责 PC 板按装车方案装车。

3）品管人员负责 PC 板的质量、型号、数量以及工地现场 PC 构件质量异常的对接。

行进线路里程及路况考察登记表和项目运输数据统计如表 5-8、表 5-9 所示。

表 5-8 杭州三墩北运输路线及路况考察登记表

行进路线	里程	单位	路桥通行状况	交通管制	小车行驶时间点
公司大门沿纬七路向西直行至新世纪大道右转	970	m	通行正常	无	13:05
沿新世纪大道直行至江东大道左转	2800	m	通行正常	无	
沿江东大道直行过江东大桥上德胜路	22700	m	苏绍高速桥洞 1 个,限高 5 m;江东大桥收费站 1 个,限高 5 m,限宽 4 m	定点超重检查	13:45
沿德胜路(地面道路)直行至航海路(S01 省道)右转	10200	m	沪昆高速桥洞 3 个,限高 4.5 m;九堡大桥高架 1 个,限高 4.5 m	德胜路杭海路交叉口晚上 7 点到 9 点道路拥堵,有交警疏导交通	
沿杭海路直行至乔莫西路左转	3800	m	杭州绕城高速桥洞 1 个,限高 4.5 m	无	
沿乔莫西路(S01 省道)直行至望梅路左转	6600	m	杭浦高速桥洞 1 个,限高 4.5 m;杭甬高速桥洞 1 个,限高 4.8 m	无	
沿望梅路直行至临平大道左转	6200	m	世纪大道桥洞 3 个,限高 4.5 m	无	
沿临平大道(G320 国道)直行至运河路右转	5600	m	桥洞 2 个,限高 5 m	临平大道星发街转盘有交警定点查车	15:10
沿运河路直行至古墩路(三良线)左转	16900	m	练杭高速桥洞 1 个,限高 5 m;长深高速桥洞 1 个,限高 5 m	无	
沿古墩路直行至张家漾口(村庄名,该路未命名)右转	2300	m	通行正常	无	
沿该路段直行至都市阳光嘉苑小区右转	1400	m	通行正常	无	
直行至三墩工地	600	m	通行正常	无	15:45
合计里程	80070	m	合计桥洞 16 个	定点查车点 2 个,其余路段或有临时查车	行驶 2 h 40 min

表 5-9　项目现场运输数据统计表

类别			基本信息						
施工信息	现场路况信息	主通道出入口	直道	□出入口单线通道(出入口各___个)					
				□单入口封闭直线通道(出入口共___个)					
				□单入口封闭环形通道(出入口共1个)　　□其他					
			入口转弯半径	□10~15 m　□15~20 m　□20 m以上　□无拐弯　□其他					
			出口转弯半径	□10~15 m　□15~20 m　□20 m以上　□无拐弯　□其他					
		现场通道	道路路面	□水泥　　□废料　　□沥青　　□其他					
			道路载重	□35~45 t　□45~55 t　□55 t以上　□其他					
			道路宽度	□3.5~5 m　□5~6 m　□6 m以上　□其他					
			离地高度	□4.5~5 m　　□5 m以上　　□其他					
			厂内转弯半径	□10~15 m　□15~20 m　□20 m以上　□无拐弯　□其他					
	施工进度信息	最大车辆停放量		□项目现场　　□现场外围　　□其他					
		栋号		__#栋	__#栋	__#栋	__#栋	__#栋	__#栋	__#栋
		塔吊数量		台	台	台	台	台	台	台
		标准层		天/层	天/层	天/层	天/层	天/层	天/层	天/层
		施工进度								
		标准车次		车/层	车/层	车/层	车/层	车/层	车/层	车/层
		发货对接人员								
		单栋周边可存放构件量(m²/层/车)								
		单栋可停放车辆数								
		施工队伍数量及施工组织方式(白晚班、栋号交叉施工/单栋施工等)								

线路测量	行驶道路		里程	道路路面	道路坡道	转弯半径	桥梁限重	限高	交通管制
	1								
	2								
	3								

车辆选型	标准数值	车长	类型	载重	转弯半径	车厢宽度	墙板	楼板	其他
		9.6 m	4轴车	35~40 t	10 m	2.4~2.5 m			
		12.5 m	5轴车	43~49 t	15 m	2.4~2.5 m			
		17 m	6轴及以上车	49 t	20 m	2.7~3.0 m			

　　项目现场路线考察表是车型选择的重要评估表,项目开吊的栋数、塔吊的数量、施工的进度也决定了多少运输车辆才能保证供给,根据项目现场是否可存放构件,可以大概判定车辆的周转率,这也是运输方案的重要部分,同时为生产计划安排和决策提供重要参考。

5.6.2　物流路线规划

1. 物流行驶路线规划

　　物流行驶路线规划示例如图 5-27 所示。

图 5-27　物流路线规划图

2. 物流线路考虑因素

　　物流路线需考虑的因素有:行驶道路与途经桥梁、电线的高差、路面宽度、路面承载能力、道路交通管制要求、施工现场路面情况等。其中,物流路线高差要求如图 5-28"物流路线考虑高度图"所示。物流线路运输路面宽度要求如图 5-29"项目出入口图示例"所示。项目内场内停放要求如图 5-30 所示。

- 入施工现场前，电线距离地面4.2 m;
- 需人工支撑达到4.6 m以上才能让运输车安全通行。

- 电线离地高度不够且无法通过支撑等办法来解决，需要重新选择道路运输。

图 5-28 物流路线考虑高度图

- 因道路宽度达不到运板要求，车辆停车区域全部迁移，并将地面硬化(载重 ≥55 t)加宽1 m，达到3.5 m宽度的安全运输要求;
- 施工现场需要开通车辆通道,至少12 m,车辆方可进出施工现场。

图 5-29 项目出入口图示例

- 建筑塔吊下面正常停车3~5车、道路宽度周围至少6 m，且路面平整度符合载重要求
- （宽度/周转场地）存放车辆：车辆无法安全停放

图5-30　项目内场内停放图

3.承运商的选择

承运商的选择重点考虑的项目有：经济性、及时性、准确性与安全性。其中一项非常关键的控制参数为运输费用控制限额，如表5-10所示。

表5-10　运输费用控制限额表　　　　单位：元

序号	公司	起步价	运距：第1~35 km	运距：第36~150 km	运距：第151~500 km
			每增1 km	每增1 km	每增1 km
1	长沙	500	18	14	11
2	湘潭	520	18	14	11
3	郴州	520	18	14	11
4	岳阳	520	18	14	11
5	张家界	520	18	14	11
7	合肥	520	18	14	11
8	阜阳	520	18	14	11
9	天津	500	18	14	11
6	溧阳	520	18	16	16
10	杭州	520	18	16	16
11	上海	710	18	14	11
12	广州	710	18	14	11

限额表说明：

1）基于 6 轴车定价，统一按实际载重 30 t/车计算[《道路车辆外廓尺寸、轴荷及总质量限值》（GB 1589）总质量限制 49 t/车，正常可装载 33~34 t/车]。

2）基于"易车网（http：//www.bitauto.com/youjia/）长沙 0 号柴油 6.15 元/升"定价，每涨跌 1 元/升，基准价涨跌 0.4 元/（车·公里）。

3）运距为经签核的招标方案载明的单边运距，为最优实际运距。

4）价格为含 11% 增值税，合同单价为含 3% 税金，需按"合约价/1.03×1.11"换算成 11% 税金进行对比。

运输限额表是控制各直营公司物流成本的重要手段之一，物流专员定期会进行各地物流市场的运输单价考察，根据考察的平均情况制订该运输限额表，并要求各直营物流公司在划定的限额范围内签订运输合同，如果超出费用标准，在没有特殊说明和审批的情况下，运输合同会被驳回。

4. 超限运输标准

2016 年 9 月 21 日中华人民共和国交通运输部发布执行《超限运输车辆行驶公路管理规定》，关于超限运输标准如表 5-11 所示。

表 5-11　超限运输标准表

车型 /m	内长 /m	内宽 /m	外宽 /m	轴数	离地高度 /m	自重 /t	可装载货重 /t	总重 /t	超重 /t	超宽 /m	超长 /m	超高 /m	特性
9.6	9.6	2.4	2.5	4 轴	1.5	15~16	15~16	31	31	总宽度超过 2.55 m	总长度超过 18.1 m	总高度从地面算起超过 4 m	车头和挂不可分离，转弯半径较小
13.5	13	2.4	2.4	6 轴	1.5	16~17	32~33	49	49	总宽度超过 2.55 m	总长度超过 18.1 m	总高度从地面算起超过 4 m	车头和挂可分离，转弯半径较大
17.5	17.5	3	3	6 轴	1.5	16~17	32~33	49	49	总宽度超过 2.55 m	总长度超过 18.1 m	总高度从地面算起超过 4 m	车头和挂可分离，转弯半径较大

装配式构件受设计影响，目前商品房的净层高一般为 2.8 m 以上，且为了建筑的结构稳定，PC 构件必然存在超高、超宽或者超重的情况，所以运输与传统零担和整车运输有较大区别。选择运输车型时，应当根据运输路径的实际路况以及车型装载能力和项目现场是否有场地进行周转，尽可能提高车辆的周转率，所以车型选择应综合多种情况才能有效提高效率，降低运输成本。

5. 装车标准点检卡

由于 PC 构件运输存在,重量大、重心高、行驶过程中惯性大的特点,为确保运输过程中的构件安全,通过多年的运输经验总结,秉着防范措施从严的要求,设计和制订了图 5-31 的标准点检卡,要求在运输前、中、后,都必须严格按照要求操作的标准点检卡进行点检,以确保运输和构件安全。

序号	标准要求		标准图片	结果
1	楼板捆绑(每垛不少于 2 根绑带或钢丝绳)			
2	墙板装车立柱(4 根)			
3	1. PC 板上下部位均需有铁杆插销固定 2. 靠外侧上下部位装 2 根铁杆插销			
4	墙板货架前后左右面加装限位挡块			
5	运输途中停车检查	行驶里程达 30 km 每隔 100 km	1. 检查构件捆绑是否松动 2. 检查运输架位移 3. 检查轮胎气压	
6	车头离开挂车前,必须用枕木将挂车两前脚垫平			

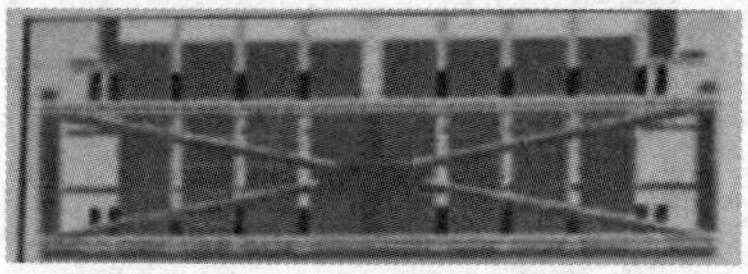

说明:
1) 物流司机点检以上全部项目,安全员确认前四项;
2) 结果正常打"√",异常打"×"

流程节点:安全员/发货员(填写)→运输司机(确认)。

图 5-31　装车标准点检卡

6. 运输用车记录

如表 5-12 所示, 运输记录单上的时间部分确认, 计划时间和车辆到厂时间确认, 用来考核物流车辆是否及时到位, 到厂时间和出厂时间用来衡量装车时间是否达标, 若不达标则要求装车进行改善, 到达工地时间和卸货时间确认用来考核工地是否及时卸车, 如果卸车时间超过约定时间, 将要求工地进行押车补偿, 同时也要对物流公司进行押车补偿; 记录表运输工装部分, 工装和物料属于工厂的资产且用量大, 需要重复、频繁使用, 根据规定, 车辆将工装带走出厂需要清点, 回程需要清点回收, 如果物流司机没有随车带回, 运输合同里已注明各项工装的价值, 将在物流费用里扣除。

表 5-12 运输用车记录单

运输用车记录单				编号: 2.16—	
项目名称:		车牌号码:		PC 类型/数量	
销售出库单号:	计划货到工地时间	车辆到工厂时间确认	车辆出工厂时间确认	车辆到达工地时间确认	卸货完成时间确认
日期					
时间 (24 h 制)					
确认人					
运输工装	80 m×80 m 木方(根)		橡胶块		门槛	
	出厂数量	返厂数量	出厂数量	返厂数量	出厂数量	返厂数量
确认人						

备注: 1. 该表随车, 货运司机跟踪签核; 2. 计划到货时间、车辆到厂时间、车辆出厂时间由发货员填写; 3. 车辆到达工地时间与卸货完成时间由项目对接人签字; 4. 发货员每天回收作为结算依据。

流程节点: 发货员(填写)→运输司机(确认)。

7. 项目动态推进表

项目动态推进表既是作为计划人员安排生产的重要参考, 又是物流安排发货的重要参考, 如表 5-13 左边灰色表格所示为外墙板的生产进度, 内墙板均已完成 2~5 层生产, 楼板完成 2~6 层生产, 异形构件完成 2~4 层生产。当生产计划员查阅该进度表时, 若发现已生产完的构件已全部发货出去, 工厂已没有库存, 应当马上安排下一层的生产, 确保下一层的构件发货; 物流发货员查阅该进度表时, 就知道该栋号的不同类型构件的具体发货进度并以此作为下一层构件发货执行的参考。

表 5-13　项目动态推进表

1#栋

楼层	生产进度				吊装进度（车次）			
第9层	外	内	楼	异	125	346	7	8
第8层	外	内	楼	异	125	346	7	8
第7层	外	内	楼	异	125	346	7	8
第6层	外	内	楼	异	125	346	7	8
第5层	外	内	楼	异	125	346	7	8
第4层	外	内	楼	异	125	346	7	8
第3层	外	内	楼	异	125	346	7	8
第2层	外	内	楼	异	125	346	7	8

8. PC 运输明细表

　　PC 运输明细表作为物流部门内控表单，既是作为物流甄别已发货或未发货的参考，又是与物流供应商结算的依据之一，还是公司内控车辆运输是否每次实现满载和杜绝虚报运输车次、多结算运输费用等的重要管理表单。其编制由工厂物流部门负责，并经资材部长及厂长核准后，方可生效使用，详情如表 5-14 所示。

表 5-14　PC 运输明细表

序号	项目名称	发货日期	出发地	目的地	栋号	层次	托运物料	数量	车型	车牌号		托运司机	车次	工地接收人	单据号销售单号	承运方式	运费金额	备注
										车头	挂车							

9. 租车登记

　　如表 5-15 所示租车登记表，多适用于工厂内转板的包月形式及合同外单趟临时承包的运输登记，发货员根据该车的车型，使用的时间、次数、里程，再根据采购与物流供应商签订的合同里面的费用标准，确认该车单次的运输服务是否按要求完成以及该车的每次运输费用，以及该车次运输费用，经司机及发货员确认后作为运输费用开票和结算的依据。

表 5-15　租车车辆登记表

序号	日期	车牌	姓名	车辆类型	租用模式	包趟单价	包车单价（元/月）	工作天数	运输方向				油补合计	月行驶公里数	司机签字	备注
									地点	油补	地点	油补				
	合计：															

制表人：

流程节点：发货员（填写）→运输司机（确认）。

运输费用一般有以下几种方式：

1）包项目：根据单个项目工艺的装车方案，测算出完成这个项目具体的车次，物流供应商根据总车次以及所需车型、里程及其他已知情况进行报价。

2）包月：根据作业时长、单程里程、所需车型等情况每月进行报价，一般适用于工厂内转板等频率较高、路程较短的情况。

3）包趟：按照装载重量、规定路线、运输里程，进行单趟运输计价。

以上运输方式一般排除放空、押车、变更路线等其他情况，存在异常情况合同有对应的补充补偿条款，如按里程执行的油补，按押车时间执行的现金补等。

5.6.3　运输安全管理

1. 物流运输安全

物流运输安全主要涉及四个方面：车辆审核、车辆标识清晰、安全速度、安全审核。

（1）车辆审核：每台车辆入场装货前，必须检查驾驶证、行驶证以及强制保险标志均在有效期内；运输承包方对本次运输投险金额不得低于 100 万元。昼夜施工时，运输承包方必须安排充足车源进行调配，保证司机不进行疲劳驾驶。

（2）车辆标识清晰，每台运输车辆出厂上路前，车尾必须悬挂好醒目标识。

（3）车辆安全速度：厂区内行驶速度不得大于 10 km/h，公路行驶速度不得大于 60 km/h，高速行驶速度不得大于 80 km/h，省道公路转入乡道后行驶速度不得大于 40 km/h。

（4）车辆安全审核：

1）每台车出厂前，安全员必须检查是否按照装车以及捆绑防护方案进行装车和捆绑。

2）专职安全员，必须抽检司机是否按照要求进行操作和行驶。

2. PC 构件停放安全

1）楼板捆绑及运输要求如图 5-32 所示。

描述	厂内转运、工厂与堆场间转运及运输过程中，因满载构件货车的惯性巨大，故对构件捆绑、货车行驶速度、安全限位挡块等有严格的安全措施，要求如下： 　楼板： 　①楼板运输，每垛楼板必须使用 2 根钢丝绳加手动葫芦捆绑，与楼板受力木方垫块保持在同一受力面，且用大于 8 mm 的钢丝绳捆绑，禁止一垛楼板只捆绑一根转运、运输。如图（a）所示。 　②楼板运输必须使用前挡防护工装，禁止未安装即运输，如图（b）所示。
图示	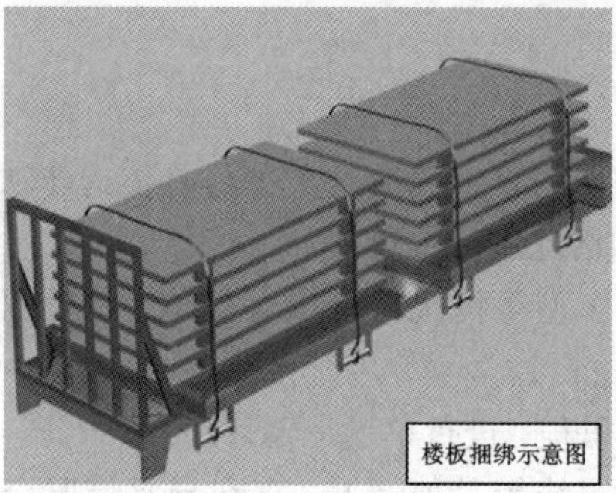 （a）　　　　　　　　　　　　　（b）

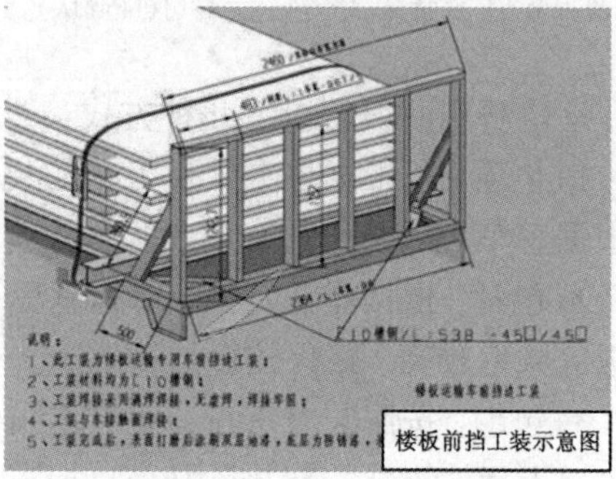

图 5-32　捆绑防护示意图

2）墙板捆绑及运输要求分别如图 5-33、图 5-34 所示。

描述	①墙板运输，必须使用直径不小于 8 mm 的天然纤维芯钢丝绳或 3.5 t 手动葫芦，将运输架与车架载重平板绑紧，且前端与后端至少两根，钢丝绳与构件接触部位需用护角保护，如图（a）所示。 　②第一代运输架左右两侧必须使用立柱对拉，做好构件倾斜的防护，如图（b）所示。
图示	 （a）　　　　　　　　　　　　　（b）

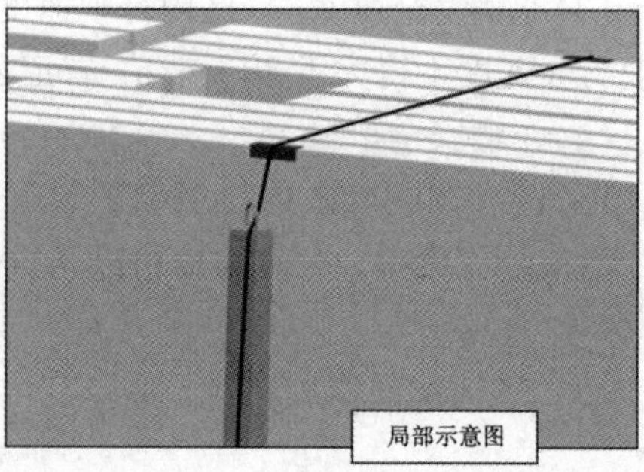

图 5-33　墙板捆绑防护示意图

（a）	（b）

①墙板运输前，每块构件必须用铁杆插销固定，外面两侧(上、下部位)用2根铁杆插销固定，中间每块构件上、下部位，均用1根插销固定，如图(a)所示；
②货架与车身需进行前、后、左、右固定，如左图(b)所示。

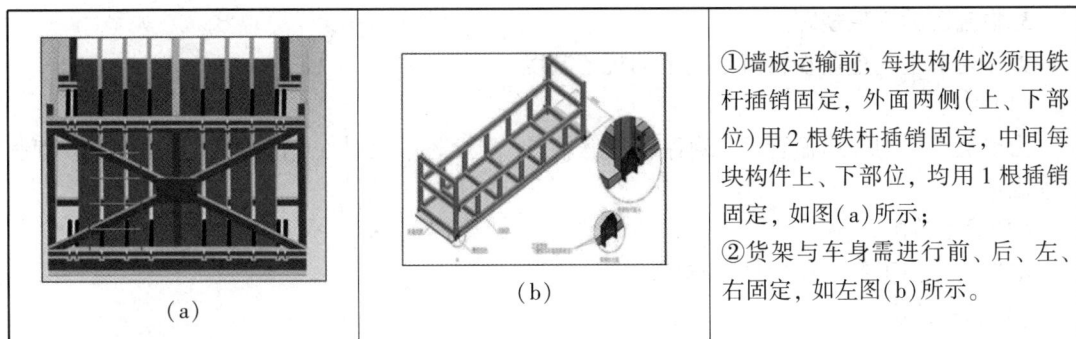

构件运输过程要求：

坚决杜绝任何运输安全事故隐患，坚决杜绝任何运输不安全行为，务必确保运输安全，如：

a. 未对构件捆绑，禁止转运、运输；

b. 禁止踩急刹；

c. 禁止闯红灯；

d. 禁止抢绿灯最后几秒通行；

e. 禁止超速行驶(≤60 km/h，高速例外)；

f. 禁止酒驾或疲劳驾驶等；

g. 禁止随意变更运输路线。

图 5-34　墙板固定防护示意图

3) 运输车辆停放要求如图 5-35 所示。

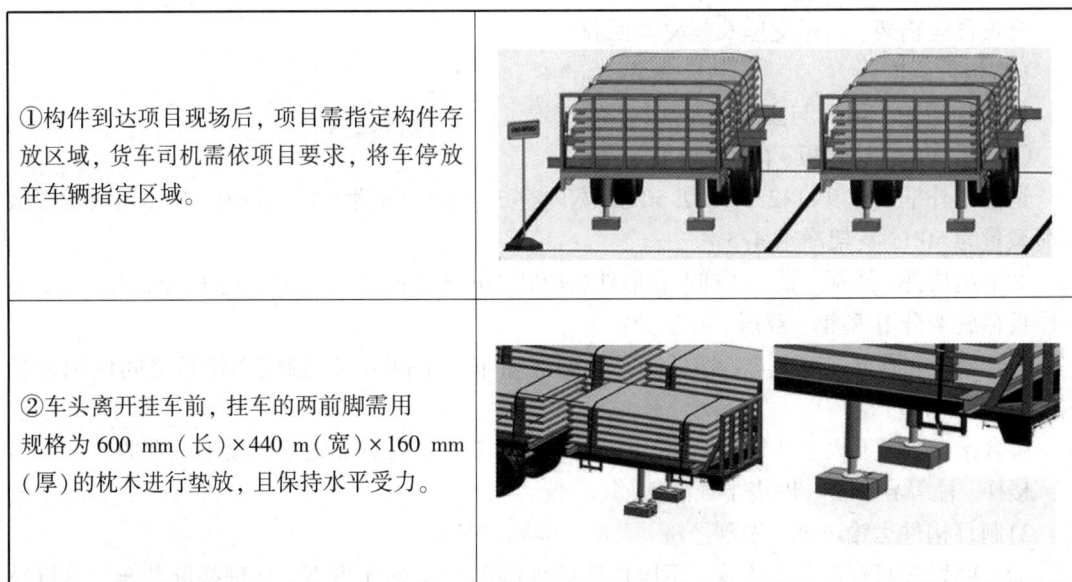

①构件到达项目现场后，项目需指定构件存放区域，货车司机需依项目要求，将车停放在车辆指定区域。	
②车头离开挂车前，挂车的两前脚需用规格为 600 mm(长)×440 m(宽)×160 mm(厚)的枕木进行垫放，且保持水平受力。	

图 5-35　车辆安全停放示意图

3. 物流运输管理规定

如下列举某一企业在物流运输上的规范制度。

（1）目的。

为规范工厂构件运输管理，确保构件运输的"安全性、及时性、准确性、经济性"，特制订本规定。

（2）适用范围。

本规定适用于各工厂构件运输要求。

（3）职责范围。

1）总部职责：

①构件运输方案与装车顺序的制订，并监督执行；

②工厂运输车辆增减审核；

③项目运输总成本监控；

④运输安全督察。

2）工厂职责：

①负责运输线路的勘测；

②参与考察外包物流公司的综合能力及服务态度及后续所选车辆的车况评定；

③发货装车计划的制订和项目的衔接，异常情况协调沟通；

④公司自有或外包运输车辆统一调配，装车的安排，型号、数量核对，运输前安全点检和发货统计；

⑤负责 EAS 系统中的销售出库；

⑥负责包月车辆增减的申请；

⑦负责运输安全培训教育；

⑧协助构件的货损货差理赔；

⑨负责运输架、门槛支座及螺栓等回收。

（4）构件运输。

1）构件运输分平运与立运。

①立运构件：外墙板、内墙板、内隔墙。

运输架外框尺寸 9 m×2.5 m×2.50 m（宽内空 2.2 m），辅助立柱、插销，整体运输货架最大荷载量为 50 t，货架净重 4.5 t。

②平运构件：楼板、梁、楼梯、异形件（构件与车身底板之间必须采用 H 型钢垫平），叠合楼板存放架分 H 型钢、双层、井字型；

叠合楼板：通过工装改进，楼板装车达到运输车辆最高重量（预应力楼板之间使用通长木方）；

叠合梁：堆码不大于 3 层/叠，采用支架堆放，考虑是否有加强筋向梁下端弯曲。

楼梯、柱等异形件、现浇半成品钢筋。

2）制订构件运输方案，做到经济、及时、准确、安全。

①与项目共同确定装车次序，不同户型单独编制装车顺序方案，合理搭配装车，尽量减少车次，节约运输成本；装车方案双方确定后不可随意变更；充分考虑楼板装车的超宽因素；充分考虑墙板装车的超高超重因素；充分考虑每车每块构件装车的合理布置和车辆车架平

衡度。

②车辆信息：9.6 m×2.5 m 前四后八轮(限载 30 t 以内)；12.5 m×2.5 m 平板半挂车(限载 50 t 以内)；17.5 m 高低挂(限载 50 t 以内)，车身底板平整无凹凸，车门拆除需与车底板齐平。(所限载吨位含运输架重量)

③运输路况：组织物流公司或司机等相关人员参与，主要察看道路情况。

运输路途线路：单边路宽不小于两车道、路面平整、无坑洼泥泞、急转弯、大坡度；道路桥梁、电线等限高不低于 4.5 m、限重不小于 50 t；交通管制线路。

施工现场道路：路宽不小于 3 m，半拖式车辆的转弯半径不宜小于 15 m，全拖式车辆的转弯半径不宜小于 20 m，通道无急转弯、大坡度、泥泞、坑洼、破损、电线干扰等，指定车辆的入口与出口，做好存放区域标示。

3) 发货流程。

①项目提前一天提供《"3+1"发货需求计划》，计划依据《装车顺序表》按层分车次下达《出货计划》。

②发货员依据计划下发的《出货计划》在系统中做《销售出库单》，打印六联。

③发货员根据所发货物的特性、区域或发货时间提前选取车辆并联系好运输车辆，并组织装车。

④吊装人员根据《出货计划单》和《装车顺序》进行构件装车，发货员负责规格型号、数量、有无准用证和加盖合格印的确定，记录木方数量、生产日期等；品管人员负责装车时产品质量、强度的核查。

⑤装车完成后发货员将《销售出库单》交品管人员、司机签字并注明承运车牌号、收货人及联系方式。(司机必须对装车货物的件数做确认签字)

⑥填写一联《运输记录表与安全点检卡》，写明时间，司机依安全点检卡确认装车并签字，随车走。

⑦《销售出库单》发货员白联物流自存，财务留存红联，蓝、绿、黄联由司机带到现场签收，最后一联作为出门放行依据。

4) 交货签收。

①承运司机将构件运至收货人指定地点，提供剩余三联《销售出库单》和一联《运输记录表与安全点检卡》。

②《运输记录表与安全点检卡》中车辆到达工地时间由项目对接人签字，吊装完成时间由施工员或责任人签字。

③现场收货人核对型号数量无误，《销售出库单》蓝联自存，在绿、黄联上签收并交承运司机，黄联作为结算运费的依据，绿联和《运输记录表与安全点检卡》返回给工厂发货员。

(5) 构件运输安全。

1) 必须有完整前挡防护工装，9.6 m 车厢，楼板堆放必须大板靠前，小板靠后，12.5 m 或高低挂车厢，大板靠后，小板靠前，确保重量在后排车轮上，关于墙板与楼板位置摆放分别如图 5-36 和图 5-37 所示。

2) 逐一检查运输架与限位块是否有脱焊；检查车体左右平衡情况。每块墙板(上、下部位)均需用铁杆插销固定；货架最外侧(上、下部位)，均需用两根铁杆插销固定；运输架左右两侧必须使用立柱对拉(包括整装货架)，做好构件倾

构件运输案例

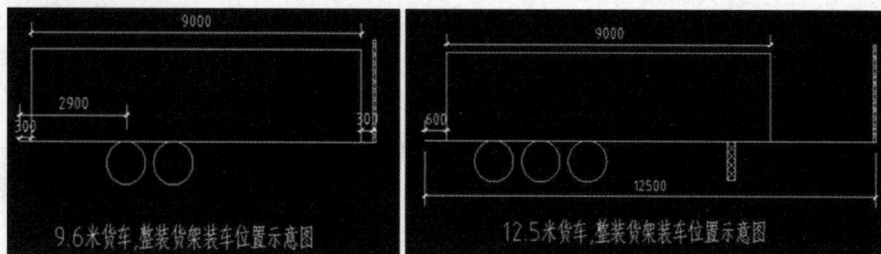

(a) 货架与车尾保持300 mm或以上
的距离,确保重心在中间或靠前

(b) 货架与车尾保持500~800 mm
的距离,确保重心在3排车轮上

图 5-36　墙板位置摆放示意图

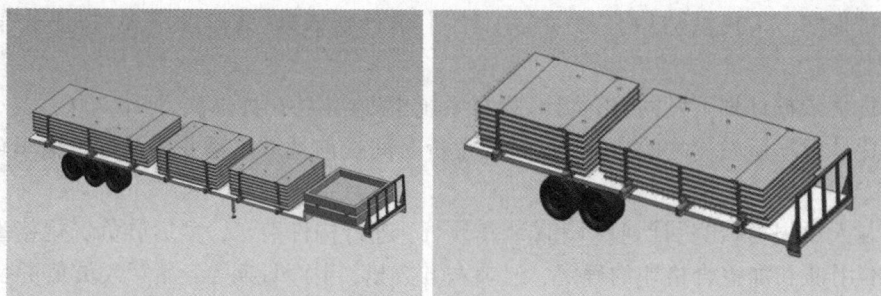

(a) 9.6 m平板车 　　　　　　(b) 12.5 m平板车

图 5-37　楼板位置摆放示意图

说明:长垛楼板靠后面车轮放,最后一钢梁与车尾部需保持 500~800 mm

斜的防护;运输架与车架需从前、后、左、右四个方向限位,防止滑出,限位示意如图 5-38 所示。

3)装车前须对车辆状况进行检查。构件装车均应以架、车的重心为重心,保证两侧重量平衡的原则摆放。

4)立运构件用直径不小于 8.7 d 的纤维芯钢丝绳或 3.5 t 手动葫芦将构件、运输架与车架载重平板绑紧。平运构件用两根直径不小于 8.7 d 然纤维芯钢丝绳或 50 宽棘轮捆绑器将构件、运输架与车架载重平板绑紧,装车捆绑示意如图 5-39 所示。

5)车辆不得随意变更确定的运输路线。掌握 PC 件运输的注意事项,行驶过程车速要求:大于 6%的纵坡道、平曲半径大于 60 m 弯道的完好路况限速 40 km/h;大于 6%小于 9%的纵坡道、平曲半径小于 60 m 大于 15 m 的弯道等路况限速 10 km/h;厂区、9%的纵坡道、平曲半径 15 m 的弯道、二级路面及项目工地区域限速 5 km/h;低于限速 5 km/h 及三级路面(土路、碎石、连续盘山路面、坡度 10°、有 20 cm 以下的硬底涉水及冰雪覆盖的 2 级)要求的路况停运。

6)须对驾驶员进行安全教育,提高安全运输意识,合格后持工厂《安全上岗证》上岗,避免违章操作,严禁酒后驾车、疲劳驾车。除驾驶室按规定乘坐人员外,车辆的其他部位一律不准乘坐人员。对车辆状况进行检查,如轮胎气压、制动是否跑偏、异响等。对违规操作所造成的直接损失按合同标准赔偿。

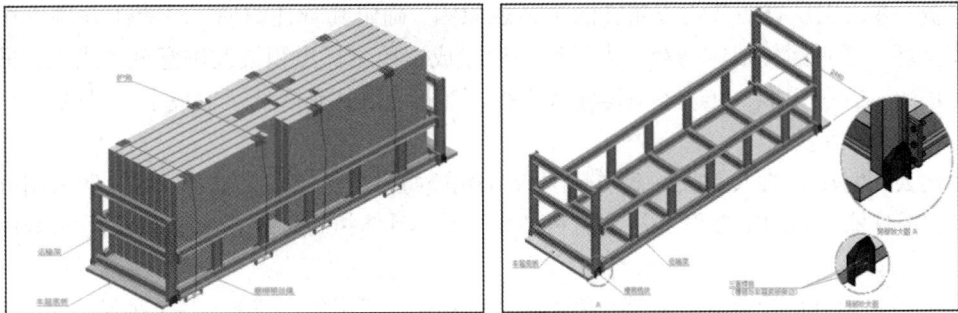

图 5-38　限位要求示意图

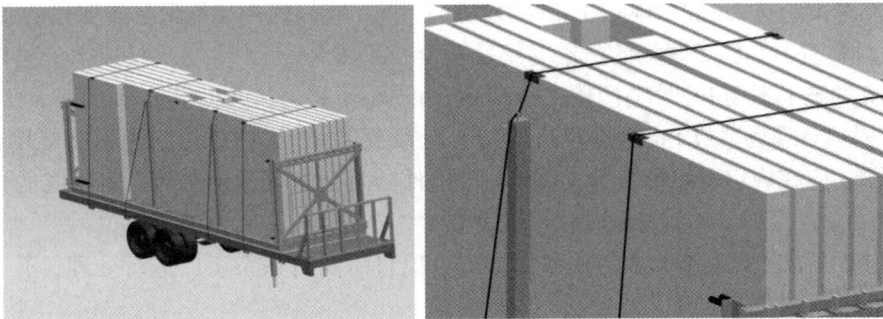

图 5-39　捆绑要求示意图

7)物流部对发运车辆行驶状况的安全进行监督及抽检,出现非工厂能力范围的安全隐患、货物损失或人员伤亡等异常情况须第一时间上报区域及总部,瞒报将予以严惩。

8)发车前驾驶员须对装车情况进行自检确认,工厂发货员对所有车辆的装车及固定安全进行确认(出货检验员进行每日抽检,抽查发现未按要求执行的按《质量奖惩办法》处罚)。

(6)构件运输成本控制。

1)总部资材负责运输成本的前馈控制。

运输车辆的选型:依据道路情况及构件存放最大值选择。

运输车辆调派:依据项目开吊时间,单层主体的施工周期,运输距离,同时开吊的栋数、塔吊配置和施工队伍及各种构件预计单块吊装时间等合理选择车辆数量。

优化运输线路:选择符合构件运输条件最短里程路线。

车辆载货量:严格执行经总部资材签发的项目运输方案车次要求,符合构件安全条件,优化装车车次,单层的每车次构件载重量基本要达到车辆限载量。

2)工厂负责运输成本的过程控制。

严格按项目提供的《"3+1"吊装计划》装车发运,装车构件必须是合格品,装车注意构件碰撞及运输途中的防护,避免错装漏装及因质量问题的退货,从而因补货使运输车次增加。

3)运输成本的控制。

总部资材部依签字确定的项目装车方案和项目月度吊装进度计划,管控各工厂月度构件运输车次。月底依据项目实际的吊装层次与工厂实际发货车次进行对比，确定运输成本的节约或浪费，并由工厂查明节约或超支的主客观原因，确定其责任归属，对责任方进行相应的考核和奖惩。通过运输成本分析，为日后的运输成本控制提出积极改进意见和措施，进一步修订运输成本控制标准，改进各项运输成本控制制度，以达到降低运输成本的目的。

（7）运费结算。

运输公司将由收货人签收的蓝联《销售出库单》每月交给工厂资材部，运输费采用分层进行结算，每月依合同约定办理上月运输费结算手续，具体执行标准按财务《PC 运输费用结算规定》。

1）工厂和项目均指定专人对接，负责接收《吊装施工组织方案》《3+1 吊装计划》等，当工厂对接人变更时需书面通知项目。

2）运输到施工现场的 PC 构件须 12 h 内办理验收和卸车手续。若因项目现场原因导致不能及时收卸货（除不可抗力因素外），超过 12 h 之外，依据运输合同价折算工厂车辆误工费用，若押车时间超过 24 h，影响工厂后续发货的，工厂有权优先其他项目或栋号的发货。

3）项目负责留在施工现场的门槛支座及螺栓等配件保管工作，丢失按成本价格赔偿。同时，项目负责施工现场 PC 件上门槛支座拆卸、集中、下楼转运及回场装车。

4）若因项目现场造成 PC 构件多余或其他因素造成 PC 构件质量问题不能使用，经工厂与项目协调，应在规定时间里组织人员将 PC 构件随货运车辆返回工厂，则造成的损失由项目承担。

5）因 PC 板品质问题导致构件无法吊装时，项目需及时联系工厂进行处理，不得私自要求运输车辆将构件托运回工厂。

6）为保证运输车辆构件安全，项目必须对现场车辆停放地点及运输道路进行指定，如因运输车辆按要求停放区域或项目不指定区域导致随意停放，出现安全事故造成的损失由项目承担；若运输司机不服从安排指定区域停放，项目需及时联系工厂进行处理。

7）工厂依据吊装顺序编制装车顺序，与项目相关负责人确认签字。

8）根据项目的需求计划制订每日装车发货计划，若发货需求与吊装顺序存在冲突，工厂须提出书面变更通知并经项目认可，若仍需依照实际吊装需求发货，造成的运输车次增加部分由项目承担。因工厂疏忽导致的漏发，由工厂承担该部分运输成本。若项目对计划提出书面变更，工厂应及时沟通和做出相应调整。

9）工地依照合理的时间节点要求提供吊装计划，因工厂原因导致不能及时按计划供货（除不可抗力因素外），且未在合理时间予以回复导致停工的，工厂与项目共同协商赔偿事宜。

10）因 PC 质量问题（PC 预埋错误影响外墙防护爬架安装、吊钉预埋问题无法安全起吊、钢筋预埋、砼裂缺角等现象）而引发的吊装进度滞后及 PC 车辆滞留项目，工厂在项目告知对接后必须 1 h 内到达现场。

11）运输公司必须无条件配合现场合理的挪车。

（8）其他。

非不可抗力因素包括停电、大型设备故障、气候因素、交通管制、车辆事故等。

课后习题

一、填空题

1. PC 存放工装可简单分为三种，即_____、_____、_____。

2. 三个库位管理指的是_____、_____、_____的统筹管理。

3. 成品入库细化到作业级，主要是_____、_____、_____。

二、简答题

1. 原材料仓库布局考虑的基本因素主要有哪些？

2. 简述成品入库及出库的流程。

3. 简述什么是"3+1"出货计划。

4. 简述成品退货处理流程。

5. 简述楼板、墙板捆绑及运输要求。

参考文献

［1］中华人民共和国住房和城乡建设部. 中国装配式建筑发展报告（2017）［M］. 北京：中国建筑工业出版社，2022.

［2］中华人民共和国住房和城乡建设部. 大力推广装配式建筑必读——制度·政策·国内外发展［M］. 北京：中国建筑工业出版社，2016.

［3］徐运明. 建筑施工组织［M］. 长沙：中南大学出版社，2022.

［4］中华人民共和国住房和城乡建设部. 装配式混凝土建筑技术标准［M］. 北京：中国建筑工业出版社，2017.

［5］中华人民共和国住房和城乡建设部. 装配式混凝土结构技术规程［M］. 北京：中国建筑工业出版社，2014.

图书在版编目(CIP)数据

装配式混凝土建筑制造管理／长沙远大教育科技有限公司，湖南城建职业技术学院 编著. —2版. —长沙：中南大学出版社，2022.6

ISBN 978-7-5487-4836-6

Ⅰ. ①装… Ⅱ. ①长… ②湖… Ⅲ. ①装配式混凝土结构—建筑施工—施工管理 Ⅳ. ①TU37

中国版本图书馆 CIP 数据核字(2022)第 027219 号

装配式混凝土建筑制造管理

长沙远大教育科技有限公司
湖南城建职业技术学院　编著

□出 版 人	吴湘华		
□策划组稿	谭　平		
□责任编辑	谭　平		
□责任印制	唐　曦		
□出版发行	中南大学出版社		
	社址：长沙市麓山南路	邮编：410083	
	发行科电话：0731-88876770	传真：0731-88710482	
□印　　装	湖南省众鑫印务有限公司		

□开　　本	787 mm×1092 mm 1/16	□印张 14.5	□字数 366 千字
□版　　次	2022 年 6 月第 2 版	□印次 2022 年 6 月第 1 次印刷	
□书　　号	ISBN 978-7-5487-4836-6		
□定　　价	48.00 元		